1/125

Ullstein Sachbuch

Ullstein Sachbuch
Ullstein Buch Nr. 34230
im Verlag Ullstein GmbH,
Frankfurt/M – Berlin – Wien

Ungekürzte Ausgabe

Umschlagentwurf:
Theodor Bayer-Eynck

Mit freundlicher Genehmigung
der Deutschen Verlags-Anstalt GmbH,
Stuttgart

Printed in Germany 1984
Druck und Verarbeitung:
Ebner Ulm
ISBN 3 548 34230 2

Juli 1984

CIP-Kurztitelaufnahme
der Deutschen Bibliothek

**Sexl, Roman:**
Was die Welt zusammenhält: Physik auf d.
Suche nach d. Bauplan d. Natur / Roman
U. Sexl. – Ungekürzte Ausg. –
Frankfurt/M; Berlin; Wien: Ullstein, 1984.
(Ullstein-Buch; Nr. 34230: Ullstein-
Sachbuch)
ISBN 3-548-34230-2
NE: GT

Roman U. Sexl

# Was die Welt zusammenhält

Physik auf der
Suche nach dem
Bauplan der Natur

Mit 68 Abbildungen

Ullstein Sachbuch

# Inhaltsverzeichnis

# Vorwort

In ihrer mehr als zweitausendjährigen Tradition hat die Physik immer wieder die Frage zu beantworten versucht, was hinter den Erscheinungen steckt, was es ist, was »die Welt im Innersten zusammenhält«. Verschiedenste spekulative, naturphilosophische oder mathematisch formulierte Hypothesen und Theorien wurden im Laufe dieser großen Tradition entworfen, erprobt, teils verworfen und teils in das heutige Ideengebäude der Physik aufgenommen. Allzuoft ertrinkt aber der geistige Gehalt und der Ideenreichtum der Wissenschaft in einem Wust von Formeln, die unter dem Schlagwort einer »exakten Wissenschaft« als Inhalt und Wesen der Physik bezeichnet werden.

Wir wollen in diesem Buch versuchen, das Geistige an der Physik ohne Zuhilfenahme von Formeln zu skizzieren und zu zeigen, wie durch die Jahrhunderte Hypothesen über die Natur entstehen, überprüft werden, sich manchmal bewähren, zumeist aber verworfen und durch neue Ideen ersetzt werden. Viele der großen Entwürfe verdanken wir bereits der Antike, die jedoch ihre grandiosen Weltbilder nicht am Experiment, sondern nur im internen Dialog der Philosophie auf ihre Konsistenz hin überprüfte. Die großen Leitideen und Begriffe wollen wir hier durch den Verlauf der Jahrtausende verfolgen, die Wandlungen der Auffassung von Raum, Zeit und Materie. Dabei wird es nicht möglich sein, allen Ansprüchen exakter Wissenschaftsgeschichte gerecht zu werden. Sehr viele Details müssen unterbleiben, und nur einige Hauptlinien der Geschichte können nachgezeichnet werden.

Physik nicht als System von Formeln, sondern als intellektueller Kampf um die Erfassung und vielleicht auch die Beherrschung dieser Welt – das ist das Thema des großen Panoramas dieses Buches, in dem Gott als »Gastarbeiter« auftritt, der Nobelpreisträger Schrödinger eine Katze erfindet und das schwankende Vakuum Teilchen gebiert. Dabei werden auch die mannigfachen Querverbindungen zwischen Physik und Philosophie, die in unserem Jahrhundert in der Wissenschaftstheorie Gestalt annahmen, zu berücksichtigen sein. Gerade dieses Thema, das bisher in allgemeinverständlichen Darstellungen der Physik noch nicht ausreichend berücksichtigt wurde, ist heute von besonderer Aktualität. Schließt es doch die Fragen ein, wie man zu wissenschaftlichen Erkenntnissen gelangt, wie sicher die Ergebnisse der Physik und anderer Wissenschaften sind und wieso es immer wieder zu wissenschaftlichen Revolutionen kommen kann, in denen ein Teil des Weltbildes der Naturwissenschaft umgestoßen wird.

Von ebensolcher Aktualität sind die Probleme, die in den letzten Kapiteln besprochen werden. »Quanten, Quarks und schwarze Löcher«, so könnte man die heute aktuellen Fragen auf dem Gebiet der Elementarteilchenphysik und Kosmologie kurz zusammenfassen, die dort angesprochen werden sollen. Dabei wird auch erstmals ein Versuch unternommen, die Interpretationen der Quantentheorie zu diskutieren, eine derzeit sehr wesentliche Problematik, die Gegenstand zahlreicher Kontroversen unter Wissenschaftlern ist.

Mit der Frage nach der Entstehung des Universums schließt sich der – lockere – Kreis der Darstellung, die von der Naturphilosophie Griechenlands bis zur heutigen Physik führt.

Für die Durchsicht des Manuskripts und für viele wertvolle Ratschläge danke ich meinen Kollegen Armin Hermann, Karl von Meyenn, Erhard Oeser und Karin Reich.

Wien, im November 1981

*Roman Sexl*

# 1
# Die Weltmaschine

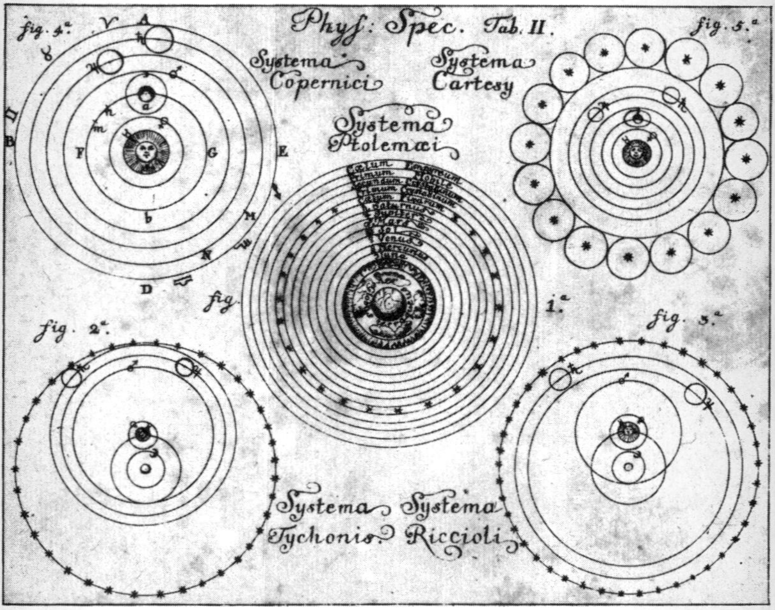


**Abb. 1.1:** Konkurrenz der Weltbilder. Im Zentrum steht das Aristotelische Weltbild, das von Ptolemäus ausgearbeitet wurde. Die Sphäre des Irdischen mit ihren vier Elementen Erde, Wasser, Luft und Feuer wird darin in kristallinie Himmelssphären eingebettet, die aus einem besonderen Element, dem Äther, bestehen. Die Abbildung aus dem Jahre 1750 vergleicht den Weltentwurf der Antike mit neueren Systemen, die von Kopernikus, Descartes, Tycho Brahe und Riccioli entworfen wurden.

Sonne, Mond und Sterne – die vertrauten und doch stets neuen Erscheinungen des Himmels bestimmen den Ablauf von Tagen, Monaten und Jahren. Ihre Regelmäßigkeit und die verschlungenen, geheimnisvollen Bahnen der Planeten waren eine der ersten und größten Herausforderungen für den Menschen, sich mit den Naturerscheinungen zu beschäftigen. Vielfach standen dabei praktische Interessen im Vordergrund. Im Ablauf der Jahreszeiten wiederholten sich die Anforderungen der Landwirtschaft, wenn es galt, Felder zu bestellen oder die Ernte zeitgerecht einzubringen. Die Beobachtung der Sterne konnte helfen, den richtigen Zeitpunkt dafür zu bestimmen. An langen, geruhsamen Winterabenden kam aber vielleicht bald auch ein anderes Interesse dazu. Was ist es, was die Welt im Innersten zusammenhält? War es eine Weltmaschine, die von Gott einmal in Bewegung gesetzt, in ewigen Zeiten immer und immer wieder abläuft und nie zu einem Ende kommt? Oder war das Weltall ein großer, von Leben erfüllter, pulsierender Organismus? Viele verschiedene Bilder des Naturablaufes wurden im Laufe der Jahrtausende entworfen, um den Geheimnissen der Schöpfung auf die Spur zu kommen und den Mechanismus zu enträtseln, der hinter den Erscheinungen steckt.

Babylonier, Inder und Ägypter und viele andere Völker haben sich mit der Entschlüsselung der Naturerscheinungen beschäftigt und Weltbilder voll Phantasie und verborgenem Sinn entworfen. Die Ideen dieser Völker übten jedoch keinen – oder nur sehr geringen – Einfluß auf die Entstehung der modernen Naturwissenschaft und ihrer Ansichten über den Bau des Universums aus. Deshalb dürfen wir uns in der Folge auf die Naturphilosophie beschränken, die in den ersten vorchristlichen Jahrhunderten in Griechenland entstand und in den Schriften des Aristoteles einen ihrer Höhepunkte fand. Die Grundideen, die damals entwickelt wurden, ziehen sich wie Leitmotive bis in die Naturwissenschaft unserer Zeit, die auch heute noch in manchen wesentlichen Zügen von der Auseinandersetzung mit der Gedankenwelt der Antike geprägt ist. Von Plato und Aristoteles bis zu Einstein also wird sich unser Thema in den folgenden Kapiteln entfalten.

## Die kugelgelagerte Welt des Aristoteles

Das einflußreichste Weltbild der Antike verdanken wir dem griechischen Philosophen Aristoteles (384–322 v. Chr.). In der von Plato gegründeten Akademie zu Athen geschult, entwarf er etwa 300 Jahre vor Beginn unserer Zeitrechnung ein großartiges Gemälde des Kosmos, das durch mehr als zweitausend Jahre das Denken der Menschheit beherrschte.

Noch im 19. Jahrhundert wurde es an manchen europäischen Universitäten gelehrt und bildete einen Teil der naturwissenschaftlichen Ideenwelt vieler Gelehrter. Heute erscheint uns die Naturwissenschaft des Aristoteles eher als Inbegriff des starren Festhaltens an falschen und unhaltbaren Vorstellungen. In vielen Büchern wird Aristoteles, der Lehrer Alexanders des Großen, geradezu zum Symbol des einfältigen Philosophen, der, die Naturerscheinungen mißachtend, ein Bild der Welt erschuf, in dem die Fliegen acht Beine haben, ein Vakuum unmöglich ist und die Erde den Mittelpunkt des Kosmos bildet. Wie war es möglich, daß ein Weltbild voller Fehler durch mehr als zweitausend Jahre eine derartige Faszination auf die Menschheit ausübte? Um dies zu verstehen, müssen wir zunächst in die Ideenwelt des Aristoteles eindringen.

In der Aristotelischen Welt bildete die Erde den Mittelpunkt des Weltalls. Vier Elemente – Erde, Wasser, Luft und Feuer – bewegten, mischten und trennten sich in der Umgebung der Erdkugel, in der Sphäre des Irdischen. Diese Sphäre war von den kristallinen Himmelssphären umgeben, die aus einem besonderen fünften Element, dem Äther, bestanden. Die innerste dieser Hohlkugeln trug den Mond. Die folgenden Sphären waren Sitz der Planeten und der Sonne. Die äußerste Schale schließlich war die Himmelskugel, Träger zahlloser Sterne.

Die Himmelskugel begrenzte das Aristotelische Universum. Jenseits der Sphäre der Sterne war nichts, nicht einmal Raum. Im Weltbild des Aristoteles war nämlich der leere Raum, das Vakuum, undenkbar. Aristoteles hatte dies nicht einfach gefordert, sondern aus seiner Naturphilosophie heraus begründet, wie das folgende Zitat aus seiner »Physikvorlesung« zeigt:

»Diejenigen nun, die meinen, das Leere müsse notwendigerweise existieren, wenn eine Bewegung zustande kommen soll, gelangen in Wirklichkeit zu der entgegengesetzten Folgerung, wenn man die Dinge genau prüft. Es zeigt sich nämlich, daß nicht die geringste Bewegung möglich ist, wenn das Leere existiert. Genauso nämlich, wie diejenigen behaupten, die erklären, daß die Erde stillstehe wegen der Gleichartigkeit des Ganzen, so ist es auch notwendig, daß im Leeren alles in Ruhe ist. Es gibt nämlich keine Möglichkeit, weshalb sich etwas eher hierhin als dorthin bewegen sollte; soferne nämlich das Leere existiert, macht es überhaupt keinen Unterschied.«[1]

Wir werden hier mit einem höchst interessanten Argument konfrontiert. Die Erde kann sich nicht bewegen, da ihre Kugelgestalt keinen Punkt und keine Richtung vor der anderen auszeichnet. Wie einem Mann in einer endlosen Wüste, für den alle Richtungen gleich gut sind und der sich daher nicht entschließen kann, irgendwohin zu gehen, bleibt der Erde nichts anderes übrig, als im Mittelpunkt des Universums ruhend zu verbleiben. Ebenso ergeht es auch jedem anderen Körper im leeren Raume: Da keine Richtung besser als irgendeine andere erscheint, kann er sich überhaupt nirgendwohin bewegen.

Die Unmöglichkeit eines leeren Raumes war eine Behauptung, die ebenso problematisch war, wie sie in der Folge anregend auf die Geister zahlreicher Physiker und Ingenieure wirkte. In unserem jetzigen Zusammenhang bedeutet sie zunächst, daß das Universum des Aristoteles über die Himmelskugel hinaus nicht fortgesetzt werden konnte. Mit der Materie mußte auch der Raum enden. Ein schwieriges Problem für die Philosophie tat sich auf, denn wie sollte man einen begrenzten Raum denken? Konnte der Raum einfach aufhören? »Läßt sich ein unbegrenzter Raum besser vorstellen?« hätte vielleicht ein Anhänger des Aristoteles erwidert. Der menschlichen Anschauung ist weder der begrenzte noch der unbegrenzte unendliche Raum zugänglich. Insofern ist also Aristoteles kugelförmiges Weltall späteren Konzeptionen gleichwertig.

Was leistete nun die kugelgelagerte Welt des Aristoteles, in der Kugelschale an Kugelschale dicht aneinander anschloß? Die äußerste Schale, das Himmelsgewölbe, hatte ein »erster Beweger« irgend einmal in Drehung versetzt. Seit diesen Urzeiten drehte es sich regelmäßig einmal täglich um die Erde. Dadurch wurden auch die anderen aneinanderreibenden Kugeln allesamt mit wechselnder Geschwindigkeit in Bewegung gesetzt, so daß sich auch die auf ihnen befestigten Planeten sowie die Sonne und der Mond in Kreisen um die Erde bewegten. Die Kreisbewegung war nach Aristoteles' Ansicht auch die vollkommenste aller Bewegungen, und nur sie erschien den gottgleichen Himmelskörpern angemessen.

Bis zur Sphäre des Mondes herab rieben sich die himmlischen Ätherschalen aneinander. Darin geborgen aber lag die Sphäre der irdischen Elemente, für die andere Gesetze galten. Die Kreisbahn als vollkommenste aller Kurven war ja nur der Physik des Himmels zugeeignet. Die irdischen Elemente strebten dagegen jeweils ihrem natürlichen Orte zu. Der natürliche Ort von Erde und Wasser war unten, in Richtung auf den Erdmittelpunkt zu. So erklärte es sich, daß ein losgelassener Stein stets nach unten fällt. Feuer und Luft strebten dagegen nach oben, zu den himmlischen Sphären hin, wie der Augenschein deutlich zeigt.

Damit war die Bewegung der irdischen Elemente und des himmlischen Äthers geregelt. Diese qualitative Erklärung der Naturerscheinungen führte aber sofort auf eine neue Frage: Wenn jedes Element seinem natürlichen Ort zustrebt, warum ist es dann noch nicht dort? (Erfahrungen mit der heutigen Bürokratie könnten vermuten lassen, daß die Elemente auf dem Dienstwege befördert wurden.) Vielerlei Variationen dieser Fragestellung wurden im Laufe der Geschichte von Naturphilosophie und Physik behandelt. »Wenn die Welt ein Ziel hat, warum ist es dann noch nicht erreicht?« fragte beispielsweise Friedrich Nietzsche mehr als zweitausend Jahre nach Aristoteles. Dieser philosophischen Fragestellung entsprach in der Physik des 19. Jahrhunderts das noch unbewältigte Problem des »Wärmetodes«. Durch Reibungskräfte sollten nämlich alle Bewegungen im Universum allmählich zum Stillstand kommen und eine Totenstarre des Weltalls eintreten. In vielen physikalischen Instituten suchte man vergeblich eine befriedigende Antwort auf die Frage, wie lange der Wärmetod des Universums noch auf sich warten lassen würde.

In der Physik des Aristoteles war das Problem des Wärmetodes, das im 19. Jahrhundert so viele Aufregungen verursachte, vorweggenommen und gelöst. Die Reibung der Sphäre des Mondes an den irdischen Elementen setzt diese ständig in Bewegung und hält so das irdische Treiben aufrecht. So hatte Aristoteles sogar auf diese schwierige Frage eine Antwort.[2]

Die Geschlossenheit des Aristotelischen Weltbildes ist auch der Grund, warum es mehr als zweitausend Jahre das Denken beherrschte. Zwar hatte man viele Einwände. Gar manches Detail stimmte nicht, und schon im Altertum fanden sich viele Kritiker, die auf Widersprüche hinwiesen. Die innere Geschlossenheit des Aristotelischen Systems ließ alle Fehler und Widersprüche aber vergleichsweise unbedeutend erscheinen, so daß man in Ermangelung besserer Ideen zunächst einmal bei Aristoteles blieb.

## Kopernikus stört Aristoteles im Schlaf

»Stellen Sie sich einen Mann namens Kopernikus vor, der alles durcheinander brachte, die geliebten Kreise der Antike in Stücke zerriß und ihre kristallenen Himmelskugeln wie Fensterglas zerschmetterte. Vom Taumel der Astronomie ergriffen, riß er die Erde aus dem Zentrum des Universums und stellte die Sonne in den Mittelpunkt der Welt, wo sie auch richtigerweise hingehörte. Nicht länger drehten sich die Planeten in Kreisen um die Erde, und wenn sie uns Licht zusenden, dann nur bei gelegentlicher Bewegung auf ihrem Pfade. Alles dreht sich nun um die Sonne, sogar die Erde selbst, und um sie für ihre frühere Faulheit büßen zu lassen, läßt sie Kopernikus nun soviel wie möglich zur Beschreibung der Planeten und des Himmels beitragen.«[3]

Mit diesen drastischen Worten beschreibt der französische Physiker und Philosoph Bernard de Fontenelle die Revolution, die Kopernikus' Werk »De revolutionibus orbium coelestium« hervorrief. Mehr als 1800 Jahre, Antike, Spätantike und die Wirren des Mittelalters liegen

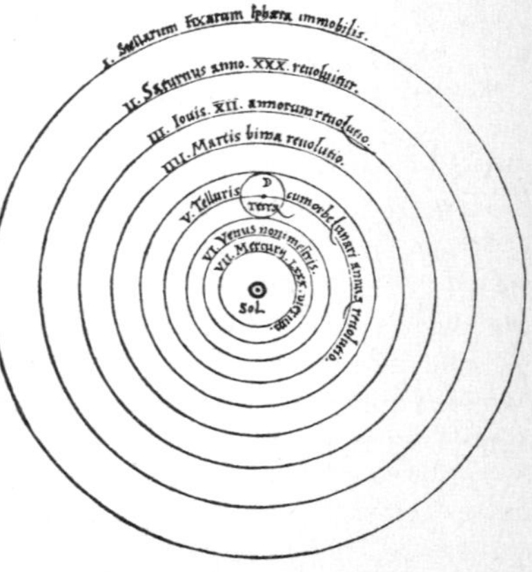


**Abb. 1.2:** Das Kopernikanische Weltbild. Die Sonne steht im Mittelpunkt des Universums, das durch die unbewegliche Sphäre der Fixsterne begrenzt wird. Die Erde ist nun zu einem der Planeten geworden. Durch den Erdmond erfährt sie jedoch noch immer eine gewisse Auszeichnung. Der Holzschnitt aus Kopernikus' Werk »De revolutionibus orbium coelestium« gibt eine sehr vereinfachte Darstellung des neuen Weltbildes.

108 SPHÆRA

Sole, ad sequentem conjunctionem elabitur. Cum enim Planetæ Soli conjunguntur, sunt in suprema parte epicycli sui: Sole vero à media synodo recedente, ipsi etiam paulatim descendunt, donec Soli ex adverso oppositi, in imam epicycli partem sese demiserunt. Sole iterum ad perigeum accedente, ex epicycli ima parte sensim versus apogeum enituntur.

Hinc sequitur, epicyclum tanto citius circumvolvi, quanto tardius Planeta movetur in suo deferente. Sol enim, quia motus ejus celerior est, Planetas superiores post se relinquit, & unumquemq; eorum tanto citius assequitur, quanto ille tardius progreditur. Saturni epicyclus circumagitur diebus 378, horis 2, min. 12. Iovis, diebus 398, horis 21, min. 12. Martis, diebus 779, horis 22, & totidem minutis.

Epicyclus Veneris movetur etiam in parte superiore secundum ordinem signorum; in parte inferiori, contra. Ejusque periodus completur diebus 583, horis 23, minutis 15.

Cæterum apogeum Veneris, & apogeum Solis eodem Zodiaci loco semper sita sunt: tum etiam centrum Solis, & centrum epicycli Veneris, eandem obtinent longitudinem in Zodiaco, æqualique intervallo absunt à punctis æquinoctiorum. Hinc sequitur, Venerem non posse longe digredi à Sole. Cum in apogeo aut perigeo sui epicycli versatur, cum Sole conjungitur, & conspici nequit: cum est in parte læva sive Orientali, Solem sequitur, & Hesperus dicitur: cum est in parte dextra, sive Occidentali, Solem præcedit, & Luci-

IOHAN. DE SACRO-BOSCO. 109

& Lucifer sive Phosphorus nuncupatur. Nec est, ut mirum alicui videatur, Venerem tanto intervallo à Sole digredi posse, cum tamen illius apogeum non distet ab apogeo Solis, neque centrum epicycli à centro Solis. Nam epicyclus Veneris est omnium epicyclorum maximus, ejusque semidiameter tanta est, quanta est maxima Veneris à Sole distantia.

Superest Mercurius, qui præter dictos orbes, habet etiam duos orbes eccentricos secundum quid, deferentes Augem æquantis, & parvum circulum, quem

centrum

**Abb. 1.3:** Die Ptolemäische Theorie der Merkurbahn nach dem Lehrbuch »Sphära« von Johannis de Sacrobosco. Der Planet – durch ein Sternchen angedeutet – bewegt sich in einem Hohlgang innerhalb der Himmelsmaterie, wobei vier verschiedene Abrollbewegungen nötig sind, um eine Beschreibung der Bahn zu ermöglichen, die mit den Beobachtungen übereinstimmt.

zwischen Aristoteles und Nikolaus Kopernikus (1473–1543). Das Aristotelische Weltbild war in dieser Zeit immer mehr ausgereift, aber auch komplizierter geworden. Vor allem Claudius Ptolemäus (um 100–um 160) hatte im zweiten nachchristlichen Jahrhundert in seinem »Almagest« die technischen Details zur himmlischen Welt des Aristoteles hinzugefügt und aus einer großzügigen philosophischen Skizze ein Präzisionsinstrument zur Vorherberechnung von Himmelsbewegungen gemacht. Dabei waren große Opfer notwendig gewesen, um den Sternen und Planeten die ihnen als himmlischen Gestalten zustehenden perfekten Kreisbewegungen zu gewähren. Kreise auf Kreise hatte Ptolemäus türmen müssen – Epizyklen nannte man diesen mathematischen

Trick –, um die beobachteten Bewegungen der Gestirne zu erklären. Als »Rettung der Phänomene« wurde seine Vorgangsweise später bezeichnet. Schließlich mußte man es ja als geradezu unverantwortlich betrachten, wenn sich die Planeten von den ihnen einzig zustehenden Kreisbahnen ohne Erlaubnis der Astronomen entfernten! Mit komplizierten Kreisen auf Kreisen, die sich auch in den Zahnrädern der zu Beginn der Neuzeit entstehenden Räderuhren widerspiegelten, konnten die Phänomene schließlich doch »gerettet« werden. Das Ptolemäische System wurde schließlich so aufwendig und undurchschaubar, daß König Alfons von Kastilien gelegentlich bemerkte: »Hätte mich der liebe Gott bei der Schöpfung des Weltalls herangezogen, so hätte ich ihm größere Einfachheit empfohlen!«[4]

Kopernikus zerschmetterte die kristallinen Himmelskugeln des Aristoteles und des Ptolemäus. Sein System baute auf einer Erde auf, die nicht mehr im Mittelpunkt des Universums stand. Als ein Planet unter anderen bewegte sie sich um die Sonne, die zum Zentrum des neuen Universums geworden war. Für uns ist das Kopernikanische Weltbild heute eine Selbstverständlichkeit, und verwunderlich ist vor allem, wie lange es dauerte, bis der »richtige« Aufbau des Universums entdeckt wurde. Erstaunlich ist aber auch, wie langsam sich die Kopernikanische Lehre durchsetzte. Bis ins 19. Jahrhundert hinein wurde an vielen europäischen Universitäten – zumindest offiziell – Aristoteles unterrichtet. Dafür war nicht allein die Geschlossenheit seines Weltbildes ausschlaggebend. Andere Gründe traten hinzu.

Kopernikus war ein zögernder Revolutionär. Er behielt Aristoteles' kristalline Himmelssphären bei und ordnete sie nur anders an. Auch ihm erschien die Kreisbahn die einzig mögliche und den Planeten angemessene Bahnform. Deshalb war es wiederum notwendig, die »Phänomene zu retten« und Kreise auf Kreise zu türmen, um die tatsächlichen Bewegungen der Planeten zu beschreiben. Nur dadurch konnte Kopernikus die Ellipsenbahnen näherungsweise wiedergeben, auf denen sich – unserem heutigen Wissen gemäß – die Planeten um die Sonne bewegen. Damit erzielte Kopernikus aber keine wesentliche Vereinfachung gegenüber dem alten Aristotelisch-Ptolemäischen System, und die Zahl der Epizyklen verringerte sich nur geringfügig. Auch die Genauigkeit der Vorhersage der Planetenbahnen steigerte sich durch den neuen Weltentwurf nicht wesentlich. Sie betrug nach wie vor rund zehn Bogensekunden, was etwa einem Fünfzigstel des Durchmessers der Vollmondscheibe entspricht. Dies reichte zwar für die Zwecke der Schiffahrt aus, die sich damals anschickte, die Weltmeere zu erobern und dazu Navigationshilfen benötigte, war aber doch kein grundlegender Fortschritt gegenüber der Antike.

Kopernikus' System war also weder wesentlich einfacher, noch genauer als die traditionelle Astronomie. Dazu kam noch, daß seine Theorien wichtigen Lehren der Kirche und des Glaubens widersprachen. Hieß es doch in der Bibel: »Am Anfang schuf Gott Himmel und Erde...«, und nicht: »Himmel und Sonne«. Bereits daraus scheint klar die zentrale Stellung hervorzugehen, die die Bibel der Erde im Weltall zuweist. An anderer Stelle wieder gebietet Jesus der Sonne stillzustehen, und nicht etwa der Erde, was auch Martin Luther als klare Aussage gegen das Kopernikanische System wertete:

»Aber es gehet itzt also: wer da will klug sein, der soll ihm nichts lassen gefallen, was Andere machen, er muß ihm etwas Eigens machen, das muß das Allerbeste sein, wie ers machet. Der Narr will die ganze Kunst Astronomiae umbkehren. Aber wie die heilige Schrift anzeiget, so hieß Josua die Sonne still stehen, und nicht das Erdreich.«[5]

Auch Melanchthon kritisierte:

»Aus Neuerungssucht oder um mit ihrer Gewitztheit zu prunken, haben einige Leute behauptet, die Erde bewege sich. Sie versichern, daß sich weder das Himmelsgewölbe noch die Sonne bewegen. Hingegen schreiben sie den anderen himmlischen Sphären Bewegung zu und noch dazu versetzen sie die Sonne unter die Himmelskörper ... Auch wenn übergelehrte Häuser Untersuchungen noch und noch anstellen, um ihren Witz zu üben, so bleibt es doch unschicklich und gibt überdies ein schädliches Beispiel, absurde Meinungen öffentlich zu verbreiten.«[6]

Aber nicht nur theologische Argumente und die Abneigung gegen Neuerungen sprachen gegen Kopernikus. Sein Einfall, die Sonne in den Mittelpunkt des Universums zu stellen, hatte die Einheitlichkeit des Aristotelischen Weltbildes zerstört. Wenn die Erde nicht mehr Mittelpunkt des Weltalls war, warum sollte dann die natürliche Bewegung der Körper gerade von der Erde weg oder auf sie zu gerichtet sein? Würde die rasende Bewegung der Erde um die Sonne und ihre Drehung um die eigene Achse nicht Stürme auf der Erdoberfläche hervorrufen? Auch sollte ein nach oben geworfener Körper nicht auf den gleichen Punkt der Erdoberfläche zurückfallen. Diese Einwände erhob zum Beispiel der arabische Philosoph al-Biruni um die Jahrtausendwende gegen die schon in der Antike von Aristarch (etwa 310–um 230 v. Chr.) aufgestellte Hypothese von der Drehung der Erde:

»Aus der geometrischen Sicht ist zu dieser Vorstellung zu sagen, daß, wenn die Erde sich um sich selbst drehen würde, alles, was sich von ihr trennt, durch diese Bewegung hinter ihr zurückbleiben würde, wie etwa fliegende Vögel, in die Luft geworfene Gegenstände oder am Himmel stehende Wolken. Man würde diese Dinge sich immer nach Westen bewegen sehen. Wenn aber auch sie die gleiche Bewegung hätten wie die Erde, so müßte man sie wegen der parallel laufenden Bewegungen von beiden ruhend sehen. Tatsächlich aber sehen wir sie sich nach allen Richtungen bewegen. Also bewegen sich weder sie noch die Erde durch diese Drehung, welche Tag und Nacht verursacht.«[7]

Vielerlei Gründe sprachen also gegen Kopernikus. Er hatte die Einheit des Aristotelischen Weltbildes zerstört, gegen die Bibel verstoßen und doch keine größere Genauigkeit und Übersichtlichkeit erreicht, als die antike Weltauffassung. Ja noch mehr, auch sein Weltbild war nicht ganz einheitlich. Wie seine Zeichnung zeigt (Abb. 1.2), gab es eine große Ausnahme: alle Himmelskörper kreisen um die Sonne – mit Ausnahme des Mondes, der die Erde umkreist. Hatte die Erde also doch eine ausgezeichnete Stellung im Universum?

Diesen Einwänden hatte Kopernikus starke und überzeugende Argumente für seine Theorie entgegenzusetzen.[8] Erstens konnte er die Frage der Umlaufdauern klären. Die Zeiten, die ein Planet brauchte, um zum gleichen Punkt auf der Himmelskugel zurückzukehren unterschieden sich nämlich von Umlauf zu Umlauf beträchtlich. So konnte Mars einmal 700 Tage für seine Bahn durch die Sternenwelt beanspruchen, dann wieder kehrte er bereits nach 680 irdischen Tagen auf den gleichen Punkt des Sternenhimmels zurück. Das Ptolemäische System konnte diese Erscheinungen wohl *beschreiben,* und es konnte auch vorhersagen, welche Zeit der nächste Umlauf beanspruchen würde. Eine *Erklärung* gab es allerdings nicht für diese Unverläßlichkeit des roten Planeten und anderer Himmelskörper.

Im heliozentrischen System des Kopernikus war die Situation dagegen sofort klar: Der Planet benötigte stets die gleiche Zeit, um an die gleiche Stelle zurückzukehren. Weil sich aber die Stellung der Erde im Raum inzwischen veränderte, wurde der Planet jedesmal an eine andere Stelle der Himmelskugel projiziert. Dadurch wurde eine unregelmäßige Umlaufdauer vorgetäuscht. Durch eine geeignete Wahl der Epizyklen hatte Ptolemäus diese Erscheinung beschrieben, doch erst bei Kopernikus wurde sie »sonnenklar«. Die Bahnbewegung der Erde hatte gleichsam eine optische Täuschung hervorgerufen. Berücksichtigte man diesen Effekt, so war es leicht, für jeden Planeten eine charakteristische und stets gleichbleibende Umlaufdauer um die Sonne zu bestimmen. Auf die gleiche Art erklärte Kopernikus auch die Schleifenbahnen

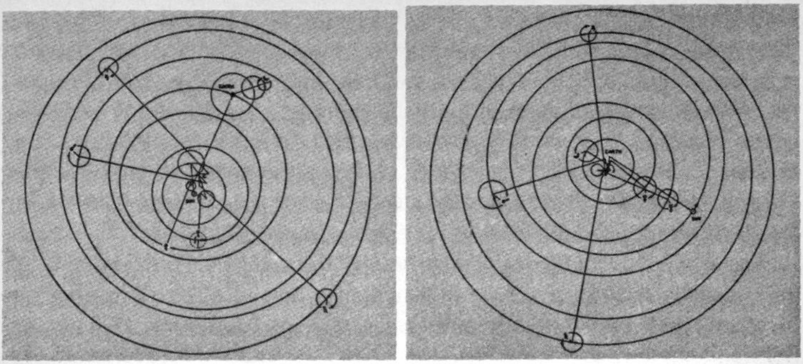

**Abb. 1.4:** Die volle Komplexität der Systeme des Ptolemäus und des Kopernikus ist durchaus vergleichbar. In beiden Fällen waren zahlreiche Epizyklen erforderlich, um die Bahnen mit einer Genauigkeit von rund zehn Bogensekunden darzustellen. Die Zeichnungen sind moderne Rekonstruktionen.

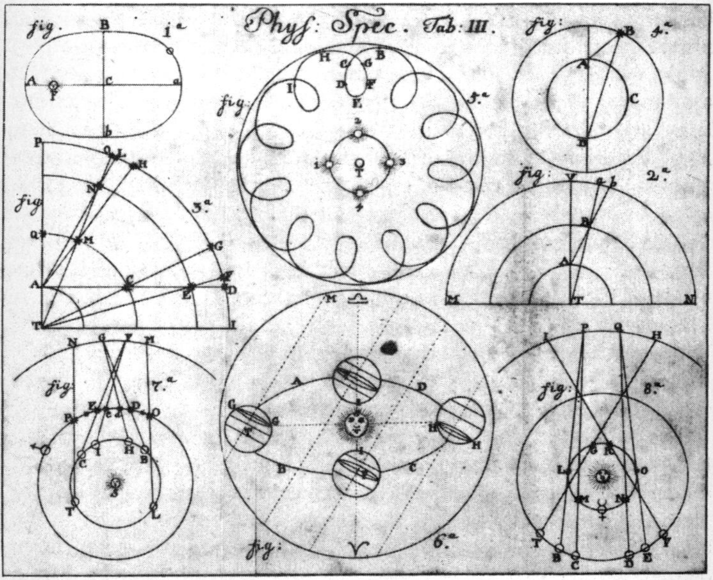


**Abb. 1.5:** Durch die Erdbewegung werden die Planeten selbst bei gleicher Stellung im Raum auf jeweils andere Teile des Sternenhintergrundes projiziert. Damit konnte Kopernikus sowohl die Unregelmäßigkeiten der Umlaufdauern, als auch die großen Epizyklen der Planetenbewegungen erklären.

der Planeten. Sie wurden ebenfalls als Projektionseffekte, hervorgerufen durch die Erdbewegung, entlarvt. Nun konnte Kopernikus auf die größten der Ptolemäischen Epizyklen verzichten, nur die kleinen Kreise verblieben, die zur genauen Bestimmung der Planetenorte unentbehrlich waren.

Die *großen* Irregularitäten des zeitlichen und des räumlichen Verlaufes der Planetenbahnen waren damit erklärt. Während bei Ptolemäus dazu viele, weitgehend willkürlich wählbare Kreise notwendig gewesen waren, reichte nunmehr ein einziger Kreis aus, der Kreis auf dem sich die Erde um die Sonne bewegte. Es gab keine Willkür in dem neuen System. Alles mußte von selbst ins richtige Lot kommen, sowohl die Irregularitäten der Umlaufdauern, als auch die Schleifenbahnen der Planeten. Dies war nur dann möglich, wenn die Planeten die Sonne in genauen, wohlbestimmten Entfernungen umkreisten. Damit konnte Kopernikus auch das alte Problem der Geometrie des Sonnensystems lösen und die Entfernungen der einzelnen Planeten von der Sonne bestimmen. Die Resultate waren so überzeugend, daß Kopernikus nicht an einen Zufall zu glauben vermochte:

»Wir finden also in dieser Anordnung eine bewundernswürdige Harmonie der Welt und einen zuverlässigen, harmonischen Zusammenhang der Bewegung und der Größe der Bahnen, wie er anderweitig nicht gefunden werden kann. Denn hier kann der eingehende Beobachter bemerken, warum das Vor- und Zurückgehen beim Jupiter größer erscheint als beim Saturn und kleiner als beim Mars und wiederum bei der Venus größer als beim Merkur; und warum ein solcher Rückgang beim Saturn häufiger erscheint als beim Jupiter, seltener beim Mars und bei der Venus als beim Merkur. Außerdem warum Saturn, Jupiter und Mars, wenn sie des Abends aufgehen, der Erde näher sind als bei ihrem Verschwinden und wieder sichtbar werden.«[9]

Kopernikus konnte also nicht nur die Frage beantworten, wie sich die einzelnen Himmelserscheinungen abspielen, er konnte auch *erklären*, warum man gerade diese und keine anderen Beobachtungen machte. Bei Ptolemäus war es beispielsweise unverständlich geblieben, warum die Venus auf ihrer Bahn um die Erde stets in der Nähe der Sonne verbleibt. Beschrieben hatte man dies im alten System durch eine Kopplung der Kreisläufe von Venus und Sonne. Warum aber gerade diese beiden Bahnen gekoppelt sein sollten, wußte niemand zu sagen. Kopernikus fand eine überzeugende Erklärung: ihr geringer Abstand von der Sonne läßt die Venus stets in Sonnennähe am Himmel erscheinen.

## Der wahre Bau der Welt

Die »bewunderungswürdige Harmonie der Welt« überzeugte Kopernikus, mit seiner Theorie endlich die Wahrheit über den Bau des Universums gefunden zu haben. Triumphierend meint er im Vorwort zu seinem Buch:

»Obschon die Anhänger des Ptolemäus die erscheinenden Bewegungen der Planeten größtenteils durch treffende Zahlen gelöst zu haben scheinen, haben sie die Hauptsache, nämlich die Gestalt des Weltalls und die tatsächliche Symmetrie seiner Teile, nicht zu finden und aus jenen Kreisen zu berechnen vermocht. Vielmehr geht es ihnen wie jemandem, der von verschiedenen Orten Hände, Füße, Kopf und andere Glieder nehme, ausgezeichnet zwar, aber nicht in den Proportionen eines einzigen Körpers gemacht – es würde, da sie zueinander nicht passen, ein Ungetüm eher als ein Mensch aus dieser Zusammensetzung entstehen.«[10]

Hatte Kopernikus tatsächlich den wahren Bau der Welt bestimmt? Konnte man nicht auch mit dem Ptolemäischen System die Bahnen der Planeten in Einklang mit der Erfahrung berechnen? Wenn naturwissenschaftliche Theorien durch ihre Übereinstimmung mit Beobachtung und Experiment gerechtfertigt, bestätigt und bewiesen werden, wieso war dann das neue System den alten Erkenntnissen vorzuziehen? Diese kritischen Fragen stellte auch Andreas Osiander (1498–1552), der in Vertretung des todkranken Kopernikus die Drucklegung der »De revolutionibus orbium coelestium« überwachte. Ohne Kopernikus' Wissen fügte er dem Werk ein Vorwort hinzu. Es beginnt mit den Worten:

»Ich zweifle nicht, daß manche Gelehrte über den schon allgemein verbreiteten Ruf von der Neuheit der Hypothesen dieses Werkes, welches die Erde als beweglich, die Sonne dagegen als in der Mitte des Universums unbeweglich hinstellt, sehr aufgebracht und der Meinung sein mögen, daß die freien und schon vor Zeiten richtig begründeten Wissenschaften nicht hätten gestört werden sollen. Wenn sie aber die Sache genau erwägen wollten, würden sie finden, daß der Verfasser dieses Werkes nichts unternommen hat, was getadelt zu werden verdiente. Denn es ist des Astronomen eigentlicher Beruf, die Geschichte der Himmelsbewegungen nach gewissenhaften und scharfen Beobachtungen zusammenzutragen und hierauf die Ursache derselben, oder Hypothesen darüber, wenn er die wahren Ursachen nicht finden kann, zu ersinnen und zusammenzustellen, aus deren Grundlagen eben jene Bewegungen nach den Lehrsätzen der Geometrie berechnet werden können.

Es ist nicht erforderlich, daß diese Hypothesen wahr, ja nicht einmal, daß sie wahrscheinlich sind, sondern es reicht schon allein, wenn sie eine mit den Beobachtungen übereinstimmende Rechnung ergeben....«[11]

Keine neuen und fundamentalen Einsichten in den Bau des Weltalls waren es also, nach Osianders Meinung, die hier dargeboten wurden, sondern nur andersartige mathematische Hypothesen zur Berechnung der Himmelsbewegungen. Mancher Astronom würde das geozentrische, mancher das heliozentrische System für zweckmäßiger finden, um etwa die Position des Saturns im nächsten Jahr zu bestimmen und so ein Horoskop zu erstellen.

Um die Wahrheit schien es damit schlecht bestellt. Ob sich die Erde um die Sonne oder die Sonne um die Erde bewegte, in jedem Fall konnte man die Beobachtungen etwa gleich exakt wiedergeben. Zwar konnte Kopernikus einiges erklären, was vorher unverstanden zur Kenntnis genommen werden mußte, aber bewies dies schon die Wahrheit seiner Ansichten? Kann man überhaupt beweisen, daß sich die Erde *tatsächlich* um die Sonne bewegt und nicht umgekehrt? Oder ist es vielmehr nur eine Frage der Überlieferung, des Glaubens und der Überzeugungskraft der Vertreter eines Systems, ob wir der einen oder der anderen Ansicht den Vorzug geben? In den ersten Jahrzehnten nach dem Erscheinen von »De revolutionibus orbium coelestium« waren diese Fragen noch nicht von der brennenden Aktualität, die sie zu Beginn des 17. Jahrhunderts annahmen.

## Galileo Galilei: Hat die Bibel doch recht?

Kopernikus hatte ein astronomisches Fachbuch geschrieben. Mit technischen Einzelheiten überladen und in lateinischer Sprache gehalten, war es nur wenigen Astronomen zugänglich. Deshalb gab es für die Kirche auch zunächst keinen Grund, sich mit den neuen Theorien auseinanderzusetzen. Erst in den Wirren der Reformationszeit wurde die Frage nach der wörtlichen Gültigkeit der Heiligen Schrift aktuell.

Für Galileo Galilei (1564–1642) wurde diese Frage zum Schicksal. Im Jahre 1609 hatte er in Venedig die ersten Fernrohre kennengelernt und bald darauf zum Himmel gerichtet. Er entdeckte die Irregularitäten der Mondoberfläche und schloß daraus, daß der Mond ein Körper, vergleichbar mit der Erde sei. Keinesfalls hatte der Mond die perfekte Kugelgestalt, die Aristoteles für die Himmelskörper gefordert hatte. Noch wesentlicher war aber Galileis Entdeckung von vier Monden, die den

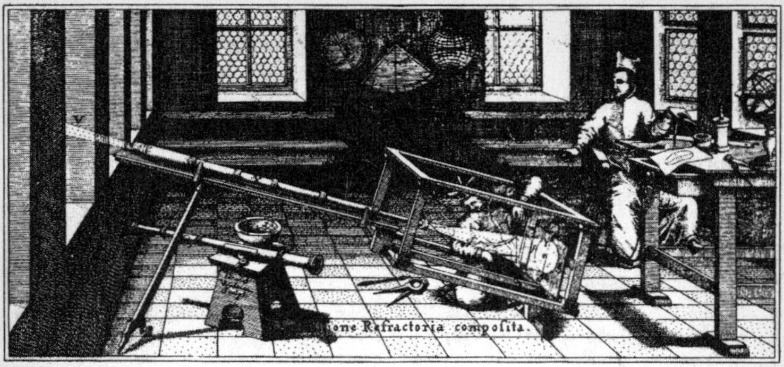

**Abb. 1.6:** Auch die Jesuiten machten sich Galileis neue Methoden zu eigen: Christoph Scheiner entdeckt die Sonnenflecken.

Planeten Jupiter umkreisen. Der Erdmond nahm also keine einzigartige Stellung im Sonnensystem ein, und ein wesentliches Argument gegen das Kopernikanische System war damit beseitigt. Im »Sidereus Nuntius« (»Sternenbote«) veröffentlichte Galilei im Jahre 1610 seine epochemachenden Entdeckungen.[12]

Galileis Beobachtungen beeindruckten ganz Italien. Bei einem Besuch in Rom wählte ihn die Accademia dei Lincei – der Luchsäugigen – im März 1610 zu ihrem Mitglied, und Papst Paul V. empfing ihn in einer langen Audienz. Auch das Jesuitenkollegium akzeptierte die neuen Entdeckungen, und bald begannen Jesuiten in ganz Europa, die neuen Beobachtungen nicht nur zu bestätigen, sondern sogar an Genauigkeit zu übertreffen. Das Kopernikanische System durfte zumindest als Arbeitshypothese diskutiert werden.

Doch waren nicht alle Zweifler überzeugt. Vor allem die Aristoteliker an den Universitäten wandten sich gegen die neuen Entdeckungen, die das großartige System zu zerstören drohten, das in jahrhundertelanger Überlieferung zu einem weitgesponnenen Lehrgebäude ausgebaut worden war. Als Galilei im Jahre 1610 einer Abendgesellschaft in Bologna die Jupitermonde im Fernglas zeigen wollte, vermochte er keinen der prominenten Gäste von der Existenz der neuen Himmelskörper zu überzeugen. Die Paduaner Philosophen Cremonini und Libri weigerten sich, durch das Teleskop zu sehen.[13] Andere Gäste hielten die im Fernrohr sichtbaren Lichtpunkte in der Nähe des Jupiters für optische

Täuschungen, die durch Fehler des neuen Instrumentes hervorgerufen wurden. Diese Ansicht hatte einige Berechtigung, da die Beobachtung der Monde mit dem Teleskop mangels einer festen Montierung sehr schwierig war. Auch war das Linsensystem noch keinesfalls ausgereift. Selbst Galilei vermochte das neue Gerät nicht perfekt zu nutzen, und die von ihm hergestellten Mondbilder weisen kaum eine Ähnlichkeit mit heutigen Karten auf.

Die Diskussion ging weiter, und Galilei widmete sich mehr der Polemik als neuen Beobachtungen. In einem Brief an die Großherzogin Christina, der in vielen Abschriften zirkulierte, wagte er sich auf theologisches Gebiet und versuchte, das Kopernikanische Weltbild, das er nunmehr für erwiesen erachtete, mit der Bibel in Einklang zu bringen. Er meinte, daß die »nackte grammatikalische« Auslegung der Bibel leicht zu Irrtümern führt. »Deshalb sollte nichts Physikalisches, das die Erfahrung der Sinne uns vor Augen führt, oder ein zwangsläufiger Beweis uns bestätigt, auf Grund von Zeugnissen biblischer Zitate in Frage gestellt werden, unter deren Wort sich ein ganz anderer Sinn verbergen könnte.«[14] Dann bezweifelte Galilei noch, »daß der Theologie der Titel und die Macht einer Königin gebührt« und verglich sie mit einer Despotin.

Mit diesen theologischen Überlegungen hatte sich Galilei »in die Sakristei begeben«, und Kardinal Robert Bellarmin, der Konsultor des Heiligen Offiziums, sah sich bald zu einer Stellungnahme veranlaßt. Er richtete einen Brief an Pater Foscarini, der wie Galilei zu den Anhängern des Kopernikanischen Systems zählte. Darin heißt es:

»Erstens also erscheint es mir, daß Euer Hochwürden und Signor Galilei klug handeln, wenn sie sich darauf beschränken, hypothetisch und nicht apodiktisch zu sprechen, wie es auch, nach meiner Auffassung, Kopernikus tat. Sagt man nämlich, die Annahme, daß die Erde sich bewege und die Sonne stillstehe, wahre den Anschein der Himmelserscheinungen besser als Exzenter und Epizykel, dann heißt das mit hoher Vernunft gesprochen und birgt keinerlei Gefahr in sich. So zu sprechen ziemt einem Mathematiker. Doch behaupten zu wollen, die Sonne stünde in Wahrheit im Mittelpunkt des Universums und rotiere bloß um die eigene Achse, ohne von Ost nach West zu wandern, und die Erde liege in der dritten Sphäre und drehe sich sehr rasch um die Sonne, ist eine sehr gefährliche Stellungnahme, die nicht nur alle scholastischen Philosophen und Theologen aufbringen muß, sondern auch unseren heiligen Glauben beleidigt, indem sie der Schrift widerspricht. ...

Drittens sage ich, wenn es einen wirklichen Beweis dafür gäbe, daß die Sonne im Zentrum des Universums ist, daß die Erde in der dritten Sphäre ist und daß die Sonne sich nicht um die Erde bewegt, sondern die Erde um die Sonne, dann müßten wir bei Auslegungen von Stellen der Schrift, die das Gegenteil zu lehren scheinen, die größte Umsicht walten lassen und lieber sagen, wir verständen sie nicht, als eine Anschauung für falsch erklären, die als wahr bewiesen wurde. Ich bin indessen der Meinung, es gäbe keinen solchen Beweis, da mir keiner vorgelegt wurde. Darzutun, daß die Erscheinungen gerettet werden, wenn man die Sonne im Zentrum und die Erde in den Himmeln annimmt, ist nicht das gleiche, wie darzutun, daß die Sonne sich de facto im Mittelpunkt und die Erde in den Himmeln befindet. Ich glaube, daß es im ersten Fall einen Beweis geben mag, habe aber die schwersten Bedenken, was den zweiten betrifft; und im Zweifelsfall soll man die Schrift, wie sie von den heiligen Vätern ausgelegt wurde, nicht verlassen ...«[15]

War die Bewegung der Erde um die Sonne wirklich bewiesen? Galilei war dieser Meinung, und er glaubte, über einen neuen Beweis zu verfügen. Er hatte eine Theorie der Gezeiten, also von Ebbe und Flut, ausgearbeitet, die den endgültigen Beweis für die Wahrheit des Kopernikanischen Systems erbringen sollte.

Die Kirche ließ sich nicht überzeugen. Der Papst verfügte vielmehr, daß die theologischen Fachleute des Heiligen Offiziums nunmehr über die Frage der Weltsysteme urteilen sollten. Die Behauptung: »Die Sonne ist der Mittelpunkt der Welt und völlig frei von jeder örtlichen Bewegung«, fanden sie »lächerlich und widersinnig, philosophisch und formal häretisch«.[16] In ähnlicher Weise wurde auch die Lehre verurteilt, daß die Erde weder das Zentrum der Welt noch unbeweglich ist. Die Erkenntnisse des Heiligen Offiziums wurden allerdings nicht zum theologischen Dogma, da sie der Papst nicht formal bestätigte. Dennoch wurde Kopernikus' Buch »De revolutionibus orbium coelestium« verboten und sein Autor von Kardinal Bellarmin persönlich ermahnt, die Kopernikanische Lehre weder zu verteidigen, noch zu behaupten. Am 16. März 1616 fand diese schicksalsschwere Unterredung statt, deren genauer Inhalt später von entscheidender Bedeutung wurde.

Die folgenden sieben Jahre schwieg Galilei und publizierte nichts. Erst 1623 erschienen seine nächsten Schriften. Diese relativ unbedeutenden Polemiken können wir als Vorarbeiten zu dem großen »Dialog über die beiden Weltsysteme« betrachten. In diesem Dialog diskutiert Galilei die jeweiligen Vorteile des Kopernikanischen und des Ptolemäischen Systems.[17] Keines der beiden Systeme wird dabei als wahr und gesichert bezeichnet, keines als die einzige Möglichkeit herausgestellt, die mit den Daten vereinbar ist. Doch Galilei wurde der Ermahnung Kardinal Bellarmins, die Kopernikanische Lehre weder zu verteidigen noch zu behaupten, nur scheinbar gerecht. Simplicio, der Verteidiger des Aristoteles, spielt in dem Dialog eine derart inferiore Rolle, daß Galileis wahre Absichten unschwer zu erkennen sind. Er vermeinte ja, mit seiner Theorie der Gezeiten den endgültigen Beweis für das Kopernikanische System gefunden zu haben.

Bevor das Werk gedruckt werden konnte, war noch die kirchliche Zensur zu überwinden. Aber auch diese Hürde meisterte Galilei, und so konnte der Dialog im Februar 1632 in Florenz erscheinen. In italienischer Volkssprache gehalten und frei von detaillierten Überlegungen über Deferenten und Epizyklen fand die populäre Darstellung der neuen Astronomie eine weite Verbreitung.

## Und sie bewegt sich doch ...

Bald nach dem Eintreffen der ersten Exemplare des »Dialogs über die beiden Weltsysteme« war das Heilige Offizium in heller Aufregung. Galilei wurde vorgeladen und mußte nach mancherlei Ausflüchten und Vorwänden am 12. April 1633 zum ersten Verhör erscheinen. Damit begann der berühmteste Prozeß in der Wissenschaftsgeschichte.

Die Anklage warf Galilei vor, die Bewegung der Erde als feststehende Tatsache hingestellt und die Gezeiten durch diese Bewegung erklärt zu haben. Auch habe er die Druckgenehmigung für sein Werk erschlichen, indem er listigerweise verschwiegen habe, daß ihm das Heilige Offizium bereits im Jahre 1616 auferlegt hatte, die Kopernikanische Theorie in keiner Form zu lehren oder zu diskutieren.

Galilei leugnete, in seinem Buch die Bewegung der Erde als erwiesen betrachtet zu haben. Er habe sich vielmehr strikt an die Anweisung gehalten, die ihm Kardinal Bellarmin im Jahre 1616 gegeben hatte:

»Wir, Roberto Kardinal Bellarmin, haben gehört, es werde in verleumderischer Weise berichtet, Signor Galileo Galilei hätte in unsere Hand abgeschworen und sei auch mit heilsamer Buße bestraft worden, und da wir gebeten wurden, die Wahrheit festzustellen, erklären wir, daß der genannte Galilei keine von ihm behauptete Ansicht oder Lehre abgeschworen hat ... auch wurde ihm keinerlei heilsame Buße auferlegt. Lediglich die vom Heiligen Vater abgegebene und von der geheiligten Indexkongregation veröffentlichte Erklärung wurde ihm bekanntgemacht, derzufolge die dem Kopernikus zugeschriebene Lehre,

**Abb. 1.7:** Das Titelbild von Galileis »Dialog über die beiden Weltsysteme« zeigt die drei Gesprächspartner Sagredo, Salviati und Simplicio.

daß die Erde sich um die Sonne bewege und diese im Mittelpunkt der Welt stillstehe und sich nicht von Ost nach West bewege, im Widerspruch zur Schrift stehe und weder verteidigt, noch behauptet werden kann. Zum Zeugnis dessen wir das Vorliegende geschrieben und mit eigener Hand unterschrieben haben, den 26. Mai 1616.«[18]

Dieses Dokument überraschte das Heilige Offizium, da die Akten eine andere Darstellung der Ereignisse enthielten:

»In Gegenwart des Kardinals Bellarmin übergab Pater Michelangelo Seghizzi von Lodi, Generalkommissar des Heiligen Offiziums, einen schriftlichen Befehl an Galilei und wies ihn im Namen des Heiligen Vaters und des gesamten Heiligen Offiziums an, die Meinung, die Sonne sei das Zentrum des Universums und die Erde bewege sich, aufzugeben und diese Meinung in keiner Weise zu vertreten, zu lehren oder zu verteidigen, weder in Wort noch in Schrift.«[19]

Dieses Dokument scheint darauf hinzuweisen, daß die Anweisung des Papstes, Kardinal Bellarmin möge Galilei zu sich rufen und ihn ermahnen, »diese Ansicht und Lehre zu lehren oder zu verteidigen, ja, *sie auch nur zu diskutieren«,* befolgt worden war. Allerdings ist das Dokument in den Akten des Heiligen Offiziums nicht unterschrieben, während sich im Besitze Galileis die ausführliche handschriftliche Bestätigung Kardinal Bellarmins befand, die ein Verbot einer *Diskussion* über die Kopernikanische Lehre nicht enthielt.

Damit war der wichtigste Anklagepunkt zusammengebrochen. Zwar war es leicht, Textstellen aus dem »Dialog« anzuführen, die eindeutig zeigten, daß Galilei die Bewegung der Erde um die Sonne als bewiesen erachtete, doch konnte er dagegen auf die kirchliche Druckerlaubnis verweisen. Dennoch war der Neunundsechzigjährige bald bereit, durch ein Geständnis zu einem Kompromiß zu kommen und das Verfahren zu beenden. Er gab zu, »daß ein Leser, der meine wirkliche Absicht nicht kennt, mit Grund annehmen könnte, die Beweise, die von der falschen Seite vorgebracht und, wie ich wollte, verworfen werden sollten, seien so ausgedrückt, als wären sie darauf angelegt, die Überzeugung durch ihre Kraft zu erzwingen, statt die Widerlegung zu erleichtern«.[20] Galilei bot sogar an, einen neuen Teil seinem Buch hinzuzufügen, in dem er die Unbeweglichkeit der Erde »klar beweisen wollte«.

Die Beendigung des Verfahrens ward danach, ebenso wie die Androhung der Folter, eine reine Formsache. Galilei schwor, daß er die Ansicht des Kopernikus nicht vertrete, der Dialog wurde verboten und Galilei zu »Gefängnis verurteilt, solange es dem Heiligen Offizium beliebt«. Er verbrachte die nächsten Jahre unter formaler Aufsicht der Inquisition in seiner Villa in Arcetri bei Florenz. Dort schrieb er auch sein zweites Hauptwerk, die »Unterredungen und mathematische Darlegungen über zwei neue Wissenschaften«. Für die weitere Entwicklung der Physik wurde dieses Werk sogar noch wichtiger als der Dialog über die Weltsysteme. Die Gesetze der Fallbewegung finden sich darin ebenso wie erste Ansätze einer technischen Festigkeitslehre. Dieses Werk konnte unbehindert im Jahre 1638 in Leiden erscheinen. Vier Jahre später starb Galilei.

## Die Last des Beweises

Konnten Kopernikus und Galilei tatsächlich beweisen, daß sich die Erde um die Sonne bewegt und sich zugleich um ihre eigene Achse dreht? Nach allgemeiner Ansicht sind naturwissenschaftliche Theorien wahr und erwiesen, wenn sie einer Prüfung durch das Experiment standhalten. Zumindest anfänglich konnten aber sowohl das Kopernikanische System, wie auch das alte Aristotelisch-Ptolemäische System die Planetenbahnen mit gleicher Genauigkeit vorhersagen. Aber auch mit den folgenden Verfeinerungen des Kopernikanischen Systems hätte Ptolemäus durchaus Schritt halten können. Vergrößert man nämlich die Anzahl der Epizyklen in diesem System, so kann man jede beliebige Bahnkurve mit jeder nur gewünschten Genauigkeit darstellen und beschreiben. In der modernen Physik ist dieses Verfahren unter dem Namen »Fourier-Analyse« wohlbekannt. So hätten selbst weitere Verfeinerungen der Planetenbeobachtungen die Ptolemäische Theorie nicht widerlegen können.

Wenn also die »Wahrheit« einer physikalischen Theorie in der korrekten Beschreibung der Beobachtungen besteht, so ist die Ptolemäische Theorie ebenso wahr wie die Kopernikanische. Insofern hatte die Kirche recht, und Galilei konnte nicht beweisen, daß sich die Erde um die Sonne bewegt. Auch die gegenteilige Meinung steht mit den Experimenten in Einklang. Sollen wir also Osiander zustimmen, mit ihm meinen: »Es ist nicht erforderlich, daß diese Hypothesen wahr, ja nicht einmal, daß sie wahrscheinlich sind, sondern es reicht schon allein hin, wenn sie eine mit den Beobachtungen übereinstimmende Rechnung ergeben.«

Sind naturwissenschaftliche Theorien tatsächlich nur »Instrumente«, die es gestatten, die Natur zu beherrschen und zu manipulieren?

Kann Naturwissenschaft überhaupt zur Wahrheit führen oder nur zu mehr oder weniger zweckmäßigen, einfachen, komplizierten, brauchbaren, nützlichen oder gefährlichen Formeln, mit denen man Erscheinungen vorherberechnen und Maschinen konstruieren kann? Diese Fragen nach dem Wesen der Naturwissenschaft sind heute ebenso aktuell wie zur Zeit Galileis.

Auch die heutige Wissenschaftstheorie hat hier keine einheitliche Meinung.[21] Eine Schule vertritt einen »Realismus«, der in den Lehren der Naturwissenschaft eine mehr oder weniger genaue Beschreibung der realen Außenwelt sieht.[22] Offen bleibt dabei, in welchem Sinne die aufeinanderfolgenden Theorien der Wissenschaft eine immer bessere Beschreibung des Naturgeschehens ergeben und ob dieser Prozeß einmal zu einem Ende kommen wird. Andere Philosophen sehen in den Theorien der Wissenschaft nur »Instrumente«, die weder wahr noch falsch sind.[23] Dieser Ansicht gemäß sind Theorien vor allem zweckmäßig und erlauben es, das Naturgeschehen zu beschreiben und zu manipulieren. Die Naturwissenschaft wird damit zum »Herrschaftswissen« erklärt,[24] dessen Ziel nicht Einsicht, sondern Beherrschung der Natur ist.

Die vorangehenden Überlegungen legen eine andere Auffassung über Naturwissenschaften nahe: Sie sind ein Teil der Auseinandersetzung des Menschen mit der Natur und der bisher erfolgreichste Versuch, diese Natur zu verstehen und dadurch auch zu manipulieren. Gerade im Falle der Planetenbahnen ist es klar, wie sehr hier das »theoretische Interesse«, also die Sehnsucht nach einem Verständnis dieser Welt im Vordergrund steht. Das »praktische Interesse«, also der Wunsch, die Planetenbahnen zu beeinflussen und zu verändern, wird wohl für alle Zeiten utopischen Romanen vorbehalten bleiben.

Naturwissenschaftliche Theorien sind *Hypothesen* über die Wirklichkeit.[25] Diese Hypothesen können nicht aus Experimenten und Beobachtungen abgelesen werden. Sie sind keine Folgerungen der Experimente, sondern kreative Schöpfungen des menschlichen Geistes, die die Erscheinungen in unserer Umwelt erklären und die Geheimnisse der Natur verständlich machen sollen. Diese Erklärungen machen die Reaktion der Natur auf Eingriffe, auf Veränderungen vorhersehbar. Entsprechende Änderungen können dann gegebenenfalls vorgenommen werden, was die Naturwissenschaft zur Technik, zur Kunst des Machbaren, werden läßt.

Naturwissenschaftliche Theorien sind stets in das gesamte Geistesleben ihrer Zeit verwoben. Sie beeinflussen die geistige Atmosphäre ebenso, wie sie dadurch beeinflußt und mitgestaltet werden. Theorien sind *mögliche* Erklärungen, deren Eindeutigkeit niemals gezeigt wird.[26] Sowohl Ptolemäus als auch Kopernikus konnten die Beobachtungen beschreiben. Doch erfüllte nur die Kopernikanische Theorie die wichtige erklärende Funktion der Naturwissenschaft. Nur sie ließ die Beobachtungen »sonnenklar und einsichtig« werden und zeigte, wie die verschiedensten Himmelserscheinungen auf eine einzige Ursache, nämlich die Bewegung der Erde zurückgeführt werden konnten.

So durfte auch Galilei nicht hoffen, seine Theorien durch Experimente und Beobachtungen zu beweisen, wenn wir unter »beweisen« verstehen wollen, daß *nur* unter der Annahme der Erdbewegung die Beobachtungen korrekt beschrieben werden können. Auch heute gibt es keinen derartigen Beweis für die Erdbewegung.

## Vom geometrischen zum harmonischen Kosmos

»Mysterium Cosmographicum« ist der Titel des ersten Buches von Johannes Kepler (1571–1630). Der fünfundzwanzigjährige Landschaftsmathematikus zu Graz veröffentlichte es im Jahre 1596. In der Vorrede an den Leser heißt es darin: »Schon zu jener Zeit, da ich mich vor sechs Jahren in Tübingen unter dem hochberühmten Gelehrten Michael Maestlin auf die Wissenschaften legte und mich mit der damals vorgetragenen verwickelten und unhandsamen Bewegungslehre abmühte, war ich ganz entzückt von Kopernikus, den mein Meister in seinen Vorlesungen sehr häufig erwähnte.«[27] Bald begann Kepler auf den Spuren des Kopernikus den Geheimnissen des Weltalls nachzugehen: »Es waren hauptsächlich drei Dinge, deren Ursache ich unverwandt nachforschte: Anzahl, Größe und Bewegung der Bahnen. Zu diesem Wagnis lockte mich das schöne, in sich selbst beschlossene Zusammenstimmen der Sonne, der Fixsterne und des Zwischenreiches mit Gott dem Vater, dem Sohne und dem Heiligen Geiste.«[28]

Kopernikus hatte den Weg gewiesen. Er hatte die »bewundernswürdige Harmonie« der Welt entdeckt und gezeigt, daß sich die Schleifenbahnen der Planeten gleichsam von selbst erklären, wenn man annimmt, daß sich die Planeten auf Kreisbahnen mit wohlbestimmten Radien um die Sonne bewegen. So mußte etwa die Venusbahn genau um dreißig Prozent kleiner als die Erdbahn sein, die Marsbahn dagegen um fünfzig Prozent größer. Jede Vieldeutigkeit war ausgeschlossen und der gesuchte »zuverlässige, harmonische Zusammenhang« gefunden.

In der Ptolemäischen Theorie waren die Radien der Planetenbahnen weitgehend unbestimmt gewesen. Nunmehr waren sie bestimmt und ein »Mysterium Cosmographicum« tat sich auf: Was hatte den Schöpfer veranlaßt, gerade diesen Bau des Sonnensystems zu wählen? Zur Lösung dieses kosmischen Rätsels griff Kepler auf eine Tradition zurück, die bis in die Antike reichte, nämlich auf Platos (427–347 v. Chr.) Ideenlehre. Im Dialog »Timaeus« beschreibt Plato die Erschaffung der Welt durch einen Demiurgen, welcher der formlosen Urmaterie mathematische Regelmäßigkeit aufprägt. Die Entschlüsselung dieser Regelmäßigkeit wird zur Aufgabe des Menschen, ein Gesichtspunkt, den später auch die Kirche teilte.

Plato nahm an, daß die vier irdischen Elemente – Feuer, Erde, Luft, Wasser – und die Himmelsmaterie, also der Äther, zusammen den fünf regelmäßigen Körpern entsprechen. In den Symmetrien dieser Körper sah Plato das Schöpfungsgeheimnis. Der Tetraeder sollte dem Feuer

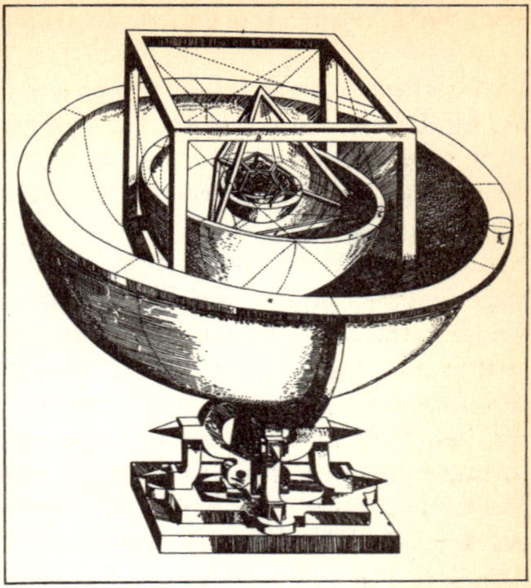

**Abb. 1.8:** Das Keplersche Weltsystem erklärt die Abstände der Planeten von der Sonne durch die Ineinanderschachtelung der fünf regelmäßigen platonischen Körper. Sie bestimmen jeweils die Radien der Kugelschalen, die die Planeten tragen.

zugeordnet sein, dessen durchdringende Wirkung den scharfen Ecken zuzuschreiben war. Der massiven und soliden Erde sollte der Würfel entsprechen, während Luft aus Oktaedern und Wasser aus Ikosaedern aufgebaut sein sollte. Dem kompliziertesten der regelmäßigen Körper, dem Dodekaeder, ordnete Plato die Himmelsmaterie zu. So lagen die vollkommensten aller Körper dem Bauplan der Welt zugrunde, die in ihrer materiellen Unzulänglichkeit nur ein schwacher Abklatsch des herrlichen Reiches (geometrischer) Ideen sein konnte.

Kepler griff die Ideenwelt Platos auf. Konnte nicht in der Reihe der regelmäßigen Körper auch der Schlüssel zum Planetensystem verborgen sein? Nach langem Suchen und vielen Überlegungen glaubte Kepler die Erklärung für die Zahl der Planeten und für ihre Abstände von der Sonne gefunden zu haben. Baut man die fünf regulären Körper so ineinander, daß die einem Körper einbeschriebene Kugel mit der umschriebenen des nächsten Körpers übereinstimmt, so ergeben sich vier Kugeln. Zählt man noch die umschriebene Kugel des größten Körpers und die einbeschriebene Kugel des kleinsten Körpers hinzu, so ergeben sich gerade die sechs Sphären, auf denen sich die Planeten bewegen. Das Geheimnis des Schöpfers schien gelöst, und Kepler konnte triumphierend verkünden: *Ubi materia, ibi geometria* (Wo Materie ist, dort ist auch Geometrie). Der geometrische Kosmos war geboren.

Das Grundgefüge war geklärt, die Einzelheiten blieben auszuarbeiten. Die präzisen Beobachtungen, die der kaiserliche Hofastronom Tycho Brahe (1546–1601) in Prag sammelte, stellten eine Herausforderung für jedes astronomische System dar. Die größte Schwierigkeit dabei bildete die Erklärung der Marsbahn, die wesentlich von der Kreisform abweicht. Vergeblich versuchte Kepler sie nach antiken Vorbildern aus gleichförmig durchlaufenen Kreisbahnen zusammenzusetzen. Epizykel türmte sich auf Epizykel und doch blieben Abweichungen bestehen. Keplers geistiger Kampf begann.

Seit der Antike hatten Planetenbewegungen als erklärt gegolten, wenn sie auf gleichmäßig durchlaufene Kreisbahnen zurückgeführt waren. Nur die vollkommenste aller geometrischen Figuren, der Kreis, und nur die vollkommenste aller Bewegungen, die gleichförmige, waren stets zur Erklärung der Erscheinungen auf den göttergleichen kristallinen Himmelssphären herangezogen worden. Fast erschien es als Frevel, an andere Möglichkeiten überhaupt zu denken. Zwei astronomische Phänomene erleichterten den Übergang. Im Jahre 1572 beobachtete Tycho Brahe eine Nova, einen neuen Stern am Himmel und im Jahre 1577 erschien ein Komet, dessen Bahn vermessen wurde. Nur allzu deutlich ergab sich dabei, daß die Spur dieses himmlischen Gastes außerhalb der Mondbahn verlief und somit die kristallinen Sphären durchqueren mußte. Nova und Komet zerstörten den Mythos vom unwandelbaren, perfekten und kristallinen Himmel und bereiteten den Weg für das Kommende.

Ein Himmel, der die Unschuld der Perfektion verloren hatte, mußte sich gefallen lassen, mit der Erde verglichen zu werden. Nicht nur die perfektesten aller Bewegungen konnten ihm zukommen, wie die Beobachtungen gezeigt hatten. Ein Tabu war gebrochen, und beim Studium der Erdbahn fand Kepler bald, daß eine ungleichmäßig durchlaufene Bahn die Beobachtungen weit besser erklären konnte, als das frühere Ideal. Der mystische Pythagoräer Kepler vermutete einen Einfluß der Sonne auf die Erde, der von der Entfernung dieser beiden Himmelskörper abhängen konnte. Tatsächlich fand er bald, daß die Bahngeschwindigkeit der Erde ihrem Abstand von der Sonne umgekehrt proportional war. Je näher die Erde der Sonne kam, desto schneller bewegte sie sich. Auf die Marsbahn übertragen fand das Gesetz seine endgültige Form: Der Leitstrahl von der Sonne zu einem Planeten überstreicht in gleichen Zeiten gleiche Flächen. Als zweites Keplersches Gesetz ist diese Aussage in die Geschichte eingegangen.

Das Undenkbare war denkbar geworden, die Geometrie zerstört. Nun durfte selbst die heilige Kreisbewegung in Frage gestellt werden.

Welchen räumlichen Verlauf nahm die Bahn der Planeten? 1605 war die Antwort gefunden. Sie erblickte vier Jahre später als erstes Keplersches Gesetz das Licht der Welt: die Planeten bewegen sich auf Ellipsen, in deren einem Brennpunkt die Sonne steht.

Mit der »Astronomia nova«, der neuen Astronomie, war 1609 der Aristotelische Zauber gebrochen und der Weg zur Himmelsmechanik gebahnt. Die Kreise des Aristoteles waren eine Selbstverständlichkeit gewesen, die Ellipsen des Kepler forderten gebieterisch eine Erklärung. Achtzig Jahre später fand Newton die Lösung des Rätsels und legte den himmlischen Göttern das Korsett der irdischen Mechanik an.

Kepler war noch nicht am Ende. Die Bahnformen waren entdeckt, der Zeitablauf der Planetenbewegung gefunden. Die große Synthese stand aber noch aus. Dazu griff Kepler auf eine andere antike Tradition zurück. Im fünften vorchristlichen Jahrhundert hatte Pythagoras die Zahl als Ursprung aller Dinge angesehen, eine Idee, die der deutsche Mathematiker Ludwig Kronecker im 19. Jahrhundert in die Worte faßte: »Die ganzen Zahlen schuf der liebe Gott, alles andere ist Menschenwerk.«[29] Ausschlaggebend für Pythagoras war die Entdeckung, daß musikalische Harmonien durch einfache, ganzzahlige Verhältnisse beschrieben werden. Erzeugt eine schwingende Saite beispielsweise das eingestrichene c, so erhält man einen Ton, der um eine Oktave höher ist, wenn man die Saite in der Mitte festhält und nur mehr eine Hälfte schwingt. Dagegen ergibt sich die Quint, also der Ton g', wenn die beiden Teile im Verhältnis 3:2 stehen und der längere Abschnitt zu schwingen beginnt. Damit war die »Sphärenharmonie« entdeckt, die die Wissenschaft bis hinein ins 20. Jahrhundert immer wieder beschäftigte, und die auch bei der Deutung des Atomaufbaus eine wesentliche Rolle spielte.

In den »Harmonice Mundi« griff Kepler 1619 diese pythagoräischen Ideen auf. In dieser »Weltharmonik« findet sich endlich auch das dritte Keplersche Gesetz, dessen Entstehungsgeschichte Kepler selbst folgendermaßen schildert:

»Am 8. März des Jahres 1618, wenn man die genaue Zeitangabe wünscht, ist es in meinem Kopf aufgetaucht. Ich hatte aber keine glückliche Hand, als ich es der Rechnung unterwarf und verwarf es wieder. Schließlich kam es am 15. Mai wieder und besiegte in einem neuen Anlauf die Finsternis meines Geistes, wobei sich zwischen meinem siebzehnjährigen Arbeiten an den tychonischen Beobachtungen und meiner gegenwärtigen Überlegung eine so treffliche Übereinstimmung ergab, daß ich erst glaubte, ich hätte geträumt und das Gesuchte in den

Beweisunterlagen vorausgesetzt. Allein es ist ganz sicher und stimmt vollkommen, daß die Proportionen, die zwischen den Umlaufzeiten irgend zweier Planeten bestehen, genau das Anderthalbfache der Proportionen der mittleren Abstände, das heißt der Bahnen selber sind.«[30]

Heute formuliert man das Gesetz in der Form, daß die Quadrate der Umlaufzeiten sich wie die Kuben der Abstände der Planeten von der Sonne verhalten. Demnach würde ein Planet, der viermal so weit von der Sonne entfernt ist wie die Erde, acht Jahre für einen Bahnumlauf benötigen.

Mit dem dritten Keplerschen Gesetz war die Sphärenharmonik vollendet und ein Stück des Schöpfungsgeheimnisses gefunden. Eine überirdische Sphärenmusik, die fortwährend und mehrstimmig, aber nur durch den Verstand und nicht das Ohr erfaßbar war, schien das Universum zu erfüllen und die Planeten auf ihren Bahnen um die Sonne zu begleiten.

Die Kepler-Gesetze haben die Feuerprobe der Geschichte bestanden. Dagegen wurde Keplers Erklärung der Bahnradien, sein geometrisches Muster dieser Welt, mit der Entdeckung des Planeten Uranus durch Friedrich Wilhelm Herschel (1738–1822) im Jahre 1781 endgültig zerstört. Bis heute ist die Frage von Zufall und Notwendigkeit in der Verteilung der Planeten noch nicht endgültig geklärt.

## Descartes repariert und entwirft

Der Italiener Galileo Galilei hatte Kopernikus populär gemacht und die Mechanik des Irdischen ausgebaut. Den deutschen Beitrag hatte Johannes Kepler aufgrund pythagoräisch-platonischer Traditionen und der genauen Beobachtungen des Dänen Tycho Brahe geliefert. In Frankreich versuchte sich der Theologe, Philosoph, Mathematiker und Naturwissenschaftler René Descartes (1596–1650) an einem neuen Weltbild. Im Jahre 1644 erschienen in Amsterdam seine »Principia Philosophiae«, die eine völlig neue Stimme in das Konzert der Ideen und Nationen brachten. In diesem großartigen Weltentwurf steht nicht länger die Frage nach der detaillierten Bewegung der Planeten im Vordergrund. Weder Epizyklen noch Ellipsen waren Descartes Anliegen. Ein gesamtes System der Welt und der Welterkenntnis sollte vielmehr entstehen, wie es seit Aristoteles nicht mehr dagewesen war. Nicht unsichere Beobachtungen, sondern absolut gesicherte Erkenntnis sollten die Grundlage des neuen Weltsystems bilden. Wie aber ist sichere Erkenntnis möglich? Descartes' universelle Zweifel und sein erlösendes *Cogito ergo sum* – ich denke, also bin ich – sind wohl nur allzu bekannt, um sie hier nochmals zu wiederholen.

Wie gelangt man von *cogito ergo sum* zu den Grundlagen einer Himmelsmechanik, die absolute Sicherheit für sich in Anspruch nehmen darf?[31] Zunächst stieß der »denkende und zweifelnde Geist« Descartes auf die Idee eines Gottes, dessen Vollkommenheit sicher auch seine Existenz mit einschließen mußte. Rasch wurde dem zweifelnden Geist klar, daß der vollkommene Gott keinen Menschen erschaffen haben konnte, den seine Sinne und seine Vernunft systematisch täuschen. Nur allzu bald ist Descartes auch klar, daß alles, was dem zweifelnden Geiste deutlich gegenwärtig ist, wahr sein muß.

Der ebenso vollkommene wie gefällige und bequeme Gott Descartes' beseitigt damit die meisten Zweifel. Ja, man wünschte sich manchmal, daß die Theologie als Hilfswissenschaft in ähnlich liebenswürdiger Weise auch den modernen Naturwissenschaften beistehen würde.

Was lehrt uns der Gott Descartes'? Die einzige Eigenschaft aller Körper, von der wir eine »klare und deutliche Vorstellung« besitzen, ist die Ausdehnung. Deshalb muß jeder Körper ausgedehnt sein. Und sogleich folgt: »Ein Vakuum im philosophischen Sinne, das heißt in dem sich keine Substanz befindet, kann es offenbar nicht geben, weil die Ausdehnung des Raumes oder inneren Ortes von der Ausdehnung des Körpers nicht verschieden ist.«[32] Ebensowenig wie den leeren Raum kann es Atome geben: »Wir erkennen auch die Unmöglichkeit, daß ein Atom oder Stoffteil seiner Natur nach unteilbar sei.«[33] So ist denn der ganze Raum des Descartes erfüllt mit einer Art von flüssigem Äther: »Wir glauben, daß nicht bloß der Stoff der Sonne und der Fixsterne, sondern des ganzen Himmels flüssig ist. Schon alle Astronomen nehmen dies an, da sie sehen, daß die Planetenerscheinungen ohnedies kaum erklärt werden können.«[34] Dieser Äther besteht zwar aus kleinen Teilchen, die aber nicht unteilbar sind. Vielmehr reiben sich bei der Bewegung stets kleine und kleinste Teilchen ab und erfüllen den Raum vollständig. In diesem Gewimmel und Gedränge der Teilchen, Miniteilchen und Mikroteilchen wird, wie in jedem anderen Gedränge auch, Druck und Stoß von einem zum nächsten übertragen und so im Raume ausgebreitet. Diese Erklärung der Kraftübertragung durch mechanische Wirkungen im Äther wurde später zur fixen Idee, die die Physiker für die nächsten 250 Jahre nicht loslassen sollte. Der leere Raum mußte Schein und Sinnentrug sein, denn wie könnten sonst die Kräfte beispielsweise von der Sonne auf die Erde übertragen werden. Wie sollte eine Erde, die nicht mehr wie bei Aristoteles den Mittelpunkt des Weltalls bildet, sonst die Körper an sich ziehen? Die offenen Fragen des Kopernikus beginnen eine Antwort zu finden. Bewegungen im Äther sind die Ursache der himmlischen und irdischen Ereignisse, die wir beobachten. Wer aber verursachte die Bewegungen im Äther? Wieder kommt ein gefälliger Gott Descartes hier zu Hilfe und versetzt die Materie in eine anfängliche Bewegung, die durch alle Zeiten erhalten bleibt. Auch diese Erhaltung der Bewegung – der späteren Physik als Impulserhaltung geläufig – weiß Descartes zu begründen: ohne konstante Bewegung würde die Welt einer Uhr ähneln, die allmählich abläuft, was dem Bild eines vollkommenen Gottes widerspräche.

Wie aber können sich die Teilchen im völlig erfüllten Raume bewegen? Wenn ein Körper seinen Ort wechselt, so muß dies auch ein anderer tun und der nächste und so fort. Jede Bewegung muß demnach in Form von Wirbeln erfolgen. Damit haben wir den Weg vom *Cogito ergo sum* bis zu dem System zahlloser Ätherwirbel zurückgelegt, das Descartes nunmehr seinem Weltbild zugrunde legt.

Damit erklären sich alle Beobachtungen, und vor allem sind auch die Schwierigkeiten mit der Bibel beseitigt, über die Descartes inzwischen aus Italien erfahren hatte. Denn auch die Erde bildet den Mittelpunkt eines riesigen kosmischen Wirbels, in dem sie ruht. »Die Erde verharrt

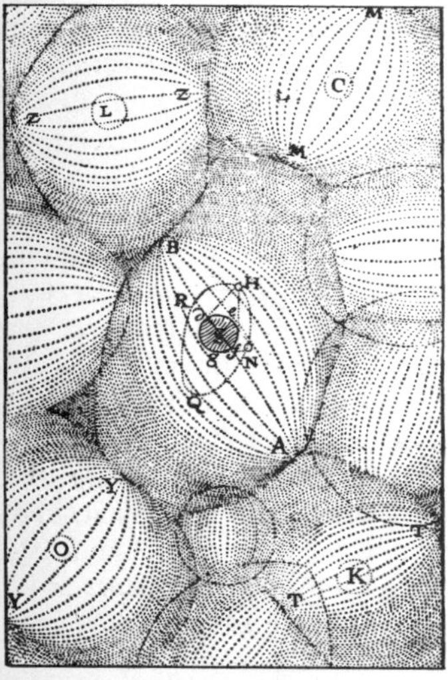


**Abb. 1.9:** In der erfüllten Welt des Descartes ist jeder Planet in einen Wirbel aus flüssigem Äther eingebettet, in dem er ruht und sich doch gemeinsam mit dem Wirbel bewegt. Mit diesem genialen Kompromiß versuchte Descartes Schwierigkeiten mit der Kirche zu vermeiden. Seine Wirbeltheorie gab auch eine mechanische Erklärung der Kraftübertragung zwischen Sonne und Planeten.

in ihrem eigenen Himmel, wird aber mit ihm bewegt.«[35] Welch genialer Kompromiß! »So sehen wir die Erde auf keine Säulen gestützt und von keinem Strange gehalten, sondern ringsum von dem flüssigen Himmel umgeben. Wir halten sie deshalb für stillstehend und ohne Neigung zu einer Bewegung, da wir keine bemerken; aber dies hindert nicht, daß sie von dem Himmel fortgeführt wird und seinen Bewegungen ohne eigene Bewegung folgt. So steht ein Schiff, wenn kein Wind oder Ruder es fortstößt, und kein Anker es festhält, mitten im Meere still, obgleich vielleicht die ungeheure Wassermasse in einem unsichtbaren Strome dahinfließt und das Schiff mit sich führt.«[36]

Wie die Erde werden auch die anderen Planeten in großen Wirbeln rund um die Sonne getragen:

»Wir müssen annehmen, daß der ganze Himmelsstoff, in dem die Planeten sich befinden, nach Art eines Wirbels, in dessen Mitte die Sonne steht, stetig sich dreht, und zwar die der Sonne näheren Teile schneller, die entfernteren langsamer. Alle Planeten (einschließlich der Erde) bleiben immer zwischen denselben Teilen des Himmelsstoffes. Dies genügt, um ohne alle Künsteleien sämtliche Erscheinungen leicht zu verstehen. Denn so wie man in Flüssen, an Stellen, wo das Wasser in sich zurückkehrend Wirbel bildet, einzelne darauf schwimmende Grashalme sich mit dem Wasser zugleich fortbewegen sieht, andere aber sich um den eigenen Mittelpunkt drehen und ihre Kreisbewegung um so schneller beenden, je näher sie dem Mittelpunkte des Wirbels sind und obgleich sie immer nach Kreisbewegungen streben, doch niemals vollkommene Kreise beschreiben, sondern in der Länge und Breite etwas davon abweichen, ebenso kann man sich dasselbe bei den Planeten vorstellen, und damit allein sind alle Erscheinungen erklärt.«[37]

Wie himmlisch einfach ist doch eine philosophische Astronomie! Wirbel sind nie ganz rund, daher bewegen sich die Planeten auch nicht exakt auf Kreisbahnen. Schwere Gegenstände bewegen sich stets zum Zentrum eines Wirbels, und deshalb fallen die Gegenstände auf die Erde, die nunmehr zwar nicht im Zentrum des Universums, aber immerhin eines Wirbels steht.

Descartes hat in einem genialen Entwurf ein Weltbild skizziert, das einfach und überzeugend klang und durch rund hundert Jahre das europäische Denken weithin beeinflußte. Durch reines Denken, und nicht durch Experimente, war er damit zu einem Gedankengebäude gelangt, das die Unvollständigkeit des Kopernikanischen Systems behob und die Menschheit durch eine mechanisch-kausale Erklärung des Naturgeschehens beruhigte.

Es wäre aber einseitig zu behaupten, daß Descartes sämtliche Details der Naturerscheinungen aus dem reinen Denken herleiten wollte. Auch ihm war klar, daß dieser Anspruch zu weitgehend und unerfüllbar gewesen wäre. Beobachtung und Experiment durften dort helfend eingreifen, wo die unerfreulichen Details des realen Seins die Geister großer Philosophen zu sehr von den ewigen Fragen abgelenkt hätten.

Descartes' Ideenwelt war ebenso großartig wie unhaltbar. Sie war ein erster Versuch, das Weltall als großen Mechanismus zu deuten und hinter die oberflächliche Ebene des Sichtbaren vorzustoßen:

»So wie nun die, welche in der Betrachtung der Automaten geübt sind, aus dem Gebrauch einer Maschine und einzelner ihrer Teile, die sie kennen, leicht erschließen können, wie die unsichtbaren Teile gemacht sind, so habe auch ich versucht, aus den sichtbaren Wirkungen und Teilen der Natur Körper zu ermitteln, wie ihre Ursachen und unsichtbaren Teilchen beschaffen sind.«[38]

**Isaac Newton korrigiert Descartes**

Ein Jahr vor dem Erscheinen von Descartes »Principia Philosophiae« wurde Isaac Newton (1643–1727) in England als Sohn eines Bauern geboren. Er hatte das Glück, einen Pfarrer zum Onkel zu haben, der ihm den Besuch von Schulen ermöglichte.

Die Kindheit und Jugend Newtons fällt in eine bedeutende Umbruchszeit in der Physik. Um die Mitte des 17. Jahrhunderts sammelten sich die zunächst zerstreuten Amateure, also Liebhaber, der physikalischen Wissenschaften allmählich in Akademien, die allenthalben gegründet wurden. So entstand in Italien die Accademia del Cimento, in Frankreich die Académie des Sciences und in England die Royal Society. Wie die Ordnung der wissenschaftlichen Welt, so war auch das Weltbild im Umbruch. Kopernikus stand gegen Aristoteles, wobei nicht nur die Frage der Planetenbewegungen, sondern auch die mögliche Existenz des leeren Raumes die Gemüter erregte. Torricelli in Italien, Pascal in Frankreich, Guericke in Deutschland und Boyle und Hooke in England beschäftigten sich mit der Herstellung von Vakua, und die Unhaltbarkeit der Position von Aristoteles und Descartes wurde allmählich klar.

Die alte Physik war brüchig geworden, zersetzt durch eine Kritik die bereits im Mittelalter eingesetzt hatte, und in Kopernikus, Galilei und Kepler Höhepunkte erreichte. Descartes' Neubau war voreilig und un-

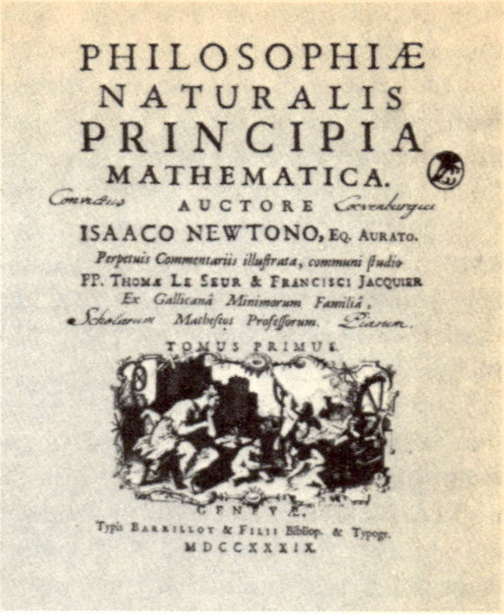


**Abb. 1.10:** »Philosophiae Naturalis Principia Mathematica« ist der Titel von Isaac Newtons Hauptwerk, das zugleich eine Kampfansage an Descartes »Principia Philosophiae« darstellt.

ausgereift. Doch mit Keplers Ellipsen, Galileis Überlegungen zur Mechanik, Huygens Theorie der Pendeluhr und vielen anderen kleineren Beiträgen standen bereits einige Baumaterialien für das großartige Gebäude der Newtonschen Physik zur Verfügung. Einzelne Blöcke waren es, die herumlagen, und denen noch niemand ihren Verwendungszweck ansehen konnte. Die Synthese, der große Bauplan, fehlte.

Unter der Leitung seines Lehrers Isaac Barrow beschäftigte sich Newton in Cambridge zunächst mit Problemen der Optik und baute auch die Mathematik seiner Zeit aus. In ständiger Konkurrenz mit Gottfried Wilhelm Leibniz (1646–1716) schuf er die Infinitesimalrechnung, also die Lehre von den stetigen Veränderungen mathematischer Größen. Sie war wesentliche Voraussetzung für den folgenden Neuaufbau der Physik. Viele Teilergebnisse dazu gewann bereits der zweiundzwanzigjährige Newton, doch erst der Dreiundvierzigjährige veröffentlichte 1686 die »Philosophiae Naturalis Principia Mathematica«, die mathematischen Prinzipien der Naturphilosophie. Bereits vom Titel her ist das Werk eine Kampfansage an Descartes »Principiae Philosophiae«. Mathematisch ausgearbeitet sollten nunmehr die Grundlagen der Philosophie sein und auf die Naturphilosophie wollte sich das Programm beschränken.

Kernstück der »Principia«, wie das Werk meist kurz genannt wird, sind die Axiome oder Bewegungsgesetze. Sie lauten in moderner Formulierung:[39]

Erstes Newtonsches Gesetz: Jeder Körper verharrt im Zustand der Ruhe oder der gleichförmig geradlinigen Bewegung, solange keine äußere Kraft auf ihn wirkt.

Zweites Newtonsches Gesetz: Kraft ist Masse mal Beschleunigung. Ausführlicher formuliert bedeutet dies, daß ein Körper unter der Wirkung einer äußeren Kraft eine Beschleunigung erfährt, also seine Geschwindigkeit verändert. Die Beschleunigung ist der Kraft gleichgerichtet und proportional, der Masse des Körpers dagegen umgekehrt proportional.

Drittes Newtonsches Gesetz: Die Kräfte, die zwei Körper aufeinander ausüben sind stets gleichgroß, weisen jedoch entgegengesetzte Richtungen auf.

Ausgehend von diesen Grundsteinen wird mit atemberaubender Folgerichtigkeit das Gebäude der Newtonschen Mechanik errichtet. Dazu ist es lediglich erforderlich, die jeweils zwischen den betrachteten Körpern wirkenden Kräfte anzugeben.

Newtons Mechanik orientierte sich in ihrem axiomatischen Aufbau an den richtungweisenden »Elementen« des Euklid, die durch Jahrhunderte als Musterbeispiel wissenschaftlicher Exaktheit gegolten hatten. Von unmittelbar einsichtigen Axiomen ausgehend war Euklid in der Lage, ein System immer komplizierterer Lehrsätze und Theoreme herzuleiten. In ähnlicher Weise kann auch Newton immer kompliziertere physikalische Systeme mit seiner Theorie behandeln. So folgen bald die Keplerschen Gesetze der Planetenbewegungen aus dem universellen Gravitationsgesetz, das eine anziehende Kraft zwischen allen Körpern annimmt, die dem Quadrat der Entfernung umgekehrt proportional ist. Die Ellipsenbahnen Keplers erscheinen nicht mehr dem Zufall preisgegeben, sondern als systematische Folge eines allgemeinen Gesetzes. Erst damit ist der Verlust von Aristoteles' gleichförmig durchlaufenen Kreisbahnen zu verschmerzen. Aber mehr noch, nicht nur die Gesetze der Planetenbewegung folgen, sondern auch die irdischen Fallgesetze. Die gleiche Kraft, die auf Erden alle Gegenstände nach unten fallen läßt, zwingt auch den Mond auf seine Bahn um die Erde. Und es ist auch die gleiche Kraft, die die Erde selbst an die Sonne bindet. Himmlische und irdische Physik sind nun endlich vereint. Und noch mehr: die Kometen, die dereinst die kristallinen Sphären des Aristoteles zertrümmerten, auch sie müssen sich der Physik Newtons fügen. Es zeigt sich, daß sie das Sonnensystem auf einer parabelförmigen oder hy-

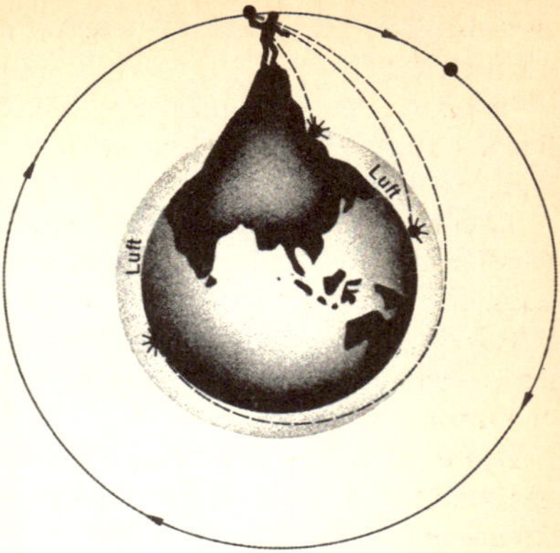


**Abb. 1.11:** Newtons Physik vereinigt Himmel und Erde in einer einheitlichen Mechanik. In dieser berühmten Zeichnung zeigte Newton, wie der Übergang von der irdischen Wurfparabel zur Ellipsenbahn der Planeten gedacht werden kann.

perbolischen Bahn durchlaufen, deren Gesetzmäßigkeit Newton herleiten kann. Der Triumph ist vollkommen.

Doch sind die Unterschiede zu Euklid nicht zu übersehen. »Unmittelbar einleuchtende und unbezweifelbare Axiome« waren es, die Euklid seinen Elementen voranstellte. Auch Descartes hatte versucht auf diese Weise vorzugehen, jedoch war die in der Mathematik bewährte Methode an der Physik gescheitert, wie Newton feststellte: »Die Hypothese der Wirbel unterliegt vielen Schwierigkeiten ...«[40] Newtons Axiome konnten jedoch nicht für sich in Anspruch nehmen, unmittelbar einsichtig zu sein. Sie mußten sich am Experiment und an der Beobachtung bewähren und diesen Nachweis führte Newton mit größter Genauigkeit durch. Er hatte eben die »Mathematischen Prinzipien der Naturphilosophie« gefunden.

Es war viel schwieriger, Newtons Überlegungen zu folgen, als den überzeugend klingenden Argumenten des Descartes zu erliegen. Vor allem aber hatte Descartes die im Kosmos wirkenden Kräfte auf Druck und Zug in seiner Universalmaterie, dem Äther zurückgeführt. Newton konnte keine derartige mechanische Erklärung für das allgemeine Gravitationsgesetz geben. Er ließ unerklärt, warum sich alle Körper wechselseitig anziehen: »Ich habe noch nicht dahin gelangen können, aus den Erscheinungen den Grund dieser Eigenschaften der Schwere abzuleiten, und Hypothesen erdenke ich nicht. Alles nämlich, was nicht aus den Erscheinungen folgt, ist eine Hypothese und Hypothesen, seien sie nun metaphysische oder physische, mechanische oder diejenigen der verborgenen Eigenschaften, dürfen nicht in die Experimentalphysik aufgenommen werden.«[49] Damit konnte Newton aber nicht alle seine Zeitgenossen überzeugen. Eine unsichtbare Anziehung, die über Millionen von Kilometern Erde und Sonne verbinden sollte, schien vielen eine kühne Hypothese zu sein, die aber einen Rückfall ins Mittelalter darstellte, in dem okkulte und magische Kräfte als Ursachen der Erscheinungen galten.

### Der Raum als Organ Gottes

Die drei Bewegungsgesetze, die Newton an die Spitze der »Principia« gestellt hatte, bleiben auch heute die Grundlage jeder Einführung in die Physik. Dem heutigen Studenten erscheinen sie oft als Idealtyp physikalischer Gesetze. Aus dem Experiment hergeleitet, bewähren sie sich in zahllosen Situationen und lassen uns die Bewegung aller Körper in der Mechanik berechnen. Und doch deckt eine nähere Analyse einige merkwürdige Tatsachen auf. In der Mathematik hatte Euklid strikt darauf geachtet, daß jedes seiner Axiome von den anderen unabhängig ist. Kein Axiom durfte aus den anderen folgen, sonst wäre es wohl als Lehrsatz zu bezeichnen.

Anders steht es um die Newtonschen Axiome. Das zweite Gesetz besagt, daß sich ein Körper beschleunigt bewegt, falls eine Kraft auf ihn wirkt. Verschwindet die Kraft, so fällt auch die Beschleunigung weg – und der Körper bewegt sich geradlinig gleichförmig. Dies ist aber gerade der Inhalt des ersten Gesetzes, das also nur einen Spezialfall des zweiten Gesetzes darstellt.

Auch Newton war sicher bewußt, daß die ersten beiden Gesetze seiner Mechanik nicht voneinander unabhängig sind. Warum hat er das erste Gesetz aufgeschrieben, obgleich es entbehrlich ist? Die Antwort ergibt sich aus der historischen Situation: Die gleichförmig durchlaufene Kreisbahn war das Ideal von Aristoteles' Physik gewesen. In ihrer Vollkommenheit bedurfte sie keiner weiteren Begründung und eine Bewegung galt als erklärt, wenn sie auf Kreisbahnen zurückgeführt war. Dieses Erklärungsprinzip hatte Aristoteles aber ausdrücklich auf die himmlischen Sphären, auf die Physik des Äthers, beschränkt. Die irdische Materie folgte ja bei ihm anderen Gesetzen und bewegte sich stets auf ihren natürlichen Ort zu. Auch Kopernikus, Galilei und Kepler hatten die strenge Trennung irdischer und himmlischer Physik nicht aufzuheben vermocht.

Nunmehr legte Newton ein neues Erklärungsprinzip vor, das für Himmel und Erde gelten sollte. Die gleichmäßige Bewegung eines Körpers auf gerader Linie war so einfach, daß sie keiner weiteren Erklärung bedurfte. Nur Abweichungen davon waren zu begründen, und dafür waren die im zweiten Grundgesetz eingeführten Kräfte zuständig. Ein neues Erklärungsprinzip war gefunden, das für Himmel *und* Erde zuständig sein sollte. Die alte Unterscheidung war gefallen. Für die Physik des Irdischen hatte bereits Galilei die gleichmäßige Weiterbewegung eines kräftefreien Körpers gefunden, doch wagte erst Newton, dieses Prinzip auf den gesamten Kosmos anzuwenden.

Dabei war aber ein Problem zu klären. Im Bereich des Irdischen ist die Beschreibung jeder Bewegung unproblematisch. Wenn wir ein Verkehrsschild mit der Aufschrift 40 km/h vorfinden, so werden wir einem Polizisten schwerlich erklären können, daß eine Geschwindigkeitsbeschränkung ohne Angabe eines Bezugssystems sinnlos ist. Denn im Alltagsleben ist die Erde stets der Körper, auf den sich alle Geschwindigkeiten und Bewegungen beziehen. Worauf sollen wir aber Bewegungen beziehen, wenn wir uns außerhalb des Bereiches des Irdischen, ja des Sonnensystems oder unserer Galaxis befinden? Denn nur wenn wir ein Bezugssystem gewonnen haben, kommt den Newtonschen Gesetzen Bedeutung zu.

Für Newton war die Antwort klar: Jede Bewegung erfolgt im absoluten Raum, der »vermöge seiner Natur und ohne Beziehung auf einen äußeren Gegenstand, stets gleich und beweglich bleibt«.[42] Hinter dieser ebenso unscheinbaren wie mystisch klingenden Definition verbirgt sich ein wesentlicher Teil der Metaphysik Newtons und seiner Auseinandersetzung mit Descartes. Für Descartes war Ausdehnung das Wesen der mit dem Raume untrennbar verbundenen Materie. Diese Begriffsbildung wurde von dem englischen Dichter und Religionsphilosophen Henry More (1614–1687) heftig angegriffen. Er sah in der Ausdehnung weit mehr als eine wesentliche Eigenschaft der Materie. Er sah in ihr die Präsenz des Geistes, und zwar des Geistes schlechthin, also Gottes. Nicht weniger als zwanzig Eigenschaften vermochte More anzugeben, die die Metaphysiker gemeinhin nur Gott zugeschrieben hatten, die aber auch dem Raume zukamen: er ist »einzig, einfach, unbeweglich, ewig, vollkommen, unabhängig, für sich bestehend, in sich subsistent, unzerstörbar, notwendig, unermeßlich, unerschaffen, unbegrenzt, unbegreiflich, allgegenwärtig, unkörperlich, alldurchdringend, allumfassend, Sein durch eigenes Wesen, aktuales Sein, reines Wirken«.[43] Der Raum war göttlich und Gott räumlich, verkündete More, und er hob den Raum in den Rang eines Attributes Gottes, eines Organs, in dem und durch das Gott seine Welt erschafft und erhält.

Der absolute Raum als Attribut Gottes war auch die geeignete Grundlage für die Bewegung aller Körper, die durch die Newtonschen Gesetze beschrieben wurde. »Einen in der Mechanik und Geometrie sehr erfahrenen Urheber«[44] vermutete Newton als Ursprung aller Dinge, denn nur ein solcher konnte die Welt erschaffen und ihr die geeigneten, mathematisch formulierten Gesetze gegeben haben.

Der absolute Raum als *Sensorium Dei,* als Organ Gottes, war ein großartiges Konzept. Auf ihn konnte man alle Bewegungen beziehen, sofern man ihn nur eindeutig feststellen konnte. Wie aber machte sich der absolute Raum in den Bewegungen der Körper bemerkbar? Newton fand auch dafür ein Beispiel: Dreht man einen mit Wasser gefüllten Eimer, so steigt die anfänglich waagrechte Flüssigkeitsoberfläche bald an den Rändern empor. Zumindest die Drehbewegung gegenüber dem absoluten Raum konnte man also an der Krümmung der Flüssigkeitsoberfläche ablesen. Schwieriger war es dagegen, eine gleichförmige Bewegung durch den absoluten Raum zu messen und Newton ließ dieses Problem offen.

Zweihundert Jahre nach Newton, zu Ende des 19. Jahrhunderts, kritisierte Ernst Mach die Beweisführung Newtons.[45] Seine Kritik wurde von Albert Einstein aufgegriffen und bildete eine der Grundideen der allgemeinen Relativitätstheorie. Von ihrer völligen Umwertung aller Newtonschen Werte soll ein späteres Kapitel handeln.

## Gott als kosmischer Gastarbeiter

Das neue Weltbild, das Newton in seinen »Philosophiae Naturalis Principia Mathematica« gegeben hatte, setzte sich nur langsam durch. Besonders auf dem europäischen Festland war die globale Weltsicht Descartes noch lange vorherrschend, wie Voltaire in seinen berühmten »Philosophischen Briefen« im Jahre 1733 schrieb:

»Ein Franzose, der in London ankommt, findet dort die Philosophie ebenso verändert wie alle übrigen Dinge vor. Er verläßt eine erfüllte Welt, er findet eine leere Welt. In Paris sieht man das Universum aus Wirbeln feinster Materie zusammengesetzt, in London sieht man nichts davon. Bei uns ist es der Druck des Mondes, der die Gezeiten verursacht; bei den Engländern ist es das Meer das vom Monde angezogen wird ... Für Euch Cartesianer geschieht alles durch einen Druck, den niemand versteht, für Herrn Newton durch eine Anziehung, deren Grund man auch nicht besser kennt.«[46]

Aber nicht nur mit den »Philosophischen Briefen«, die Voltaire im Exil in England schrieb, sondern auch mit einem Lehrbuch der Physik trug der große französische Schriftsteller wesentlich zur Verbreitung von Newtons Ideen bei. Im Laufe des 18. Jahrhunderts konnten die Grundgleichungen Newtons zur Berechnung immer neuer physikalischer Phänomene herangezogen werden. So berechnete in Basel Leonhard Euler (1707–1783) die Bewegung starrer Körper, wie beispielsweise eines Kreisels, und vermochte selbst die Strömung von Flüssigkeiten aufgrund der theoretischen Gesetze zu bestimmen. Freilich waren seine Rechnungen noch nicht ausgereift, da er die Reibung bei seinen Überlegungen außer Acht ließ. Nur zu verständlich ist deshalb der Ärger Friedrichs des Großen, der in einem Brief an Voltaire berichtete:

»Die Engländer haben Schiffe gebaut mit dem günstigen Schnitt, den Newton angegeben hatte; und ihre Admirale haben mir versichert, daß diese Schiffe viel weniger gute Segler seien als die, welche nur nach den Regeln der Erfahrung gebaut sind. Ich wollte einen Springbrunnen in meinem Garten bauen; Euler berechnete die Leistung der Räder, um das Wasser in einen Behälter zu pumpen, von dem es durch Kanäle zurückfließen sollte, um in Sanssouci zu springen. Die Pumpanlage ist genau nach Eulers Plänen gebaut worden, und sie hat nicht einen Tropfen Wasser aus dem Behälter heben können!«[47]

Wenn auch die Newtonsche Physik Friedrich dem Großen nicht das Wasser reichen konnte, so bewährte sie sich doch in kosmischen Maßstäben. In den »Principia« hatten ja nicht nur die Ellipsenbahnen der Planeten ihre Erklärung gefunden, sondern auch die kleinen Abweichungen der Planetenbahnen von der Ellipsenform wurden verständlich. Ihre Ursache war die gegenseitige Störung der Planeten durch deren wechselseitige Gravitationsanziehung. Besonders wichtig war dieser Effekt für Jupiter und Saturn, die beiden größten Planeten des Sonnensystems. Die Beobachtungen zeigten, daß diese Planeten immer weiter von ihren ursprünglichen Bahnen abwichen.

Dieses Ergebnis beunruhigte Newton. Das Sonnensystem schien unstabil zu sein. Zerstörte dies nicht die gesamte Grundlage seiner Physik? Im Briefwechsel zwischen Clarke, einem Schüler Newtons, und dem Philosophen, Mathematiker und Physiker Leibniz wurde dieser Punkt leidenschaftlich diskutiert. Newton und Clarke waren der Meinung, daß Gott als »kosmischer Gastarbeiter« von Zeit zu Zeit eingreifen würde, um das Planetensystem wieder in Ordnung zu bringen:

»Es ist keine Herabsetzung Gottes, sondern die wahre Verherrlichung seiner Werke, wenn man sagt, daß nichts ohne seine immerwährende Leitung und Aufsicht vor sich geht ... Der gegenwärtige Bau des Sonnensystems wird nach den jetzt geltenden Bewegungsgesetzen im Laufe der Zeit in Verwirrung geraten und dann vielleicht verbessert werden.«[48]

Damit war Leibniz nicht einverstanden. Ein Sonnensystem, in das Gott immer wieder eingreifen muß, um die Planeten zurechtzurücken, schien ihm unvollkommen: »Nach Newtons Ansicht muß Gott von Zeit zu Zeit seine Uhr (das Planetensystem) aufziehen – sonst bliebe sie stehen. Er hat nicht genügend Einsicht besessen, um ihr eine immerwährende Bewegung zu verleihen. Der Mechanismus, den er geschaffen, ist so unvollkommen, daß er ihn von Zeit zu Zeit ausbessern muß wie ein schlechter Uhrmacher sein Werk.«[49]

Darauf entgegnete Clarke: »Die Verbesserung des Planetensystems durch Gott ist nur relativ zu verstehen. In Wirklichkeit sind für Gott der gegenwärtige Bau, die spätere Unordnung und die folgende Wiedererneuerung alle in gleicher Weise Teile eines Plans, den er sich in seiner ursprünglichen, vollkommenen Idee vorgezeichnet hat.«[50] Diese Kontroverse zeigt einmal mehr, welche bedeutende Rolle theologische Argumente bei der Begründung der Naturwissenschaft spielten. Newton selbst hatte sich ja ausführlich mit Theologie beschäftigt und ein Werk über den Propheten Daniel und die Apokalypse veröffentlicht.

Das Problem der Bahnstörungen von Jupiter und Saturn beschäftigte die berühmtesten Physiker und Astronomen noch über ein Jahrhundert. Erst im Jahre 1799 fand Pierre Simon Laplace (1749–1827) eine physikalische Lösung der Problematik der »großen Anomalie von Jupiter und Saturn«. Während zweier Umläufe des Saturn um die Sonne legt nämlich Jupiter seine Bahn fünfmal zurück. Dadurch kommen die beiden Planeten immer wieder an derselben Stelle einander nahe und die Wirkung der Störungen schaukelt sich langsam auf. Aber nur rund fünfhundert Jahre lang tritt dieser Effekt auf. Da das Verhältnis der Umlaufdauer nicht exakt 2:5 ist, verschiebt sich allmählich der Punkt größter Annäherung und die Planeten kehren nach neunhundert Jahren wieder auf ihre ursprünglichen Bahnen zurück.

Damit hatte »Gott als kosmischer Gastarbeiter« seine Kurzzeitbeschäftigung im Universum eingebüßt. Auf Napoleons Frage nach Gott antwortete Laplace zu Beginn des 19. Jahrhunderts: »Sire, ich brauche diese Hypothese nicht.« Innerhalb eines Jahrhunderts hatten sich die Beziehungen von Physik und Theologie völlig gewandelt.

## Das mechanische Universum

Newtons Universum war von einem biblischen Gott geschaffen, der seine Schöpfung persönlich betreute und immer wieder korrigierend oder helfend eingriff, um für die wohlbegründete Ordnung des Seins zu sorgen. Nur unter seiner ständigen Leitung konnte das Weltganze ablaufen, und aus diesem Ablauf ergab sich geradezu ein Beweis für die Existenz Gottes, wie Newton in einem Brief an Richard Bentley im Jahre 1693 schrieb:

»In meinen früheren Briefen habe ich dargelegt, daß die täglichen Umdrehungen der Planeten nicht aus der Gravitation abgeleitet werden können, sondern einer göttlichen Hand bedürfen, die ihnen diese Bewegungen einprägte. Die Gravitation könnte wohl den Planeten eine Fallbewegung gegen die Sonne hin erteilen, entweder in direkter oder in einer geringeren schiefen Richtung, jedoch bedurften die transversalen Bewegungen, vermöge derer die Planeten in ihren verschiedenen Kreisbahnen laufen, der göttlichen Hand, die ihnen eine Bewegung in Richtung der Tangenten dieser Kreise auferlegte. Ich möchte nun hinzufügen, daß die Hypothese einer anfangs gleichmäßig im Weltraum verteilten Materie meiner Meinung nach mit der Hypothese einer dieser innewohnenden Anziehungskraft unvereinbar wäre, wenn man keine übernatürliche Macht annimmt. Nur dann lassen sich diese Hypothesen

**Abb. 1.12:** Newtons Erklärung der Planetenbewegung durch Gravitationskräfte wurde oft kritisiert und in Karikaturen verspottet. Nur langsam setzten sich seine Ideen durch.

miteinander in Einklang bringen. Daraus folgt, daß es eine Gottheit gibt. Denn wenn es eine der Materie innewohnende Anziehungskraft gibt, wäre es – ohne eine übernatürliche Macht – der Materie der Erde, der Planeten und der Sterne jetzt unmöglich, von diesen wegzufliegen und sich im ganzen Weltraum zu verbreiten. Und sicherlich könnte sich das, was hernach nicht ohne göttliche Macht stattfinden kann, auch niemals vor dem ohne diese selbe Macht begeben haben.«[51]

Im physikalisch Unerklärbaren sah Newton einen Beweis für die Existenz Gottes. Als die Physik jedoch im Laufe des 18. Jahrhunderts immer mehr und mehr erklären konnte, immer weniger physikalisch Unerklärbares zurückblieb, wurde Gott allmählich immer mehr zurückgedrängt und das Universum zu einer großen Maschine erklärt, zur entseelten Weltmaschine, von der Laplace behaupten durfte:

»Wir müssen also den gegenwärtigen Zustand des Weltalls als die Wirkung seines früheren Zustands und andererseits als Ursache des Darauffolgenden betrachten. Ein ›Geist‹, der für einen gegebenen Augenblick alle Kräfte kennen würde, von denen die Natur belebt ist, sowie die gegenseitige Lage der Wesen, aus denen sie besteht, und der überdies umfassend genug wäre, um diese Gegebenheiten zu analysieren, könnte mit derselben Formel die Bewegung der größten Weltkörper und des kleinsten Atoms ausdrücken. Nichts wäre für ihn ungewiß, Zukunft und Vergangenheit lägen offen vor seinen Augen.«[52]

Der Schritt von der Allmacht Gottes zur Allmacht der Physik war getan. Es war nur konsequent, daß auch der Mensch nur als Rädchen im Wechselspiel der großen Weltmaschine betrachtet wurde und bereits Mitte des 18. Jahrhunderts formuliert Lamettrie:

»Behaupten wir also kühn, daß der Mensch eine Maschine ist und daß es in der ganzen Welt nur eine einzige Substanz gibt, die in verschiedenen Gestalten auftritt. Dies ist keine Hypothese, die auf Postulaten oder Vermutungen beruht ...«[53]

Die Mechanik hat den Triumph des Materialismus mit sich gebracht. Ihr Siegeszug schloß im Laufe des 19. Jahrhunderts allmählich auch alle Erscheinungen der Wärmelehre in sich ein. Doch sah das gleiche Jahrhundert auch den Siegeszug des deutschen Idealismus und damit verknüpft die Auflösung des primitiven Materiebegriffes der Physik, wie die Geschichte der Elektrodynamik lehren wird.

# 2
# Felder werden Wirklichkeit

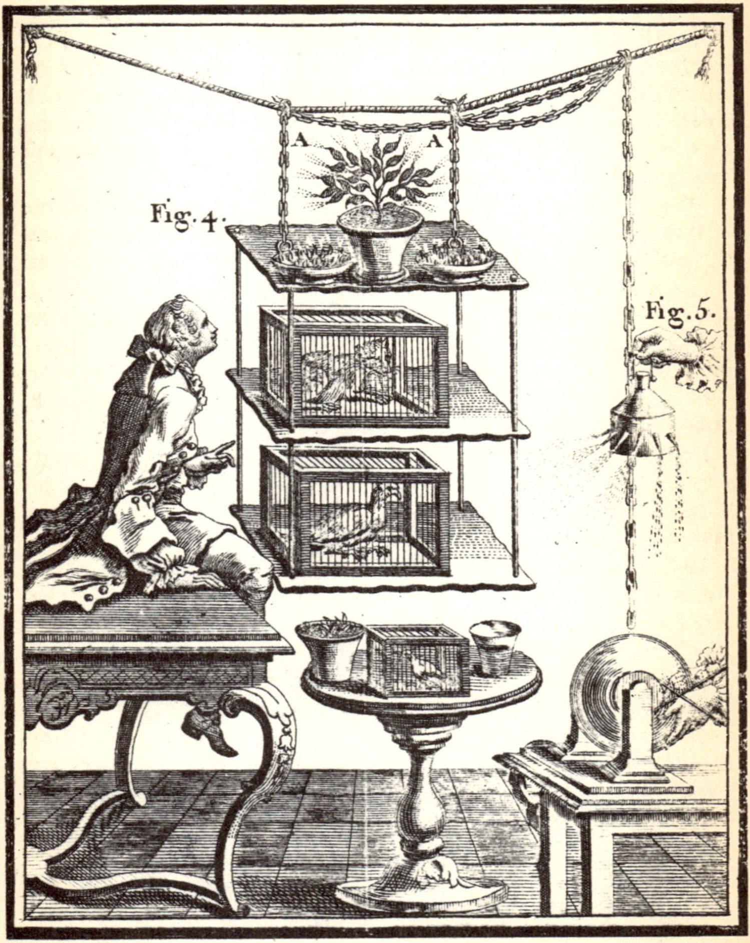

Seite 53:

**Abb. 2.1:** Der Einfluß elektrischer Felder auf das Wachstum von Tieren und Pflanzen wurde in der Barockzeit untersucht. Lange als Aberglaube abgetan, ist die Wirkung elektrischer und magnetischer Felder auf Organismen heute wieder ein wichtiges Forschungsgebiet.

Die wohlgeordnete Welt des Aristoteles, in der alles seinem natürlichen Ort zustrebte und ihn doch nie erreichte, wurde bereits im Altertum durch die Entdeckung zweier Materialien gestört, die durch ihre ungewöhnlichen Eigenschaften auffielen. Versuchte man Bernstein mit einem weichen Tuch zu polieren, so zog er Wollfasern, Federn und andere leichte Teilchen an sich. Noch geheimnisvollere Eigenschaften wies der Magneteisenstein auf, wie der heilige Augustinus im 4. nachchristlichen Jahrhundert in seinem Buch »Der Gottesstaat« schreibt:

»Vom Magnetstein wissen wir, daß er das Eisen mit wunderbarer Gewalt an sich zieht. Als ich dies das erste Mal sah, kam es mir ganz unheimlich vor. Ich sah da, wie der Magnet einen Eisenring anzog und in der Schwebe hielt. Als man nun diesem Ring einen anderen näherte, zog er, wie wenn ihm der Magnetstein seine Kraft mitgeteilt hätte, auch diesen Ring an und es kam noch ein dritter und ein vierter dazu. ...

Aber noch viel merkwürdiger ist, was ich von meinem Bruder und Mitbischof Severus von Mileve über diesen Stein erfuhr. Als Augenzeuge erzählte er, wie Battanarius bei einem Gastmahl einen solchen Stein hervorholte und unter eine silberne Platte hielt, auf die er ein Stück Eisen legte. Und wie er dann unter der Platte die Hand bewegte, die den Stein hielt, so bewegte sich das Eisen auf der Platte. Was ich da berichte, habe ich teils mit eigenen Augen gesehen, teils von einem Manne gehört, dem ich so festen Glauben schenke, als hätte ich es selbst gesehen.«[1]

Dem Magneteisenstein waren also mancherlei wunderbare Eigenschaften zuzuschreiben. So versuchte beispielsweise der König von Ceylon seine Manneskraft zu erhalten, indem er nur Speisen aß, die in einem Geschirr aus Magnetstein zubereitet wurden. In den »Hübschen und lieblichen Geschichten von Herzog Ernst von Bayern und Österreich« beschreibt ein phantasievoller Autor dagegen das tragische Schicksal von Schiffen, die an den gefürchteten Magnetbergen des Indischen Ozeans zerschellen, von denen sie magisch angezogen wurden. Der heilkundige Philipus Aureolus Theophrastus Bombastus von Hohenheim (1493–1541), genannt Paracelsus, sah dagegen im Magneten eine Kraft, die Krankheiten in ihrem Zentrum fixieren und dadurch Bruchleiden und andere Beschwerden heilen konnte.

Bis in die heutige Zeit hat sich die Überlieferung von der heilenden Kraft magnetischer Stoffe erhalten und mancher »Heilmagnetiseur« beruft sich auch jetzt noch auf diese mystische Tradition.

## Barocke Kuriositäten

Verglichen mit den spektakulären Eigenschaften des Magnetsteins, der der Seefahrt bald als Kompaß diente, wirkte die Anziehungskraft des geriebenen Bernsteins ebenso einzigartig wie nutzlos. Erst im Barock entdeckte man andere Materialien, die sich wie Bernstein durch Reibung in einen anziehenden »elektrischen« Zustand versetzen ließen. Glas bewährte sich hier oder Schwefel, mit dem der Magdeburger Bürgermeister Otto von Guericke (1602–1686) in der Mitte des 17. Jahrhunderts experimentierte. Er war ein bemerkenswerter Bürgermeister, den heute kaum eine Stadt aufzuweisen hat. Mit Pferden hatte er versucht, luftleere Halbkugeln aus Metall auseinanderzuziehen, um Aristoteles' Behauptung über die Unmöglichkeit eines Vakuums nachzuprüfen. Eine geriebene Schwefelkugel, die Teilchen von allen Seiten anzog, schien ihm eine geeignete Erklärung für die Anziehungskraft der Erde.

Im 18. Jahrhundert wurde die Elektrizität sogar hoffähig. Prinzen, Fürsten und Könige kamen in die Kabinette der Physiker, um die neuen und wunderbaren Erscheinungen zu bestaunen. Man hatte inzwischen gelernt, Elektrizität durch Fäden und Drähte fortzuleiten. Große und leistungsfähige Elektrisiermaschinen erzeugten zentimeterlange Funken, die, selbst durch einen Menschen oder einen Eiszapfen hindurchgeleitet, Weingeist entzünden konnten! Die blitzenden Funken und der Knall, den sie hervorriefen, erinnerten an das Feuer einer Kanone. Dieser Vergleich führte den amerikanischen Physiker und Staatsmann Benjamin Franklin (1706–1790) auf die Einführung des Begriffs der »elektrischen Ladung«, die sich wie eine geladene Kanone mit Blitz und Donner entlud. Auch der Begriff der Batterie stammt aus dem militärischen Wortschatz.

**Abb. 2.2:** Elektrizität um 1750. »Aus einem lebendigen Körper fahrende Funken machen einen Hauptteil der Belustigung derer Herren und Frauenzimmer aus.«

Bald begann man mehr als zufällige Ähnlichkeiten zwischen dem Funken einer elektrischen Entladung und den Himmelserscheinungen bei einem Gewitter zu vermuten. Waren Blitze riesige Entladungsfunken? Viele Experimente wurden zur Klärung dieses Problems angestellt. Wie hatte sich damit die Auffassung von den Naturgewalten seit der Antike verändert! Nicht mehr hammerschleudernde Götter verursachten den Donner, sondern Funkenentladungen. Vielleicht rächten sich die Götter aber doch, denn bereits am 6. August 1753 kosteten die Experimente mit den Blitzen ein erstes Menschenopfer. Der Petersburger Physikprofessor Georg Wilhelm Richmann wollte die Stärke der Wolkenelektrizität im Verlaufe eines Gewitters messen. Dazu führte er einen Blitzableiter bis in sein Labor und verband ihn mit verschiedenen Meßgeräten. Eine blaue Feuerkugel von der Größe einer geballten Faust fuhr plötzlich vom Drahte in den Kopf des Professors. Ein heftiger Donnerschlag folgte. Alle Wiederbelebungsversuche blieben erfolglos.

Weniger gefährlich waren dagegen Experimente, die der französische Oberstleutnant Charles August de Coulomb (1736–1806) in den

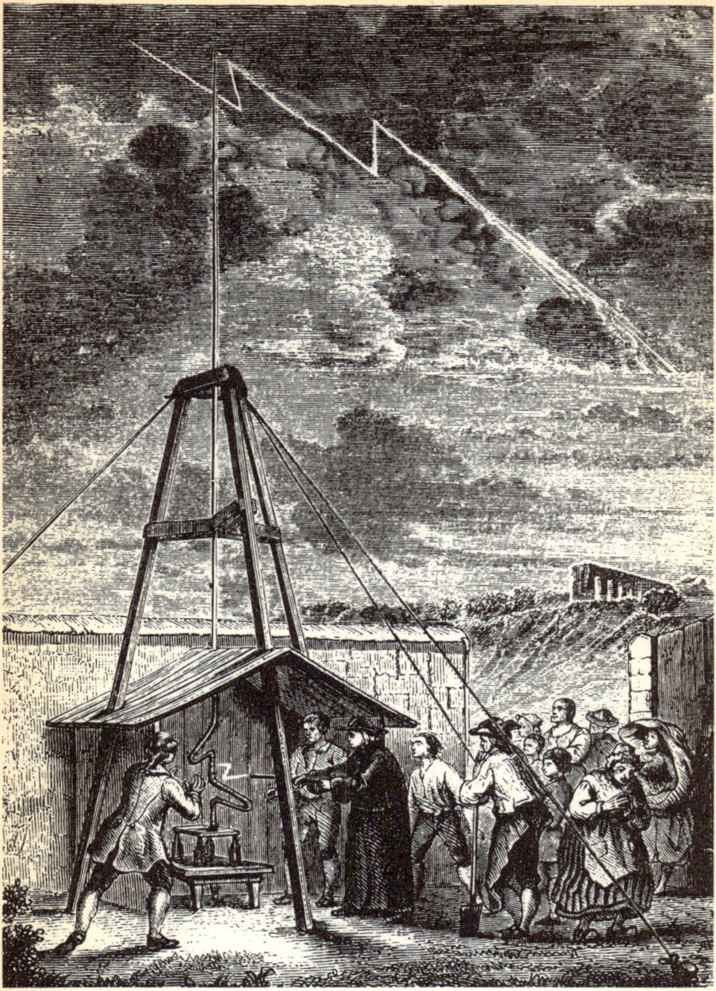

**Abb. 2.3:** Die Erforschung der Gewitterelektrizität war nicht ungefährlich und kostete mehrere Forscher das Leben. Sie führte aber schließlich zur Entdeckung des Blitzableiters, mit dem bald sogar Regenschirme versehen wurden.

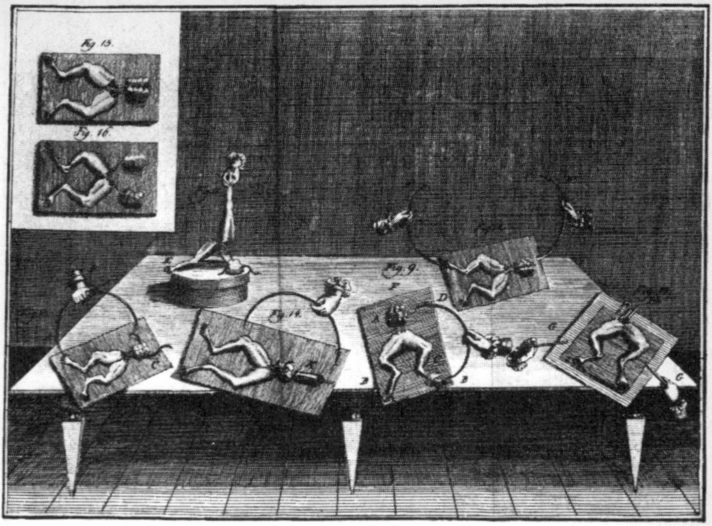

**Abb. 2.4:** Luigi Galvani studierte die »tierische Elektrizität«. Die bedeutende Rolle, die elektrische Erscheinungen bei allen Lebensvorgängen spielen, wurde vor allem mit der Entwicklung der Molekularbiologie klar.

Jahren unmittelbar vor der Französischen Revolution anstellte. Er versuchte zu bestimmen, wie die Kraft zwischen zwei elektrischen Ladungen von der Entfernung abhängt. Bereits zu Beginn seiner Experimente war er davon überzeugt, daß diese Kraft – genau wie die Gravitation – mit dem Quadrat der Entfernung der Körper voneinander abnehmen würde. Die Experimente mit einer eigens dazu erfundenen Drehwaage bestätigten bald diese Vermutung, auf die Josef Priestley in England etwa zur gleichen Zeit stieß.

Noch war erst ein kleiner Teil des vielfältigen Reiches der Elektrizität erforscht. Ein völlig neues Gebiet erschloß sich, als Luigi Galvani (1737–1798) im Jahre 1780 einige tote Frösche in die Nähe einer Elektrisiermaschine brachte. Als er sie während der Funkenentladung zufällig mit einem Messer berührte, begannen die Frösche zu zucken. Konnte Elektrizität nicht nur töten, sondern auch wiederbeleben? Noch wichtiger als die erste, zufällige Entdeckung war aber, daß die leblosen Froschbeine auch zu zucken begannen, wenn Galvani sie mit zwei verschiedenen Metallen berührte, selbst wenn keinerlei Elektrisiermaschine in der Umgebung war. Sein Kollege Alessandro Volta (1745–1827) konnte in Pavia bald zeigen, daß auch dabei die Elektrizität im Spiel war, da die Entladung eines kleinen Kondensators zu den gleichen Bewegungen der Frösche führte.

Ein enger Zusammenhang zwischen Elektrizität und Lebensvorgängen deutete sich an. Zumindest war aber ein ideales Gerät zum Nachweis elektrischer Vorgänge gefunden, wie Volta schrieb: »Ein zubereiteter Frosch gibt einen Elektrizitätsmesser ab, der ohne Vergleich empfindlicher ist als jeder andere.« Bald entdeckte Volta, daß sich das Experiment auch mit lebenden Fröschen durchführen ließ, die er mit Stanniolpapier umgürtete und auf einem Haufen Silbermünzen hüpfen ließ.

Aber nicht nur mit Fröschen, auch mit Menschen konnte man experimentieren. Volta legte auf seine Zungenspitze ein Stanniolblättchen und dahinter eine Silbermünze. Als sich die Metalle berührten, trat ein saurer Geschmack auf, der sich bei anderen Metallkombinationen ebenfalls mit unterschiedlicher Stärke bemerkbar machte. Damit konnte Volta die Metalle ordnen. Zink, Zinn, Blei, Eisen, Messing, ..., Platin, Gold, Silber hieß seine »Spannungsreihe«, in der jeweils weit auseinanderstehende Metalle den stärksten Geschmackseindruck gaben. Ähnliche Versuche mit den Augen führten zu verschiedenen Lichtempfindungen. Auch mit den eigenen Ohren experimentierte Volta, wobei aber die beobachteten Effekte sein »Gehirn erschütterten« und er lieber auf die anderen Methoden zurückgriff.

Bald begriff der italienische Physiker, daß er mehr als ein Kuriosum entdeckt hatte. Das Charakteristische an allen Experimenten schien ihm zu sein, daß zwei verschiedene Metalle durch eine säurehaltige Zwischenlage getrennt wurden, worauf ein elektrischer Strom von einem Metall zum anderen und durch die Säure stetig und gleichbleibend floß. Diese Erkenntnis führte Volta zur ersten Batterie, der Voltaschen Säule. Sie bestand aus Zink und Silberplatten mit dazwischenliegenden Pappscheiben, die in Salzwasser getränkt waren. Zwanzig oder dreißig derartige Elemente aufeinandergelegt bildeten eine verläßliche Quelle elektrischer Ströme. Volta führte seine neue Erfindung am 7. November 1800 in Gegenwart Napoleons vor. Nun war es möglich, auf die unsichere Reibungselektrizität zu verzichten, und die systematische Erforschung elektrischer Ladungen und Ströme konnte beginnen. Die Elektrizität war vom barocken Kuriosum zum Gegenstand ausgereifter physikalischer Untersuchungen geworden.

## Romantische Naturphilosophie

Zu Beginn des 19. Jahrhunderts war Jena eines der bedeutendsten geistigen Zentren der Welt und Mittelpunkt der deutschen Romantik. Der Weltgeist des Absoluten durchwehte von hier aus in den Philosophien Fichtes, Schellings und Hegels den Kosmos, Novalis und Friedrich Schiller bereicherten die Welt der Literatur, August Wilhelm Schlegel übertrug Shakespeares Dramen in – heute etwas veraltete – Übersetzungen, und seine Frau Caroline begeisterte sich so lange an Schellings Philosophie, bis sie ihren Urheber heiratete. Wenige Kilometer weiter, an der Universität Halle, sammelte Achim von Arnim zusammen mit Clemens Brentano »Des Knaben Wunderhorn« und beschäftigte sich mit den Wundern der Mathematik und Philosophie.

In dieser Atmosphäre des Geistes wiederholte der einundzwanzigjährige Johann Wilhelm Ritter (1776–1810) im Jahre 1797 die Voltaschen Experimente. Begeistert, aber unsystematisch gelang ihm manches in Wochen, wozu Volta Jahre gebraucht hatte. Wein, Weib und Elektrizität war seine Lebensphilosophie, die nicht alle teilten: »Er mochte selbst es fühlen, daß er der besseren Gesellschaft nicht zugehöre; er ward nicht ausgeschlossen, er schloß sich selber aus.«[2] Die Welt verdankt Ritter den ersten Akkumulator und ausführliche Untersuchungen zur Zersetzung von Wasser durch elektrische Ströme, die zur Begründung der Elektrochemie führten.

Die rationale Weltauffassung, die in Frankreich mit der Französischen Revolution durchbrach, entsprach dem mechanistischen Weltbild, das wohl am klarsten in Laplaces Vorstellung von einem Dämon zum Ausdruck kam, der das gesamte Weltgeschehen vorhersehen könne. Diesem Geiste der Aufklärung stand in Deutschland die romantische Naturphilosophie gegenüber. Sie vertrat eine organische Naturauffassung, in der alle Kräfte – wir würden heute Energien sagen – nur Aspekt einer einzigen Kraft waren, der Kraft des Weltgeistes. Deshalb sollten alle Naturerscheinungen, wie Licht, Elektrizität, Magnetismus, chemische Kräfte und die Wärme miteinander verknüpft sein und sich ineinander umwandeln lassen. Der Däne Hans Christian Örsted (1777–1851) lernte diese Naturauffassung im ersten Dezennium des 19. Jahrhunderts in Jena kennen, wo er bei Schelling studierte und mit Ritter befreundet war.

Bei seiner Rückkehr nach Kopenhagen nahm sich Örsted vor, den Zusammenhang zwischen Elektrizität und Magnetismus aufzuklären. Für einen derartigen Zusammenhang lagen einige Anhaltspunkte vor.

Als nämlich zwei Schiffe auf dem Weg von England nach Südamerika im Jahre 1675 in ein Gewitter gerieten, zerschmetterte ein Blitz den Mast eines Schiffes, während das andere unbeschädigt blieb. Zum Erstaunen seines Kapitäns wendete das getroffene Schiff bald, und machte Anstalten nach England zurückzukehren. Der Grund dafür war bald gefunden: Der Blitz hatte die Magnetpole aller Schiffskompasse umgekehrt. Ein anderer Bericht besagte, »daß ein Blitz, welcher in die Werkstatt eines Schuhmachers in Schwaben einschlug, dort alle Werkzeuge so stark magnetisierte, daß der arme Handwerker sie nicht mehr gebrauchen konnte. Er hatte fortwährend damit zu schaffen, seinen Hammer, seine Zange, sein Messer von Nägeln, Nadeln und Pfriemen zu befreien, welche sich auf dem Werktisch daran hingen«.[3]

Mit dem Blitz konnte man aber nicht gut experimentieren und ein zuverlässigerer Nachweis des Zusammenhanges zwischen Elektrizität und Magnetismus wurde gesucht. Im Jahre 1820 entdeckte Örsted bei einer Vorlesung durch Zufall den gewünschten Effekt: eine Magnetnadel wurde durch einen stromführenden Draht abgelenkt, wobei die Kräfte auf ihre Pole nicht etwa einer Abstoßung oder Anziehung durch den Draht entsprachen, sondern eine Drehung rund um den Draht hervorzurufen suchten.

Der Weltgeist hatte sich bewährt! Elektrizität und Magnetismus zeigten tatsächlich einen Zusammenhang und waren somit als verschiedene Aspekte einer einzigen Kraft anzusehen. Zumindest hatte Örsted gezeigt, daß elektrische Ströme, also bewegte elektrische Ladungen, magnetische Kräfte hervorrufen können. Nunmehr war noch die Umkehrung zu suchen. Konnte auch Magnetismus elektrische Ströme erzeugen? Die Antwort auf diese Frage führt uns nach England.

## Schelling, Hegel und die Folgen

Die deutsche Naturphilosophie hatte einen unübersehbaren, wichtigen und positiven Einfluß auf die Entwicklung der Physik. Ihr alles durchwirkender Weltgeist ließ die Physiker Zusammenhänge vermuten, wo sie zuvor nur allzu oft isolierte Einzeltatsachen gesehen hatten. Der Einfluß der Philosophie reichte aber selbstverständlich weit über den Bereich der Physik hinaus in das gesamte Weltbild der Naturforscher zu Beginn des 19. Jahrhunderts. Hans Christian Örsteds Buch »Der Geist in der Natur« legt davon beredtes Zeugnis ab.

Friedrich Wilhelm Joseph Schellings (1775–1854) Vorlesungen über

Philosophie, seine Auseinandersetzung mit den neuesten Entdeckungen Faradays, vor allem aber die von ihm herausgegebene »Zeitschrift für spekulative Physik« stellten sich die Aufgabe, die Physik aus den Prinzipien des reinen Denkens heraus auf gesicherte Grundlagen zu stellen. Der deutsche Idealismus, für den der Geist das Baumaterial der Welt war, wies der Naturwissenschaft alsbald ihre Rolle zu: »Die einzige Aufgabe der Naturwissenschaft ist es, die Materie zu konstruieren.« Wie konnte der reine, der absolute Geist die Materie denken? Aus der Beantwortung dieser Frage heraus mußte sich die gesamte Naturwissenschaft ergeben. Den Antworten Schellings, der in »Magnetismus, Elektrizität und chemischen Prozeß die allgemeinen Kategorien der Physik« sah, war kein allzu großer Erfolg beschieden.

Ja mehr noch, die Schriften Schellings, Hegels und der anderen deutschen Idealisten erscheinen dem heutigen Naturforscher geradezu als abschreckende Beispiele philosophischer Unklarheit und geistiger Verworrenheit. »Philosophie ist der Altersblödsinn theoretischer Physiker« ist eine der Standardphrasen, die wohl jeder angehende Student der Physik einmal zu hören bekommt. Als Gipfelpunkt naturwissenschaftlicher Unverfrorenheit der Philosophen wird dann zumeist Hegels Dissertation über das Planetensystem erwähnt, in der er die Verteilung der Planeten auf philosophischer Grundlage ermittelte. Sein Ergebnis war, daß es zwischen Mars und Jupiter keinen weiteren Planeten geben solle. Die Beobachtungen der Astronomie hatten allerdings zwanzig Jahre zuvor bereits den ersten Asteroiden in dieser »Lücke« des Planetensystems entdeckt.

Der Geringschätzung der Empirie entsprach auch eine Mißachtung der mathematischen Beschreibung der Welt. In einer Abhandlung über die »Spekulative Bedeutung der Gesetze des allgemeinen Weltbaus« meint Schelling:

»Die Verunstaltung, welche diese Gesetze durch die Newtonsche Attraktionslehre und durch den Versuch, sie auf mechanisch-mathematische Weise aus zufälligen und empirischen, willkürlich angenommenen Bedingungen herzuleiten, erlitten haben, ist in Hegels Abhandlung ›De orbitis planetarum‹ erkennbar und scharf genug gezeigt worden.«[4]

Die Geringschätzung, welche Hegel und Schelling der empirischen und mathematischen Methode der Physik entgegenbrachten, hatte weitreichende Folgen. Dem anfänglichen Einfluß der idealistischen Philosophie und der romantischen Naturphilosophie auf die Wissenschaft folgte bald eine um so tiefere Verachtung und Geringschätzung. Die Physik betonte ihren Charakter als empirische Wissenschaft, die keine Hypothesen benötige, nur empirisch testbare Begriffe und Gesetze zulasse und Spekulationen verabscheue.

Aber auch die Philosophie wandte sich von den Naturwissenschaften ab. Die Naturphilosophie, die nach ihrem ersten Triumph eine so schmähliche Niederlage erlitten hatte, wurde zu einem Stiefkind der philosophischen Bemühungen. Die Ergebnisse der Naturwissenschaft wurden zu pragmatischen und oberflächlichen Verbindungen empirischer Daten erklärt, die für die Philosophie ohne Relevanz und Erkenntniswert seien.

Die tiefe Kluft, die sich hier auftat, ist auch heute noch spürbar. Geisteswissenschaft und Naturwissenschaft, die »zwei Kulturen«, betrachten einander mit unverhohlenem Mißtrauen, wobei jede die Methoden der anderen verachtet, und doch im geheimen bewundert.

Erst allmählich wird die geistige Verwandtschaft der beiden großen Bereiche wieder klar. Denn Albert Einsteins Frage: »Wie hätte ich die Welt erschaffen, wenn ich Gott wäre?« ist nur eine Paraphrase von Schellings Überlegung, wie wohl der absolute Weltgeist die Materie konstruiert habe.

## Vom Weltgeist zum Feld

Die vor allem in Deutschland verbreitete romantische Naturphilosophie hatte in allen Kräften den Ausdruck eines umfassenden Weltgeistes gesehen. Auch in England gab es eine entsprechende Strömung, den »Dynamismus«, der in Michael Faraday (1791–1867) einen eifrigen Verfechter fand.

Faraday hatte sich als Buchbinderlehrling in den Inhalt einiger naturwissenschaftlicher Bücher vertieft und fand auch eine Möglichkeit, den berühmten Abendvorlesungen an der Royal Institution in London beizuwohnen. Humphrey Davy, Chemiker und Erfinder der Sicherheits-Grubenlampe war der Vortragende und Faraday schickte ihm alsbald eine sorgfältig ausgearbeitete Mitschrift der Vorlesungen zu. Wenig später wurde Faraday in die Royal Institution gebeten und zum Assistenten Davys ernannt. Im Herbst 1813 ging Davy mit seinem neuen Mitarbeiter auf eine eineinhalb Jahre währende Europareise, die ihn über Paris zunächst nach Italien führte, wo er die Bekanntschaft Alessandro Voltas machte und einen Diamanten des Herzogs von Toscana mit Hilfe eines Brennspiegels zu Kohlendioxyd verbrannte. Über die Schweiz ging die Reise dann nach Deutschland, wieder zurück nach

Italien und von dort aus in rascher Folge heim nach England. An der Royal Institution, an der vor wenigen Jahren ein Laboratorium Faradays in unzugänglichen Kellerräumen wiederentdeckt wurde, begann eine der berühmtesten Versuchsreihen in der Physikgeschichte.

Zunächst wiederholte Faraday die Experimente von Örsted, die so großes Aufsehen erregt hatten, da die Kraft zwischen Strom und Magnetnadel nicht etwa eine anziehende oder abstoßende war, sondern vielmehr eine Drehung hervorrief. Damit war das einfache Bild der Natur, das man sich aufgrund von Newtons Physik gemacht hatte, zumindest erschüttert. Nicht alle Kräfte waren analog zur Gravitation und zu der von Coulomb gemessenen Kraft zwischen zwei Ladungen! Bald gelang es Faraday auch den ersten Elektromotor zu bauen. Dazu hängte er eine Magnetnadel frei drehbar in einen Trog mit Quecksilber und schickte durch diese Anordnung Strom aus einer Voltaschen Säule. Sogleich begann sich der Pol der Magnetnadel um den Stromleiter zu drehen. Damit waren die ersten Grundlagen der Elektrotechnik gelegt, wenn auch dieser erste Motor noch keinerlei praktischen Zwecken dienen konnte.

*Convert Magnetism into Electricity* – verwandle Magnetismus in Elektrizität. Diese Eintragung findet sich bereits im Jahre 1822 in Faradays ausführlichen Notizbüchern, in denen er alle seine Experimente festhielt. Wie konnte man Magnetismus in Elektrizität verwandeln, also mit Hilfe von Magnetnadeln elektrische Ladungen oder Ströme hervorrufen? Für Faraday war es selbstverständlich, daß ein derartiger Effekt existieren mußte, denn alle Kräfte sollten ineinander umwandelbar sein:

»Seit langem habe ich, vermutlich mit vielen anderen Freunden der Naturkunde, die an Überzeugung streifende Meinung gehegt, daß die

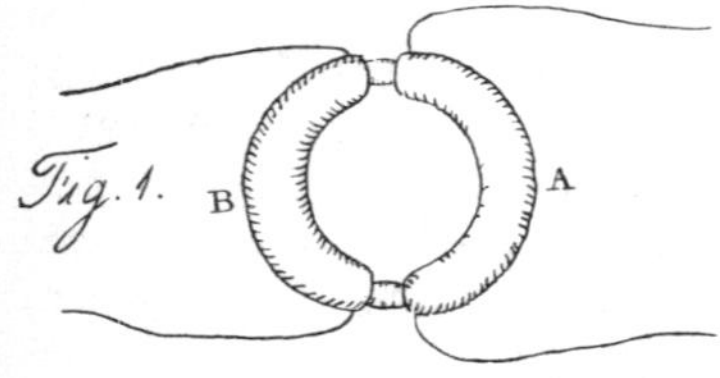


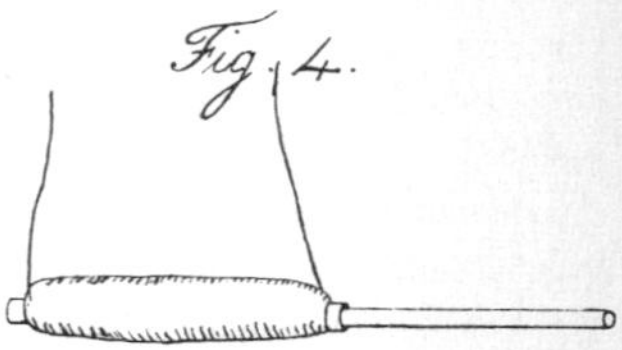


**Abb. 2.5:** Faradays Laboratoriumsbücher zeigen die vielfältigen Experimente, die er zur Untersuchung des Zusammenhanges zwischen Elektrizität und Magnetismus durchführte. Zehn Jahre arbeitete er, um den gesuchten Zusammenhang herzustellen.

verschiedenen Formen, unter denen die Kräfte der Materie auftreten, einen gemeinschaftlichen Ursprung haben, oder, mit anderen Worten, so in direktem Zusammenhange und gegenseitiger Abhängigkeit stehen, daß sie gleichsam ineinander verwandelt werden können und äquivalente Kräfte in ihren Wirkungen besitzen. In neueren Zeiten sind die Beweise für ihre Umwandelbarkeit in beträchtlichem Maße gehäuft und es ist der Anfang gemacht zur Bestimmung ihrer äquivalenten Kräfte.«[5] Diese Umwandelbarkeit der Kräfte war die »feste, auf philosophische Betrachtungen gestützte Überzeugung« Faradays, die ihm in den folgenden Jahren den Mut gab, dem gesuchten Effekt auf immer neue Arten nachzuspüren. Freilich konnte sich Faraday in all den Jahren nicht nur mit Elektrizität und Magnetismus beschäftigen, da er als Assistent Davys vor allem Probleme der Chemie bearbeiten mußte, wobei ihm neben vielen anderen Ergebnissen im Jahre 1823 die Entdekkung des Benzols gelang.

Am 29. August 1831 trat das entscheidende Ereignis ein, das Elektrizität und Magnetismus endgültig und vollkommen vereinte: Faraday entdeckte die elektromagnetische Induktion. Seine Experimente zeigten, daß die Veränderung magnetischer Felder elektrische Ströme hervorrufen kann. Bewegt man beispielsweise einen Draht durch das Feld eines Hufeisenmagneten, so entsteht darin eine elektrische Spannung, und ein Strom beginnt zu fließen. Dies ist das Prinzip des Generators, der in den nächsten Jahrzehnten zur wichtigsten Quelle elektrischer Ströme wurde und die Voltasche Säule ablöste.

Die von Faraday entdeckte Induktion wurde aber auch zur Grundlage des Transformators. Örsted hatte entdeckt, daß elektrische Ströme von Magnetfeldern umgeben sind. Ändert sich der Strom, so ändert sich das Magnetfeld. Diese Veränderung des magnetischen Feldes kann wiederum in einem benachbarten Drahtstück einen Strom hervorrufen. Eine derartige Anordnung war es auch, mit der Faraday 1831 erstmals Induktionsvorgänge beobachtete.

Aber nicht nur auf experimentellem Gebiete leistete Faraday Hervorragendes. Sein unmathematisches, intuitives Vorgehen führte ihn zu einer der wichtigsten neuen Begriffsbildungen der Physik: Der von Faraday geschaffene *Feldbegriff* hat wesentlich zur Auflösung der mechanischen Materievorstellungen beigetragen und das Problem der Kraftübertragung gelöst.

Zur Zeit der Französischen Revolution hatten Priestley und Cavendish in England und Coulomb in Frankreich gezeigt, daß die anziehende und abstoßende Kraft zwischen elektrischen Ladungen ebenso wie die Gravitationskraft mit dem Quadrat der Entfernung abnimmt. Sie suchten aber keine Erklärung dafür, wie die Kraft überhaupt von einem Raumpunkt zum anderen gelangen konnte. Ihnen galt eine korrekte Beschreibung des Kraftgesetzes als vollständige Lösung des Problems. Faraday ging darüber hinaus. Seine Ideen zeigen, wie wichtig es ist, Physik nicht auf eine rein pragmatische Beschreibung von Beobachtungen und Vorgängen in der Natur zu beschränken, sondern zu versuchen, den Ursachen dieser Erscheinungen auf die Spur zu kommen.

Wie gelangt nun die Kraft von einem Punkt zum anderen? Zur Lösung dieses Problems ging Faraday von einer Beobachtung aus, die bereits Descartes bekanntgewesen war: Streut man Eisenfeilspäne in der Umgebung eines Magneten auf, so ergibt sich ein schönes und regelmäßiges Linienmuster. Auch in der Nähe elektrischer Ladungen kann man ähnliche Linien beobachten, wenn man dazu beispielsweise in Öl schwebende Reiskörner benützt. Sie ordnen sich zu langen Ketten an, die ein räumliches Muster bilden.

Faraday sah in diesem Muster ein Anzeichen für eine Veränderung, die von der Ladung ausgehend den ganzen umgebenden Raum erfaßt. Den veränderten Zustand des Raumes bezeichnete er als »elektrisches Feld« und die beobachteten Linien als »Feldlinien«. Damit war ein radikaler neuer Schritt getan. Auch außerhalb der sichtbaren Materie sollte der Raum nicht einfach leer sein, sondern mit einer neuen Art unkörperlicher Materie erfüllt, dem Feld.

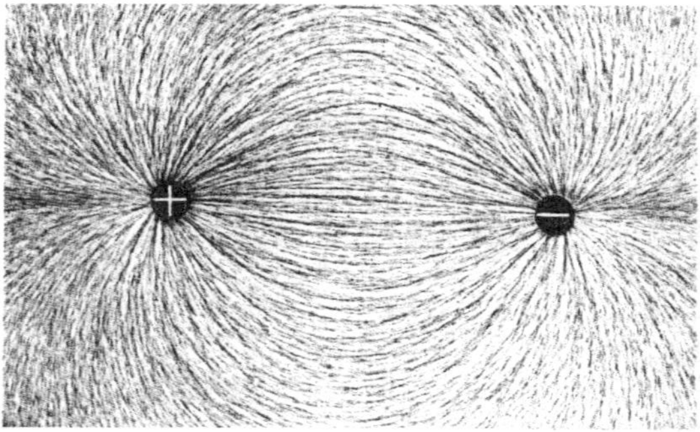


**Abb. 2.6:** Michael Faraday sah in den Feldlinien, die man mit Eisenfeilspänen rund um einen Magneten sichtbar machen kann, den gesuchten Mechanismus zur Übertragung von Kräften.

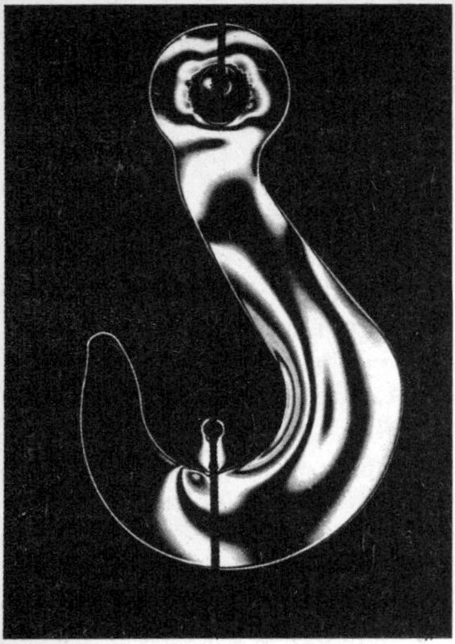

**Abb. 2.7:** Durch polarisiertes Licht werden Spannungen in einem belasteten Stück Plastik direkt sichtbar. Faraday dachte, daß in ähnlicher Weise die Spannungen im Äther durch die Eisenfeilspäne veranschaulicht werden.

Gibt es Felder wirklich? Wie kann man die Existenz dieses neuartigen Bausteines der materiellen Welt beweisen? Wie hätten Coulomb und Faraday diese Fragen beantwortet?

Nach Meinung Coulombs existieren in der Welt nur Ladungen, die über eine Entfernung hinweg mit Kräften aufeinanderwirken. Dazu müssen zumindest zwei Ladungen vorhanden sein, bei einer einzelnen Ladung treten überhaupt keine Kräfte auf. Nach Faradays Meinung ist dagegen selbst in der Umgebung einer einzelnen Ladung stets ein Feld vorhanden. Er stellte sich dieses Feld als eine Art Spannungszustand in einem überall vorhandenen Äther vor. Wie bei gespannten Gummischnüren sollte entlang der Feldlinien ein Zug wirken, quer zu den Feldlinien dagegen ein Druck. Die Grießkörner erlaubten es, diesen Spannungszustand des Äthers direkt sichtbar zu machen, ebenso wie die Spannungen in einem deformierten Stück Plastik durch die Bestrahlung mit polarisiertem Licht beobachtbar werden.

Durch den Feldbegriff wollte Faraday auch das von Newton ungelöst hinterlassene Problem der Kraftausbreitung bewältigen. Kräfte sollten nicht auf geheimnisvolle Weise durch den leeren Raum hindurch wirken, sondern sich im Äther entlang der Feldlinien von Punkt zu Punkt ausbreiten. Die Feldlinien, die sich zwischen zwei entgegengesetzten Ladungen bilden, wurden damit zum sichtbaren Zeichen der Kraftübertragung. Das Feldlinienbild zeigt anschaulich, wie die Spannung entlang der Feldlinien zur Anziehung führt und ebenso, wie der Druck quer zu den Feldlinien die Abstoßung gleichnamiger Ladungen bewirkt.

Damit war die Fernwirkungstheorie Newtons durch eine Nahwirkungstheorie ersetzt. Wie einst in der Physik Descartes' sollten auch hier Kräfte durch Druck und Zug übertragen werden, wobei jedoch nicht stoßende Atome, sondern Spannungen im Feld die materielle Grundlage des Geschehens bilden.

James Clerk Maxwell (1831–1879), neben Faraday einer der bedeutendsten Forscher auf dem Gebiet der Elektrizitätslehre im 19. Jahrhundert, hat die neue Sicht der Welt in großartiger Weise dargestellt:

»Faraday sah mit seinem geistigen Auge Feldlinien im ganzen Raum, wo die Mathematiker [Coulomb, Priestley und Cavendish] nur Kraftzentren sahen, die sich in einiger Entfernung anzogen. Faraday erblickte ein Feld, wo sie nichts als Abstand sahen. Faraday suchte die Grundlagen der Phänomene in Veränderungen in diesem Feld, wogegen die Mathematiker damit zufrieden waren, ein Potenzgesetz für die Kraft gefunden zu haben.«[6]

Welche Fortschritte hatte Faraday erzielt? Die Kraft zwischen zwei Ladungen, die Coulomb gemessen und im Coulombschen Gesetz beschrieben hatte, konnte er durch die Einführung einer neuen Größe, des elektrischen Feldes, ebenfalls erklären. Das Feld sollte auch bei einer einzigen Ladung stets existieren, während das Auftreten von Kräften zumindest zwei Ladungen voraussetzt. Fernwirkungen zwischen Ladungen waren auf Spannungen, also Nahwirkungen im Felde zurückgeführt. Newtons Problem war gelöst, doch um welchen Preis? War das Feld nicht ein metaphysisches Konzept, eine unnötige Komplikation? Schließlich konnte Faraday auch nicht mehr erklären als Coulomb, und er benötigte dazu ein komplizierteres Inventarium des Universums, das außer materiellen Körpern auch noch Felder vorsah. Gibt es Felder wirklich? Wenn wir diese Frage nun nochmals stellen, so wollen wir zunächst ein Jahrhundert in der Zeit zurückgehen und eine analoge philosophische Fragestellung betrachten.

## Bischof Berkeley oder ein Exkurs über Gott in der Naturwissenschaft

Zu Beginn des 18. Jahrhunderts verfaßte der irische Philosoph und Bischof George Berkeley (1685–1753) eine Reihe von Abhandlungen zur Erkenntnistheorie, in denen er die idealistischen Ansichten seines großen Vorgängers John Locke kritisierte und ausbaute. Er vertrat die radikale Ansicht, daß alle materiellen Körper nur insofern existieren, als sie beobachtet werden. Nur in unserer Wahrnehmung gibt es Häuser, Bäume, Mitmenschen und andere mehr oder weniger nützliche Objekte. Denn alle Eigenschaften dieser Körper, ihre Farbe, Geschmack, Ausdehnung und Form existieren nur, weil sie wahrgenommen werden.

*Esse est percipi* – Sein ist gesehen werden – war die Schlußfolgerung, die Berkeley aus seinen Überlegungen zog. (Die High Society lebt heute noch nach diesem Prinzip.) Nur wenn ein Körper wahrgenommen wird, existiert er auch. Berkeleys Gegner verhöhnten diese Ansicht: Sollte ein Baum, den gerade niemand beobachtet, zu existieren aufhören? (In modernen Großstädten tritt dieser Effekt bei Neubauten tatsächlich manchmal ein.) Wie wäre es dann zu erklären, daß der Baum bei erneuter Beobachtung in gleicher Form an der gleichen Stelle wieder erscheint? Berkeley hatte auch auf diese Fragen eine Antwort: Gott beobachtet stets alle Objekte und sorgt dadurch für ihre beständige Existenz. Gott tritt hier also als eine Art *kosmischer Hausmeister* auf, der für das Inventar des Universums verantwortlich ist und garantiert, daß nichts abhanden kommt. Der Beobachtungskraft Gottes verdanken wir, daß Felsen, Steine, Häuser und Bäume in der gleichen Weise kontinuierlich existieren, wie wir dies üblicherweise in unserem Alltagsverständnis annehmen.

Wir haben hier wieder eines der vielen Beispiele für die wechselnden Rollen Gottes in Philosophie und Naturwissenschaft vor uns. Bei Newton wird er beauftragt, streunende Planeten einzufangen, auf Descartes wirkt Gott dagegen beruhigend und fast einschläfernd, da er ihn von der Notwendigkeit weiterer Zweifel enthebt, und Bischof Berkeley benötigt Gott als universellen Nachtwächter, der für die Kontinuität des Seins sorgt. Wann immer ein naturwissenschaftliches oder philosophisches System in Schwierigkeiten geriet, wurde der *Deus ex machina* zu Hilfe gerufen. Nach getaner Arbeit oder einer Verbesserung des Systems durfte sich der göttliche Gastarbeiter wieder in entlegenere Höhen zurückziehen.

Die heutige Naturwissenschaft ist in vieler Beziehung skeptischer, obwohl auch sie einen Gott in ähnlichen Gastrollen häufig benötigen würde: Wie oft zweifelt man doch an der Existenz der Objekte, die von der Naturwissenschaft vorhergesagt werden, und an der Zuverlässigkeit ihrer Prognosen. Hier wäre der Gott Descartes', der nicht täuscht und die Sicherheit der Erkenntnis garantiert, ein nur allzu erwünschter Gast. Leider gilt ein derartiger Rückgriff auf die Theologie in der Naturwissenschaft unserer Zeit als unzulässige Vermischung zweier getrennter Herrschaftsbereiche. Himmlischer und irdischer Bereich, von Newton für die Physik vereint, sind heute wieder streng geschieden.

**Die Felder werden beweglich**

Nach Faradays Meinung sollte jede Ladung von einem elektrischen Feld umgeben sein. Das stets vorhandene Feld macht sich aber nur dann bemerkbar, wenn es beobachtet wird. Die Kraft, die es auf eine andere Ladung ausübt, erweist die Realität des Feldes. Existiert das Feld auch, wenn man keine andere Ladung zu seiner Beobachtung heranzieht? Gibt es Felder wirklich oder existieren vielmehr nur die Kräfte zwischen den Ladungen, die nur auftreten, wenn tatsächlich mehrere Ladungen vorhanden sind?

Hier wird die Analogie zur Philosophie des Bischofs Berkeley offensichtlich. Für Berkeley war es notwendig, daß Gott alle Objekte stets beobachtet, um ihre dauernde Existenz zu sichern. Ein ähnliches Problem stellt sich uns nun für Felder. Gibt es die Felder auch dann, wenn wir sie nicht gerade mit einer anderen Ladung beobachten? Ist nicht die Kraft zwischen Ladungen alles, was wir wirklich messen können, und das Feld nur eine Fiktion? Die Spielregeln der Physik verbieten es uns, hier einen *Deus ex machina* zu Hilfe zu rufen, um die Existenz der Felder zu garantieren oder um zwischen den beiden Alternativen zu entscheiden, die von Coulomb und von Faraday ins Auge gefaßt wurden. Wir müssen mit physikalischen Methoden herausfinden, welche Interpretation der Tatsachen richtig ist.

Zunächst könnte man meinen, daß man das elektrische Feld ja jederzeit mit Grießkörnern sichtbar machen kann. Es sollte daher auch immer existieren. Doch enthalten auch Grießkörner kleine Systeme von Ladungen, die sich unter dem Einfluß der Kraft verschieben können, die von einer großen elektrischen Ladung im Labor ausgeht. Nur dadurch ordnen sie sich zu Ketten an. Auch Coulomb hätte diese Erscheinung erklären können, ohne ein elektrisches Feld annehmen zu müssen.

Die Ideen von Coulomb und von Faraday postulieren ein völlig verschiedenes Inventar des Universums, um das gleiche Beobachtungsmaterial zu erklären. In jedem Fall werden Kräfte vorhergesagt, die mit dem Quadrat der Entfernung abnehmen, doch werden sie einmal durch eine Fernwirkung erklärt, die nur eintritt, wenn eine zweite Ladung vorhanden ist, das andere Mal dagegen durch die Nahwirkung des elektrischen Feldes, das stets und immer vorhanden ist. Ist es nicht eine metaphysische Frage, welcher von zwei physikalischen Theorien wir den Vorzug geben, die das gleiche Beobachtungsmaterial erklären? Offensichtlich können wir ja in dieser Situation nicht das Experiment zur Entscheidung heranziehen.

Doch dürfen wir nicht in den Fehler verfallen, physikalische Theorien als endgültig gegebene, statische Gebilde zu betrachten, die keiner weiteren Entwicklung bedürfen oder fähig sind. Auch physikalische Theorien haben ihr eigenes Schicksal, sie entstehen und vergehen. Manche Theorien werden widerlegt, andere erweisen sich dagegen als Spezialfall einer übergeordneten Theorie, in der sie aufgehen. Dies war im Lauf der Geschichte auch bei den Ansichten über elektrische und magnetische Felder der Fall.

Im Jahre 1856 war nämlich einer der größten Physiker des 19. Jahrhunderts, der Engländer James Clerk Maxwell, in der Lage, die von Faraday vorgetragenen Ideen über Felder in mathematische Formeln zu fassen und zu erweitern. Das Ergebnis seiner Überlegungen sind die *Maxwellschen Feldgleichungen*, deren Bedeutung nur mit den Newtonschen Gleichungen für die Bewegung von Körpern verglichen werden kann.

Maxwells Grundidee ist einfach. Die materiellen Körper, also jener Teil des kosmischen Inventars, der bereits im 18. Jahrhundert bekannt war, können sich bewegen. Die Newtonschen Gesetze geben die erforderliche mathematische Beschreibung dieser Bewegungen. Wenn Felder tatsächlich als selbständig und unabhängig existierender zweiter Bestandteil des Universums auftreten sollen, so müssen sich diese Felder unabhängig von der übrigen Materie bewegen können und ihren eigenen Gesetzen genügen. Die Entdeckung der Bewegungsgesetze für Felder, die gleichberechtigt neben die Newtonschen Bewegungsgleichungen für Körper treten, war James Clerk Maxwells größte Leistung.

## Maxwells Ätherrausch

Faraday hatte sich die elektrischen und magnetischen Feldlinien als dünne rotierende Schläuche vorgestellt. Ein solcher gummiartiger Schlauch würde dazu neigen, sich in der Längsrichtung zusammenzuziehen und dadurch anziehende Kräfte zu übertragen. Durch die Zentrifugalkraft der Rotation würde er andererseits seinen Umfang vergrößern und so einen Druck auf die benachbarten Schläuche ausüben. Dieser Vorgang lieferte die mechanische Erklärung der abstoßenden Kräfte, die zum Beispiel zwischen gleichnamigen Ladungen wirken.

Die mechanischen Ätherwirbel, die Faraday als Grundlage von Elektrizität und Magnetismus betrachtet hatte, waren auch Maxwells Ausgangspunkt. Zunächst galt es, die anschaulichen Vorstellungen zu verbessern. Wie konnten zwei benachbarte Feldlinien, also kleine Wirbel, im gleichen Sinne rotieren, ohne sich gegenseitig zu stören? Reibungserscheinungen an der Grenzfläche der beiden Wirbel würden die Drehung und damit die Felder wohl bald zerstören. Um dies zu verhindern, erfand Maxwell den kugelgelagerten Äther. Zwischen die einzelnen Schläuche sollten kleine Kügelchen treten, um eine reibungsfreie Drehung der Feldlinien zu ermöglichen.

Dies führte zu einem interessanten Effekt. Ändert sich die Stärke des Feldes von Punkt zu Punkt, so rotieren benachbarte »Feldschläuche« verschieden schnell. Die kleinen dazwischenliegenden Kugeln würden dadurch nicht einfach an derselben Stelle rotieren, sondern auch im Raume verschoben werden. Da die von Maxwell eingeführten Kugeln elektrisch geladen sein sollten, kam dadurch ein elektrischer Strom zustande. Maxwell bezeichnete ihn als »Verschiebungsstrom«, weil er auf die Verschiebung der Kugeln zurückzuführen war.

Der Verschiebungsstrom führte zu einem wichtigen und neuartigen Term in den Gleichungen, die Maxwell nunmehr – über Faraday hinausgehend – für die Bewegung der Felder formulieren konnte. Das neue Gleichungssystem enthielt alle bis dahin bekannten Tatsachen über Elektrizität und Magnetismus. Die Kräfte zwischen elektrischen Ladungen und zwischen Magneten waren darin ebenso enthalten wie Örsteds Entdeckung von Magnetfeldern in der Umgebung elektrischer Ströme und sogar die von Faraday entdeckte Induktion. Die Art, in der diese Effekte durch die Maxwellschen Gleichungen beschrieben wurden, war ebenso neuartig wie wesentlich. Aus den Gleichungen folgte nämlich, daß veränderliche Magnetfelder elektrische Felder hervorrufen und dadurch elektrische Ströme erzeugen können. Kurz gesagt, die Bewegung von Magnetfeldern erzeugt elektrische Felder.

Neuartig war die von Maxwell vorhergesagte Erzeugung von Magnetfeldern. Die Rechnungen zeigten, daß nicht nur gewöhnliche elektrische Ströme von ringförmigen Magnetfeldern umgeben sein sollten, sondern auch der von Maxwell erstmals eingeführte Verschiebungsstrom. Da der Verschiebungsstrom auf die Veränderung von elektrischen Feldern zurückzuführen ist, konnte Maxwell nunmehr eine zweite Bewegungsgleichung für Felder formulieren: Veränderliche elektrische Felder rufen in ihrer Umgebung Magnetfelder hervor.

Die Bewegung von Magnetfeldern erzeugt elektrische Felder, die Bewegung von elektrischen Feldern erzeugt Magnetfelder. Die beiden anfänglich getrennten Felder waren nun auf eine besonders innige Art vereint. Aus der Theorie von Elektrizität und Magnetismus war die Theorie des »Elektromagnetismus« geworden.

Die Maxwellschen Gleichungen bestätigten auch eine Vermutung, die bereits Faraday formuliert hatte. Wenn die Feldlinien als gespannte Schläuche im Äther aufzufassen sind, dann könnte man diese Schläuche auch anstoßen und in Schwingungen versetzen. Diese Schwingungen sollten sich in Form einer Welle von Punkt zu Punkt durch den gesamten Raum ausbreiten.

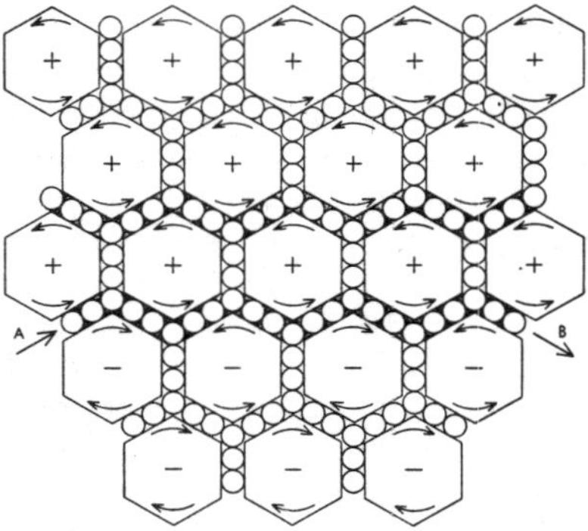


**Abb. 2.8:** Maxwells Äthermodell. Um die Reibung zwischen benachbarten Feldlinien, die sich Maxwell als kleine, drehende Schläuche vorstellte, zu vermindern, postulierte er die Existenz kleiner Kugeln zwischen den Ätherschläuchen. Die Verschiebung dieser Kugeln führte zu einem »Verschiebungsstrom«, der bedeutendsten Entdeckung Maxwells. Das mechanische Bild der Vorgänge im Äther wurde bald durch abstraktere Vorstellungen abgelöst.

Maxwells Gleichungssystem lieferte eine quantitative Theorie dieses Effekts. Die Bewegung eines elektrischen Feldes ruft ein Magnetfeld hervor, das sich bewegt, also verändert. Das bewegte Magnetfeld erzeugt ein elektrisches Feld, das wiederum ein Magnetfeld produziert usw. Elektrische und magnetische Felder rufen sich wechselseitig hervor und pflanzen sich so abwechselnd weiter und weiter fort. Eine elektromagnetische Welle entsteht und wandert durch den Raum.

Maxwells mathematische Formulierung der Faradayschen Ideen sagte damit ein völlig neuartiges physikalisches Phänomen voraus, nämlich die Existenz *elektromagnetischer Wellen.* Die Maxwellschen Gleichungen erlaubten auch eine Bestimmung der Ausbreitungsgeschwindigkeit der Wellen. Das Ergebnis der Rechnung war 300000 km/s und bedeutete eine Sensation. War doch dieser Wert seit langem aus einem völlig anderen Bereich der Physik bekannt. 300000 km/s beträgt nämlich die Geschwindigkeit, mit der sich Lichtsignale im Raume ausbreiten. Damit deutete sich die Vereinigung zweier vorher völlig getrennter Teilgebiete der Physik an, wie Maxwell 1864 feststellte:

»Die Geschwindigkeit der Fortpflanzung elektromagnetischer Wellen stimmt so genau mit der Lichtgeschwindigkeit überein, daß wir guten Grund zu der Vermutung haben, daß Licht selbst eine elektromagnetische Störung ist, die sich in Form einer Welle durch das elektromagnetische Feld ausbreitet.«[7]

In den nächsten Jahren wurde Maxwells Vermutung durch Experimente erhärtet, die von Hermann von Helmholtz (1821–1894) und seinen Mitarbeitern am Berliner Physikalischen Institut ausgeführt wurden. Nicht nur die Lichtgeschwindigkeit im leeren Raum, sondern auch in Glas und anderen Materialien konnte aus der Elektrodynamik in voller Übereinstimmung mit dem Experiment vorhergesagt werden. Es war kaum noch ein Zweifel daran möglich, daß Elektrizität, Magnetismus und Optik sich als Teilaspekte eines übergeordneten Naturphänomens, des Elektromagnetismus, erwiesen. Der Blick hinter die Kulissen hatte auch hier zur Erkenntnis einer höheren Einheit der Natur geführt, die nur für unsere beschränkten Sinne in scheinbar unzusammenhängende Teilbereiche zerfällt. Wie Newtons Vereinigung von irdischer und himmlischer Physik war auch Maxwells Einsicht ein wichtiger Schritt zu einer einheitlichen Naturbeschreibung.

## Nachrichten werden übertragen

Maxwells Gleichungssystem führte nicht nur zu neuen Einsichten über die Natur des Lichts. Die Gleichungen ließen auch vermuten, daß es möglich sein würde, Sender zu bauen, die elektromagnetische Wellen mit einer Wellenlänge von einigen Metern ausstrahlen. Auch der Bau geeigneter Empfänger für diese Wellen schienen dem deutschen Physiker Heinrich Hertz (1857–1894), der die ersten diesbezüglichen Rechnungen anstellte, durchaus erfolgversprechend. Im Jahre 1880 begann er im Physikalischen Institut der Universität zu Berlin mit einer Versuchsreihe, die zu einer der wesentlichen Grundlagen der Technik des 20. Jahrhunderts führte.

Die Berechnungen hatten gezeigt, daß elektromagnetische Wellen stets dann ausgesendet werden, wenn elektrische Ladungen ihre Geschwindigkeit rasch ändern. Wird nämlich eine bewegte Ladung plötzlich abgebremst, so erfährt das elektrische Feld in ihrer Umgebung nicht sofort davon, daß die Ladung zum Stillstand gekommen ist. Das Feld bewegt sich weiter und entfernt sich so immer stärker von der zur Ruhe gekommenen Ladung. Dabei treten Veränderungen im elektrischen Feld auf, die nach Maxwells Ideen zu magnetischen Feldern führen müssen, diese wiederum zu elektrischen Feldern usw. Das selbständig gewordene Feld breitet sich als elektromagnetische Welle aus. Besonders einfach ist dabei die Welle, die von einer schwingenden Ladung hervorgerufen wird. Eine Schwingung entspricht ja gerade einer Bewegung, bei der ein Körper immer wieder auf hohe Geschwindigkeiten gebracht und dann rasch abgebremst und in die Gegenrichtung bewegt wird.

Die Aufgabe, vor die Heinrich Hertz gestellt war, war es nun, elektrische Ladungen zu möglichst raschen Schwingungen anzuregen, so daß das elektrische Feld – bildlich gesprochen – ihren Bewegungen nicht folgen kann und als elektromagnetische Welle in den Raum ausgestrahlt wird. Heinrich Hertz entdeckte, daß die gewünschten Schwingungen bei der Entladung eines Kondensators auftreten. Damit war der erste Sender konstruiert, und bald gelang es auch, die davon ausgehenden elektromagnetischen Wellen mit einem Empfänger nachzuweisen.

Die Untersuchungen der nächsten Jahre zeigten, daß die Wellen tatsächlich dieselben Eigenschaften wie sichtbares Licht aufweisen, von dem sie sich nur durch die Wellenlänge unterscheiden. In einem berühmten Vortrag mit dem Titel »Über die Beziehungen zwischen Licht und Elektrizität« stellte Heinrich Hertz im Jahre 1889 seine neuen Er-

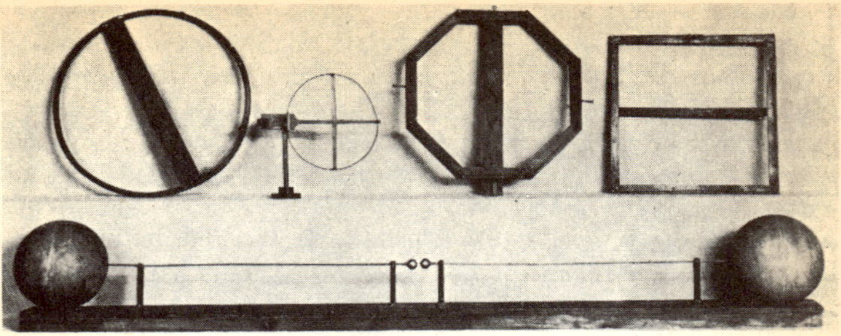

**Abb. 2.9:** Die Originalapparate, die Heinrich Hertz zur Entdeckung der elektromagnetischen Wellen benützt hatte, befinden sich heute im Deutschen Museum in München. Die ersten Sender und Empfänger von Radiowellen waren erstaunlich einfach.

kenntnisse vor. Faradays Idee einer Kraftübertragung durch das elektromagnetische Feld hatte ihre triumphale Bestätigung gefunden. Elektromagnetische Felder konnten sich tatsächlich von der Materie, also dem Sender, loslösen und selbständig im Raume ausbreiten. Bewegte Felder und bewegte Materie waren nunmehr zu gleichberechtigten Bestandteilen des Inventars des Universums geworden.

Die Ergebnisse zeigten auch, daß die Ausbreitung der Kraft nicht augenblicklich erfolgt, wie dies Coulomb angenommen hatte. Kräfte werden durch Felder vielmehr mit Lichtgeschwindigkeit übertragen. Darin sah Hertz die wichtigste Schlußfolgerung seiner Versuche:

»Durch die Gesamtheit der geschilderten Versuche ist zum ersten Male der Beweis geliefert worden für die zeitliche Ausbreitung einer vermeintlichen Fernkraft. Diese Tatsache bildet den philosophischen, in gewissem Sinne zugleich den wichtigsten Gewinn der Versuche.«[8]

An die technische Auswertung seiner Ergebnisse dachte Hertz nicht. Dies blieb Guglielmo Marconi (1874–1937) überlassen, der bereits im Jahre 1899 den Kanal zwischen England und Frankreich mit einer Funkverbindung zu überbrücken vermochte. Das Zeitalter der drahtlosen Telegraphie war angebrochen, und die neuen »Radiowellen« breiteten sich rasch weiter aus. Schon am 12. Dezember 1901 gelang die erste Signalübertragung über den Atlantik.

Die neue Technik entwickelte sich stürmisch. Noch waren die ersten Sender nicht zur Übertragung von Sprache, Musik oder gar Bildern geeignet, da die Frequenz der ausgesandten Wellen dazu nicht ausreichte.

Um Nachrichten zu übertragen ist es nämlich erforderlich, elektromagnetische Wellen sehr rasch aus- und einzuschalten, wie dies beispielsweise bei der Übertragung eines Telegrammes geschieht. Je rascher man Ströme umschalten kann, je höher also die Frequenz der elektromagnetischen Welle ist, desto reichhaltiger kann die Nachricht sein, die in einer gegebenen Zeit übertragen werden kann. Die Entwicklung der Rundfunk- und Fernsehtechnik war deshalb eine Jagd nach immer höheren Frequenzen. Bereits 1920 begannen die ersten Rundfunkstationen zu arbeiten und 1935 wurden versuchsweise Fernsehbilder übertragen.

Rund einhundert Jahre nachdem Faraday erstmals »Felder vor seinem geistigen Auge erblickt hatte« wurde die Realität elektromagnetischer Felder damit durch die Übertragung von Fernsehbildern in neuer Weise anschaulich. In der Bezeichnung »Ätherwellen« lebt auch heute noch die Vorstellungswelt Faradays weiter, der von der Schwingung von Feldlinien ausgegangen war, die er in Aristoteles' Äther gespannt hatte.

Während die Felder zur unbestreitbaren Realität und zum Teil des Inventars des Universums wurden, verlor der Äther selbst in einer der größten Revolutionen in der Physikgeschichte im Jahre 1905 seine Existenz. Diese Revolution, die mit dem Namen Albert Einsteins verknüpft ist, soll aber Gegenstand eines anderen Kapitels sein.

# 3
# Der Weg zum Atom

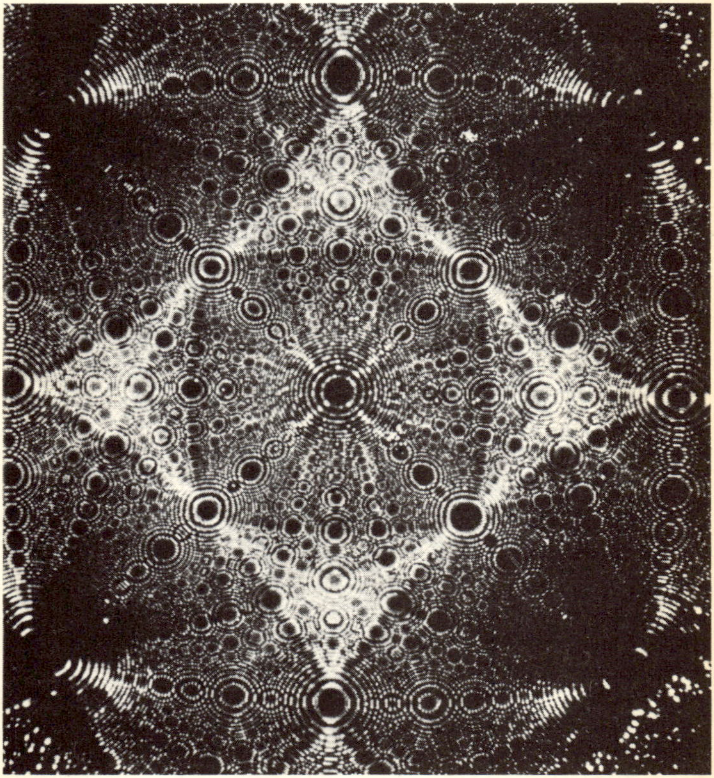

Seite 79:

**Abb. 3.1:** Der atomare Aufbau einer Platinnadel wird im Elektronenmikroskop sichtbar. Jeder Punkt ist das Bild eines Atoms der Nadelspitze.

Vor einigen Jahren wurde der amerikanische Nobelpreisträger Richard Feynman bei einem Interview gefragt, was er für die bedeutendste Erkenntnis der Naturwissenschaft im 20. Jahrhundert halte. Welchen Satz sollte man einer anderen Zivilisation als wichtigstes Ergebnis unserer Forschungen mitteilen? Seine Antwort war: »Materie ist aus Atomen aufgebaut.«

Ein langer historischer Weg führte zu dieser Einsicht. Bereits in der Antike hatte man darüber spekuliert, wie die Materie aufgebaut sein könne, und unterschiedliche Ansichten vertreten. Die antiken Atomisten, vor allem Demokrit (um 460–371 v. Chr.) und Leukipp (5. Jh. v. Chr.) hatten Argumente für die körnige Struktur der Materie, also ihren Aufbau aus Atomen, vorgebracht. Aristoteles war dagegen für einen kontinuierlichen, stetigen und ungeteilten Aufbau der Materie eingetreten, in dem es weder die Atome noch den leeren Raum geben durfte.

Jede der beiden großen Denkmöglichkeiten über die Struktur der Materie wurde ausführlich diskutiert. Jede Denkmöglichkeit führte zu Widersprüchen und zu ungelösten Fragen. Wie die Physik unserer Zeit die Meinungen der großen Kontrahenten der Antike wieder aufgegriffen und zu einer neuen Synthese geführt hat, wird der Inhalt der folgenden Kapitel zeigen.

**Demokrit spekuliert über Atome**

Die Geschichte des Atomismus begann in Griechenland. Im 6. vorchristlichen Jahrhundert löste sich dort das Denken einer kleinen Gruppe von Männern von den unmittelbaren Bedürfnissen des Alltags und wandte sich naturphilosophischen Fragen zu. Woher stammt das Universum? Woraus ist die Materie aufgebaut? Wie groß ist das Weltall?

Warum diese Fragen damals in Griechenland gestellt wurden, ist Gegenstand heftiger Kontroversen. War es der materielle Reichtum des Landes, der die Grundlage der nötigen intellektuellen Freiheit lieferte? Waren es die Sklaven, welche ihre Herren von der Notwendigkeit körperlicher Arbeit entbanden? Viele Ansätze wurden versucht, um die Entstehung der Naturphilosophie, ja der abendländischen Philosophie schlechthin in Griechenland zu erklären. Dabei ist es ein offenes Problem der Geschichtsphilosophie, ob es in jedem Fall möglich ist, die Entstehung des Neuen im einzelnen zu klären, oder ob der unerklärte und unerklärbare Rest nicht das Wesen vieler historischer Ereignisse ausmacht.[1]

Woraus ist die Welt aufgebaut, die uns umgibt? Die griechische Naturphilosophie hat im Laufe einiger Jahrhunderte verschiedenartige Antworten auf diese Frage entwickelt. Einen gemeinsamen Urstoff, sei es nun Wasser oder Luft, sahen die einen hinter den wechselnden Phänomenen unserer irdischen Welt. Andere wiederum versuchten, jede Änderung zu leugnen und als Schein zu erweisen. Eine weitere Gruppe versuchte das irdische Treiben auf die Bewegung ewiger und unvergänglicher Atome im leeren Raum zurückzuführen. »Nur scheinbar hat ein Ding eine Farbe, nur scheinbar ist es süß oder bitter. In Wirklichkeit gibt es nur Atome und den leeren Raum.«[2] formulierte Demokrit das zentrale Dogma der Atomisten. Aristoteles beschreibt diese Ansicht in seiner »Physikvorlesung« näher:

»Demokrit glaubt, daß die Atome dermaßen klein seien, daß sie sich unserer Wahrnehmung entziehen. Sie haben eine große Mannigfaltigkeit von Formen, Gestalten und Größen. Aus den Atomen, läßt er gleich wie aus Urelementen, die für unsere Augen erkennbaren und überhaupt sinnlich wahrnehmbaren Körper entstehen und sich zusammensetzen.

Die Atome befinden sich in unruhiger Bewegung und werden im leeren Raume herumgetrieben. Bei ihrer Bewegung stoßen sie aufeinander und verflechten sich zu engen Verbindungen, wobei aber keinerlei wirkliche Einheit entsteht. Dafür aber, daß sie eine gewisse Zeit über miteinander vereinigt bleiben, sieht Demokrit den Grund in ihrer wechselseitigen Verbindung und in dem Aneinanderhaften der Urkörper. Die einen von ihnen haben Formen von ungleichseitiger Begrenzung, andere sind hakenartige Bogen, wieder andere muldenartig eingebuchtet oder nach außen gewölbt, noch andere zeigen unzählige Varianten unterschiedlicher Gestaltung.«[3]

Eine Welt aus bewegten Atomen erdachten Demokrit und sein Vorgänger Leukipp. Darin mußten *alle* Körper aus Atomen aufgebaut sein und *alle* Veränderungen, die wir in unserer Umwelt beobachten, durch die Bewegung der Atome entstehen. Denn die einzelnen Teilbereiche menschlicher Erkenntnis und menschlichen Wissens waren in der Antike noch nicht in unsere abgegrenzten Schulfächer eingeteilt. Uns erscheint es selbstverständlich, daß Atome in der Physik zur Erklärung herangezogen werden, während sich Psychologie oder Religion anderer Begriffssysteme bedienen. Für die Antike war dies keineswegs selbstverständlich. Wenn die Welt aus Atomen besteht, so mußte alles aus Atomen bestehen und jede mögliche Veränderung, jedes Ereignis auf die Bewegung der Atome zurückgeführt werden können. Auch der menschliche Geist mußte so seine natürliche Erklärung finden, wie der römische Atomist Lukrez (97–55 v.Chr.) zu Julius Caesars Zeiten schrieb:

»Aus welcher Art von Körpern, woher dieser Geist nun besteht, dies will ich Dir im folgenden erklären. Fürs Erste behaupte ich, daß er überaus fein ist und aus überaus winzigen Körpern besteht. Das dies so ist, magst Du aus folgendem erkennen, wenn Du Deine Aufmerksamkeit darauf lenkst.

Es zeigt sich, daß nichts mit solcher Schnelligkeit geschieht wie das, was sich der Geist vornimmt und was er selbst in Gang bringt. Demnach setzt sich der Geist selbst schneller in Bewegung als irgendeine andere Sache. Doch was derart beweglich ist, muß aus überaus runden und überaus winzigen Atomen bestehen, so daß sie schon durch einen geringen Anstoß in Bewegung versetzt werden …

Auch die folgende Tatsache zeigt, aus wie dünnem Gewebe der Geist besteht: Sobald die sorgenfreie Ruhe des Todes den Menschen ergriffen hat und die Natur des Geistes wie der Seele entwichen ist, dann könntest Du nicht bemerken, daß irgend etwas vom ganzen Körper weggenommen wäre, weder hinsichtlich des Aussehens noch hinsichtlich des Gewichtes. Die gesamte Seele muß also aus überaus kleinen Atomen bestehen, verflochten durch die Venen, das Fleisch und die Muskeln.«[4]

In diesen Textstellen zeigt sich bereits die Größe, aber auch das Versagen des griechischen Atomismus. Wie zweitausend Jahre später Descartes, entwarfen auch die antiken Atomisten ein plausibles Bild der Welt, dem die quantitative Auswertung fehlte. Einige ihrer Naturbeobachtungen nahmen jedoch wichtige Argumente der neuzeitlichen Atomistik vorweg. Eine der schönsten Stellen dieser Art findet sich bei Lukrez, der einen Beweis für die ewige Bewegung der Atome sucht:

»Für die Bewegung der Atome schwebt mir ein Bild vor Augen. Betrachte einmal einen Sonnenstrahl, der durch eine kleine Öffnung in ein dunkles Zimmer fällt. Du wirst feststellen, daß viele winzige Teilchen im Strahl der Sonne in mannigfacher Weise durch den leeren Raum tanzen und gleichsam in unablässigem Streit miteinander kämpfen, getrieben durch unaufhörliche Vereinigung und Trennung. Daraus kannst Du schließen, daß die Ursprünge der Dinge immerzu herumgestoßen werden in dem großen leeren Raum, sofern freilich ein Vorgang im kleinen für einen großen ein Beispiel und eine Spur zur Erkenntnis sein kann.

Die Wirbel der Körper im Sonnenstrahle zeugen aber auch von verborgenen und unsichtbaren Bewegungen der Materie. Denn zunächst bewegen sich von selbst die Atome, von ihnen werden die nächst kleineren Körper durch unsichtbare Stöße vorangetrieben, und sie wiederum bringen etwas größere in Bewegung. So steigt die Bewegung von den Ursprüngen auf und gelangt allmählich bis zu unseren Sinnen, so daß dann auch jene Körperchen sich bewegen, die wir im Lichte der Sonne zu erblicken vermögen, ohne daß sichtbar wird, durch welche Stöße sie dies tun.«[5]

Die unsichtbaren Stöße der Atome sollten also den sichtbaren Tanz der Staubteilchen verursachen. Erst im 20. Jahrhundert wurde diese Idee durch Einstein und Smoluchowski wieder aufgegriffen und in eine Theorie der »Brownschen Bewegung« verwandelt. Sie brachte den entscheidenden Durchbruch der Atomtheorie.

Der antike Atomismus und seine mechanistische Erklärung der Welt war ein grandioser Entwurf, dessen mathematische Durchführung und experimentelle Überprüfung aber noch fehlte. Die Antike durchdachte diesen Entwurf in ganz anderer Hinsicht. Sie suchte nicht den Vergleich mit dem Experiment, den erst die Naturwissenschaft der Neuzeit als grundlegende Neuerung beitrug. Sie entwarf vielmehr spekulative Bilder der Materie, die der kritischen Diskussion der verschiedenen philosophischen Schulen standzuhalten hatten. Rein argumentativ war das Vorgehen, mit dem Widersprüche in den Entwürfen für die Welt und die Materie festgestellt wurden. »Wie kann man über Materie denken?« war das Problem der Antike. »Wie kann man das Denken am Experiment überprüfen?« war der Triumph der Moderne.

## Aristoteles bekämpft die Atomisten

Die Suche nach dem verborgenen Mechanismus des Universums war das Programm der Atomisten. In der ewigen Bewegung der Atome im leeren Raum vermeinten sie diesen Mechanismus gefunden zu haben. Tatsächlich konnte die Hypothese vom atomaren Aufbau der Materie viele Beobachtungen qualitativ erklären. Dennoch setzte sich die Ansicht von Leukipp, Demokrit und Lukrez in der Folge nicht durch. Heute, da uns der atomare Aufbau der Materie zur Selbstverständlichkeit geworden ist, mag dies sonderbar erscheinen. Doch gab es gute Gründe, die gegen die Existenz der Atome sprachen.

Kleinste, unveränderliche und unteilbare Bestandteile der Materie sollten die Atome sein. Doch warum sollte die Teilung jemals an ein Ende kommen? Hatte nicht Anaxagoras (um 500–428 v. Chr.) recht, der behauptete: »Von dem Kleinen gibt es kein Allerkleinstes, sondern immer noch ein Kleineres. Denn es ist unmöglich, daß das Seiende durch Teilung bis ins Unendliche aufhört zu seien.«[6] Wie konnte man sich eine Grenze der Teilbarkeit auch nur vorstellen, ganz abgesehen davon, daß noch niemand auf eine derartige Grenze gestoßen war?

Aber nicht nur das Problem der Teilbarkeit bot Anlaß zu Kritik. Im großartigen System des Aristoteles, dessen organische Gesamtsicht der Natur im krassen Gegensatz zur mechanischen Auffassung der Atomisten stand, hatte der leere Raum keinen Platz. In unserer Skizze des Aristotelischen Weltbildes haben wir ja bereits gesehen, wie sich ein Körper im leeren Raume nicht entschließen konnte, sich in irgendeine besondere Richtung zu bewegen und sie dadurch grundlos zu bevorzugen. Darum war im leeren Raum keinerlei Bewegung möglich. Nach Aristoteles' Meinung war die »ewige Bewegung der Atome im leeren Raum« also unmöglich und absurd.

Aber auch die anderen Ansichten der Atomisten, die vielfältige Form der Atome, ihre Einbuchtungen und Rundungen und die vielfältigen Häkchen und Ösen, mit denen sie zusammengehalten werden sollten, wollten nicht recht in das Weltbild der antiken Naturphilosophie passen, die die große Einheit des Naturgeschehens hinter der Vielfalt unserer Sinnenwelt suchte. Hier war diese Vielfalt nur auf eine um so größere Vielfalt zurückgeführt und der große Wurf fehlte. Dieser Makel haftete dem Atomismus lange an und noch im Jahre 1870 stellte Lord Kelvin (1824–1907), einer der führenden Naturwissenschaftler fest:

»Der Begriff des Atoms wurde stets mit unglaublichen Annahmen unendlicher Festigkeit, absoluter Starrheit, mystischer Fernwirkung und Unteilbarkeit verbunden, so daß Chemiker und andere vernünftige moderne Naturwissenschaftler die Geduld verloren und Atome in das Reich der Metaphysik verwiesen und sie als kleiner als ›alles, was wir uns vorstellen können‹ ansahen.«[7]

**Die Suche nach dem Nichts**

Aristoteles hatte ein Vakuum für unmöglich erachtet und damit auch ein Weltall aus Atomen und leerem Raum, das erstarrt, unbeweglich und regungslos für immer verharren müßte. Seine Argumente hatte man im Mittelalter noch ergänzt und gemeint, daß das Vakuum, also das Nichts, keinesfalls existieren könne. »Nichts existiert« wäre doch wohl allzu absurd.

Viele Beispiele schienen auf die Abscheu der Natur vor einem Vakuum, dem berühmten *Horror vacui* hinzuweisen. Bohrt man etwa ein Faß an, so vermag der Wein nur herauszufließen, wenn Luft durch eine zweite Öffnung in das Faß hineinfließen kann.

Im Laufe des 16. Jahrhunderts führte jedoch die Praxis des Bergbaues auf eine merkwürdige Entdeckung. Vor allem in England war es notwendig geworden, der rapiden Abholzung der Wälder Einhalt zu gebieten und Kohle zu Heizzwecken heranzuziehen. Zahlreiche Bergwerke deckten den Bedarf. Sie benötigten große Pumpsysteme, da immer wieder Wasser in die Gruben eindrang. Bei Saugpumpen führte die Praxis auf eine eigentümliche Beschränkung: Sie konnten nur bis zu einer Förderhöhe von elf Metern verwendet werden. Versuchte man eine höhere Wassersäule mit einem Kolben noch oben zu ziehen, so folgte das Wasser der Bewegung des Kolbens nicht und die Wassersäule riß ab. Bereits Galilei beschrieb dieses Phänomen und er verglich es mit dem Verhalten sehr langer, frei hängender Drähte, die unter ihrem Eigengewicht abreißen.

Was befand sich aber zwischen der Wassersäule und dem Kolben? War dort ein leerer Raum, ein Vakuum entstanden? An zahlreichen Orten wurde mit Wasser- und anderen Flüssigkeitssäulen experimentiert um diese Frage zu beantworten. Das Problem des Vakuums war wieder aktuell geworden und das gesamte Aristotelische Weltbild stand auf dem Spiel.

In Italien experimentierte Evangelista Torricelli (1608–1647), ein Schüler Galileis, mit Quecksilbersäulen. Sie waren einfacher zu handhaben als Wasser, da eine Höhe von 76 cm ausreicht, um die Säule abreißen zu lassen. Damit konnte man im Laboratorium hervorragend experimentieren. Durch Auffüllen des Raumes über der Quecksilbersäule mit Wasser wies Torricelli nach, daß dort tatsächlich ein Vakuum entstanden war. Bald fand er auch eine Erklärung dafür, warum der Abscheu der Natur vor dem Vakuum nur begrenzt war: Es war der äußere Luftdruck, der der Quecksilbersäule nur bis zu einer bestimmten Höhe das Gleichgewicht zu halten vermochte. »Wir leben am Boden eines Luftmeeres«, faßte Torricelli die Ergebnisse seiner Überlegungen zusammen. Für den Druck dieses Luftmeeres ergab sich ein geradezu unglaublicher Wert. Jeder Quadratzentimeter der Erdoberfläche, aber auch der Oberfläche aller anderen Körper, wird dadurch mit einer Kraft belastet, die dem Gewicht von einem Kilogramm entspricht.

In Frankreich fand Blaise Pascal (1623–1662) eine neue Möglichkeit, diese unerwarteten Resultate zu überprüfen. Wenn wir den Boden des Luftmeeres verlassen und auf einen Berg steigen, so müßte sich ein entsprechend geringerer Luftdruck einstellen. Zusammen mit vielen geistlichen und weltlichen Zeugen bestiegen Freunde Pascals im September 1648 den Puy de Dôme, einen Berg in der Nähe von Clermont, um diesen entscheidenden Test der neuen Vermutungen auszuführen. »Benommen von Staunen und Freude«, stellten sie fest, »daß das

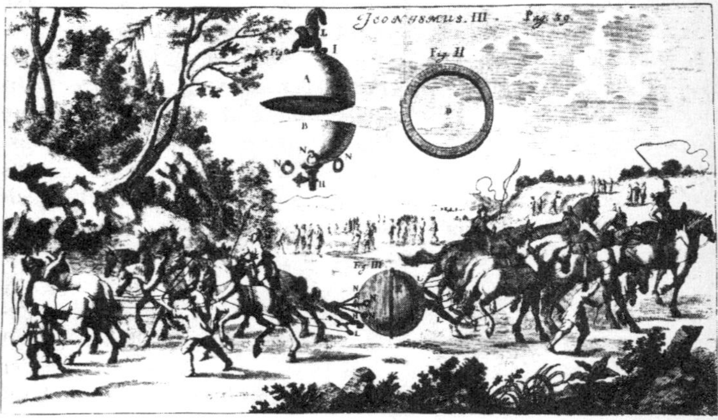

**Abb. 3.2:** Ein Bürgermeister sucht das Nichts. Otto von Guerickes Magdeburger Experimente waren der spektakulärste Nachweis der Existenz des Vakuums. Auch acht Pferde vermochten die beiden Hälften einer luftleer gepumpten Kugel, die vom äußeren Luftdruck zusammengepreßt wurden, nicht auseinanderzuziehen.

Quecksilber jetzt nur noch bis zu einer Höhe von 610 mm in der Röhre verblieb, wohingegen wir doch im heimatlichen Garten in derselben Röhre die Höhe mit 700 mm abgelesen hatten.«[8]

Die spektakulärsten Experimente wurden jedoch in Deutschland vom Magdeburger Bürgermeister Otto von Guericke ausgeführt. Seiner Vermutung nach sollte der riesige kosmische Raum zwischen den Sternen nicht mit Materie erfüllt, sondern völlig leer sein. Um diese Vermutung zu überprüfen, ließ er eine Luftpumpe bauen und eine große kupferne Hohlkugel auspumpen. Sein Experiment lieferte einen überzeugenden Beweis von der zunächst unglaublichen Größe des äußeren Luftdrucks, denn »nach mehreren Kolbenzügen wurde das Pumpen so schwierig, daß kaum zwei vierschrötige Männer imstande waren, den Kolben der Pumpe herauszuziehen. Während sie noch mit dem Ein- und Ausziehen desselben beschäftigt waren und glaubten, es sei nahezu alle Luft herausgeschafft, wurde die Metallkugel plötzlich mit lautem Knall und zu aller Schrecken so zerdrückt, wie man ein Tuch mit den Fingern zusammenknüllt.« Die Versuche wurden mit stärkeren Gefäßen wiederholt, die vor und nach dem Auspumpen abgewogen wurden. Erstmals zeigte sich, daß auch Luft ein Gewicht hat! Rund 1,30 kg wiegt 1 Kubikmeter Luft unter üblichen Verhältnissen.

Mit der Entdeckung des Vakuums war wieder ein wichtiges Element der Aristotelischen Philosophie zerstört. Doch nicht jeder Aristoteliker ließ sich überzeugen, daß der Zauber des Meisters endgültig gebrochen war. War der Raum in Guerickes Hohlkugeln, über Quecksilbersäulen oder in den Pumpen der Bergwerke tatsächlich völlig leer? Oder blieb nicht doch vielleicht eine sehr feine dünne Materie darin zurück? Verzweiflung scheint sich hier an Strohhalme zu klammern, der Siegeszug der neuen Physik war unabwendbar. Doch schon mit der Ideenwelt Faradays und Maxwells begann sich das Vakuum wieder zu füllen und die Physik des 20. Jahrhunderts liefert ein völlig anderes Bild vom leeren Raume, wie die weitere Geschichte noch lehren wird.

## Die Atome werden katholisch

In der christlichen Scholastik wurde die antike Naturphilosophie in jahrhundertelangen Studien neu erarbeitet und interpretiert. In den Trümmern der großartigen Kultur der Antike suchte man die Weisheiten, die eine vom Alltag geplagte Neuzeit noch nicht zu finden vermochte. Unter dem Einfluß des heiligen Augustinus war die Kirche zunächst stark von den Ideen Platos geprägt, dessen »Demiurg« der Materie ihre Gesetze bei der Schöpfung aufgeprägt hatte. Damit hatte Plato christliche Ideen vorweggenommen. Unter dem Einfluß des heiligen Thomas von Aquin wandelten sich im 13. Jahrhundert die Ansichten über die antike Philosophie allmählich, und der zunächst verachtete Aristoteles wurde zum »Vorläufer Christi im weltlichen Bereich« erklärt. Damit wurde Aristoteles zu *dem Philosophen* schlechthin, dessen Widerlegung die Kirche nicht erlauben konnte.

Der Sieg des Aristoteles bedeutete die Niederlage der Atome. Die Ansicht vom atomaren Aufbau der Materie widersprach nicht nur den Lehren des Philosophen, sie galt auch als heidnisch und gottlos. »Die Vertreter der Atomlehre behaupten, daß sich die Atome im leeren Raum so bewegen, wie es der Zufall gerade will, und von selber infolge eines jeder Ordnung baren Antriebes miteinander zusammenstoßen«, war eine typische Meinung. Widersprach diese plan- und ziellose Bewegung der Atome nicht dem göttlichen Walten in unserer Welt? Lehrten die Atomisten nicht ein mechanisches, gottloses Universum? Dies waren gewichtige theoretische Argumente gegen die Atomlehre. Um jedoch ganz sicher zu gehen, bestrafte man die häretischen Anhänger der zügellosen Atome noch bis ins 17. Jahrhundert hinein mit dem Tode. Welch praktischeren Einwand gegen eine naturphilosophische Lehre konnte es geben? Hatte doch auch die epikureische Philosophie, die unchristlichste Anhängerin der Sinnlichkeit, die Lehre von den Atomen unterstützt.

Erst im Laufe des 17. Jahrhunderts wurde die Diskussion neu aufgenommen. Zunächst galt es, die Atome zu christianisieren. Pierre Gassendi (1592–1655) benützte dazu die folgenden Argumente:

»Im folgenden müssen wir die Ansicht aufgeben, Atome würden von Ewigkeit her ziellos umherirren und es immer noch tun. Wir können zwar zugeben, daß Atome in Bewegung sind: sie werden bewegt durch eine treibende und handelnde Kraft, die ihnen Gott bei der Schöpfung mitgegeben hat und durch die er mitwirkt, indem er bei allen Dingen so handelt, daß sie erhalten bleiben. Mit einem Schlag korrigiert das eine Fehlauffassung. Auch andere Ansichten müssen berichtigt werden, die der Materie Bewegung und Handlung zuschreiben, wie dies bei den Platonikern geschieht, nach denen sich die Materie seit Ewigkeit ohne Zusammensetzung bewegt. Die Bewegung der Materie ist vom Schöpfer festgelegt worden.«[9]

Damit waren die Atome in den göttlichen Plan mitaufgenommen. Nunmehr durfte man sogar diskutieren, aus wie vielen Atomen ein

Weihrauchkorn besteht, wie dies bei Johann Chrysostomus Magnien (gest. 1661) um 1650 abgehandelt wird:

»Mehr als einmal habe ich beobachtet, wie sich der Rauch eines verbrannten Weihrauchkornes so verbreitet, daß er einen Raum erfüllt, der mehr als 700 Millionen mal größer ist als das Korn selbst. Da es nun in diesem mit Weihrauch erfüllten Raum keine feststellbare Luftmenge gab, welche keine Düfte enthielt und das Weihrauchkorn etwa die Größe einer Erbse hatte, welche ohne Feuer in mindestens tausend noch vom Auge feststellbarer Teilchen geteilt werden kann, so folgt daraus daß die Anzahl noch feststellbarer duftender Teilchen in diesem Raum 700000000000 betrug. Aber auch jene einzelnen Teilchen waren ein Konglomerat von verschiedenen Partikeln, und mit großer Wahrscheinlichkeit enthielt jedes von ihnen mindestens eine Million Atome. Aus dieser Berechnung ergibt sich also, daß in diesem Weihrauchkorn, obgleich es selbst nicht größer als eine Erbse war, mindestens 700000000000000000 Elementaratome enthalten waren. Daraus kann man ersehen, wie winzig ein Atom ist, und kann erahnen, wie groß die Anzahl der Atome im ganzen Universum sein muß.«[10]

Damit war erstmals eine Abschätzung der Größe der Atome gegeben. Sie konnte erst rund zweihundertfünfzig Jahre später, zu Beginn des 20. Jahrhunderts, durch bessere Schätzungen abgelöst werden. Nur rund um einen Faktor zehn hatte Magnien bei seiner Bestimmung der Atome aus dem Weihrauch ihre Größe überschätzt.

## Die Chemie entdeckt das Atom

Feuer, Luft, Wasser und Erde waren die vier Elemente, aus denen Aristoteles die irdische Welt gebaut hatte. Verschiedene Mischungen dieser Baumaterialien sollten die Fülle der Stoffe und den Reichtum der Chemikalien ergeben, die unsere Welt ausmachen. Erstaunlich lange blieb diese Meinung des Aristoteles lebendig und heute noch zeugt die Einteilung alles Irdischen in Gase, Flüssigkeiten und Festkörper von der Nachwirkung des aristotelischen Zaubers. Entsprechen diese Aggregatzustände nicht gerade der Luft, dem Wasser und der Erde der Antike? Aber auch das Feuer darf der Moderne nicht fehlen. In Form des »Plasmas«, des vierten Aggregatzustandes der Materie, der vor allem im Inneren von Sternen auftritt, wurde es Teil unseres heutigen physikalischen Weltbildes.

Mannigfache Abenteuer führten im Laufe des 18. Jahrhunderts von der alten Theorie der vier Stoffe zur modernen chemischen Elementlehre. Zu Beginn des Jahrhunderts schuf Georg Stahl (1660–1734) die Phlogistontheorie. Er vermutete, daß beim Verbrennen eines Körpers ein Stoff entweicht und in der Flamme aufsteigt, den er »Phlogiston« nannte. Das feurige Element des Aristoteles hatte damit seine konkrete Form gefunden. Auch als Wägungen einige Zeit später zeigten, daß Körper beim Verbrennen schwerer werden – was gegen das Entweichen eines Stoffes spricht – konnte dies die inzwischen zahlreichen Anhänger des Phlogistons nicht erschüttern. Sie argumentierten einfach, daß das entweichende Phlogiston eine negative Masse aufweist. Deshalb steigt es in der Flamme auf und der Körper wird leichter. So erscheint manches, was uns heute als eindeutige Widerlegung einer Theorie gilt, dem Zeitgenossen als Bestätigung seiner Ansichten.

Wesentliche Einwände gegen die alte Elementenlehre wurden in der zweiten Hälfte des 18. Jahrhunderts laut. Zahlreiche Experimente zeigten damals, daß es nicht nur eine Art von Luft gibt, sondern verschiedene »Lüfte«, die sich deutlich unterscheiden. Wir würden sie heute als Wasserstoff, Sauerstoff, Kohlendioxyd und Chlorgas bezeichnen. Mit dieser Entdeckung begann die Reform des alten Systems der Chemie.

Der Durchbruch gelang Antoine Lavoisier (1743–1794), der im Jahre 1789 eine neue Theorie der chemischen Elemente veröffentlichte, den »Traité Elementaire de Chemie«. Darin unterschied der französische Chemiker bereits dreiundzwanzig verschiedene Elemente. Auf diese Revolution der Chemie folgte allerdings bald die Französische Revolution. Sie brauchte keine Chemiker und ließ Lavoisier 1794 hinrichten.

Der Durchbruch zur neuen Chemie war jedoch gelungen. Nicht bloß vier Elemente, sondern weit mehr Grundstoffe, sollten durch ihre Mischung die Vielfalt unserer Welt ausmachen. Dieser Komplikation des Aufbaues der Welt stand aber auch eine Vereinfachung gegenüber. Die neuen Grundstoffe, die einigen der heutigen chemischen Elemente entsprechen, mischten sich nicht in beliebigen Verhältnissen, sondern verbanden sich stets in gleichen Mengenverhältnissen miteinander. Bei der Bildung von Wasser in der Knallgasexplosion reagiert beispielsweise stets ein Gramm Wasserstoff mit acht Gramm Sauerstoff. Bei der Verbrennung von Kohle benötigt man dagegen für drei Gewichtsteile Kohlenstoff stets genau acht Gewichtsteile Sauerstoff. Dies war bemerkenswert. Noch bemerkenswerter wurde das konstante Mengenverhältnis bei chemischen Reaktionen, wenn man es nicht in Massen, sondern in Volumina ausdrückte. Amadeo Avogadro (1776–1856) konnte zeigen, daß bei Gasen die Reaktionspartner stets in besonders einfachen

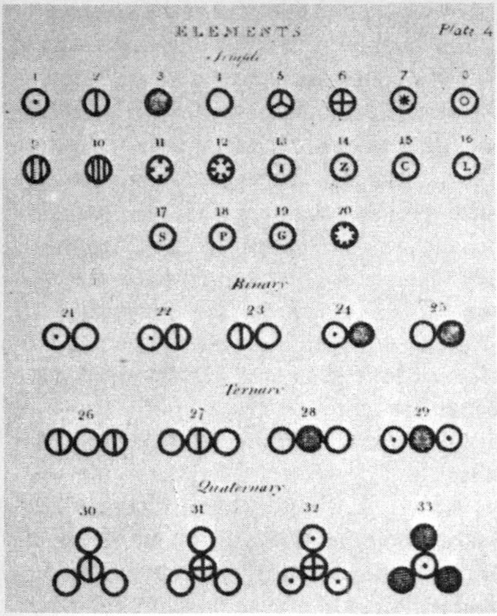


**Abb. 3.3:** In seinem »New System of Chemical Philosophy« gab John Dalton eine anschauliche Darstellung von Atomen und Molekülen. Die Reihe der Atome beginnt mit Wasserstoff, Stickstoff, Kohlenstoff, Sauerstoff, Phosphor und Schwefel. Die vierte Reihe beginnt mit Wasser, das aus einem Atom Wasserstoff und einem Atom Sauerstoff bestehen sollte.

Volumenverhältnissen stehen. Bei der Bildung von Wasser reagiert beispielsweise stets ein Volumen Sauerstoff mit dem doppelten Volumen Wasserstoff. Er vermutete, daß ein gegebenes Volumen eines Gases (bei konstanter Temperatur und konstantem Druck) stets die gleiche Anzahl von Atomen aufweist.

Eine weitere wesentliche Entdeckung machte der englische Chemiker John Dalton (1766–1844) im Jahre 1804. Treten nämlich verschiedene Verbindungen der gleichen chemischen Elemente auf, wie dies etwa bei Kohlenmonoxyd und Kohlendioxyd der Fall ist, so verbinden sich im ersten Fall zwölf Gramm Kohlenstoff mit sechzehn Gramm Sauerstoff, im zweiten Fall dagegen zwölf Gramm Kohlenstoff mit zweiunddreißig Gramm Sauerstoff. Kurz darauf zog Dalton die Konsequenzen dieser Entdeckung. In seinem Buch »New System of Chemical Philosophy« zeigte er, daß die Atomlehre eine einfache Erklärung dieser Regelmäßigkeiten liefert. Beispielsweise kann sich ein Atom Kohlenstoff mit einem Atom Sauerstoff verbinden, um Kohlenmonoxyd, $CO$, zu ergeben. Es kann sich aber auch die doppelte Menge Sauerstoff mit dem Kohlenstoff verbinden und Kohlendioxyd, $CO_2$, liefern. Dies stimmte auch mit den Beobachtungen überein. Die Atomhypothese hatte eine erste, quantitative Bestätigung gefunden!

Damit schienen zu Beginn des 19. Jahrhunderts alle Voraussetzungen für einen erfolgreichen Durchbruch und die Anerkennung des Atomismus gegeben. Doch ließ der Siegeszug der atomaren Weltauffassung noch mehr als hundert Jahre auf sich warten und erst das 20. Jahrhundert können wir wirklich als ein Atomzeitalter bezeichnen. Ein Zusammenwirken verschiedener Zeitströmungen, Argumente und Experimente verursachte diese Verzögerung.

## Der hundertjährige Krieg beginnt

Eine Welt aus Atomen war die Vision Demokrits gewesen. Seine Atome hatten Häkchen und Ösen, Ausbuchtungen und Dellen. Daltons Atome waren disziplinierter und jedem chemischen Element entsprach nunmehr genau eine Atomsorte. Die Natur der Kräfte, mit der sich die Atome zu Molekülen, Flüssigkeiten und Festkörpern verbinden, war aber noch ungeklärt. Ein Aspekt dieser Kraft schien in der Zeit der romantischen Naturphilosophie jedoch klar und einleuchtend: Nur Gegensätze ziehen sich an, also nur verschiedenartige Atome. Zwei gleichartige Atome, wie etwa zwei Sauerstoffatome, konnten sich nach Meinung der Zeit nicht zu einem Sauerstoffmolekül verbinden. Dafür gab es auch Beweise. Isaac Newton hatte nämlich gezeigt, daß der Druck eines Gases durch abstoßende Kräfte erklärt werden kann, die zwischen den Gasatomen wirken. Zwar gab es auch andere Deutungen des Gasdrukkes, doch schien Newtons Erklärung autoritativ und einleuchtend. Die abstoßenden Kräfte verhinderten aber offensichtlich jede Bindung gleicher Atome zu Molekülen.

Auch die von Johann Wilhelm Ritter (1776–1810) in Jena neu begründete Elektrochemie lieferte einen Hinweis auf die Unmöglichkeit, gleiche Atome zu Molekülen zu binden. Ritter hatte gezeigt, daß zwei chemische Elemente um so heftiger miteinander reagieren, je größer der Unterschied ihrer elektrischen Eigenschaften ist. Deshalb sollten gleichartige Atome überhaupt nicht in der Lage sein, miteinander zu reagieren und so eine Verbindung einzugehen.

Ein doppeltes Hindernis war damit der Atomhypothese in den Weg gelegt. Denn manche Experimente konnten nur durch die Annahme von Molekülen erklärt werden, die aus zwei gleichartigen Atomen bestehen. Die Argumente widersprachen einander und der schwedische Chemiker Berzelius schrieb verärgert:

»Es folgt demnach, daß Wasser aus einem Atom Wasserstoff und einem halben Atom Sauerstoff besteht. Einstmals war es üblich, daß man eine Hypothese als widerlegt ansah, wenn sie zur Absurdität führte. In manchen Fällen freilich wird so etwas als unangenehm empfunden.«[11]

Vierzig Jahre tobte dieser Streit der Chemiker und Atomisten und erst im Jahre 1860 setzten sich die Vertreter der Atomlehre bei einem großen Kongreß der Chemiker in Karlsruhe endgültig durch. Die Zahl der Tatsachen, die durch die Annahme des atomaren Aufbaues der Materie erklärt werden konnte, war so groß, daß die Atome zum unentbehrlichen Bestandteil der chemischen Lehre wurden.

Der Durchbruch war allerdings nur in der Chemie erfolgt. In der zweiten Hälfte des 19. Jahrhunderts hatte das Spezialistentum auf dem Gebiete der Naturwissenschaft längst eingesetzt, und ein Konzept, das auf einem Gebiete anerkannt war, mußte deswegen noch lange nicht für ein anderes Gebiet grundlegend sein. Die Chemie hatte Atome, die Physik hatte keine. Die Gründe waren mannigfaltig. In der Elektrodynamik hatte man unter der Leitung des großen Maxwell allmählich gelernt, sich von den mechanischen Modellen des Äthers zu lösen, und man betrachtete Felder nicht länger als rotierendes Schlauchgewirr, das den Raum erfüllte. Der primitive Mechanismus der Materie hatte sich in der Elektrizitätslehre aufgelöst und schien nun über die Chemie und das Atom in die Physik zurückzukehren. Eine anachronistische Deutung der Welt war das mindeste, was man den Atomisten vorwarf.

Ein anderer Einwand war noch schwerwiegender. In der zweiten Hälfte des 19. Jahrhunderts überwand man allmählich Schelling, Hegel und die romantische Naturphilosophie samt ihrer »Zeitschrift für spekulative Physik« und wollte eine positive Naturwissenschaft begründen, die vom Experiment ausgehend auf unbezweifelbaren Tatsachen aufbaute. In diese heile Welt des Experimentalphysikers platzten nun die Atome als mythologische Gestalten, der griechischen Heldensage des Demokrit entnommen, von niemandem gesehen und in keinem Experiment direkt nachweisbar. Diese neue Metaphysik galt es aus der Physik zu vertreiben, und ein Kampf begann, dessen Arena vor allem die Wiener Universität war. Seiner Vorgeschichte müssen wir uns zunächst widmen. Sie führt uns in die Wärmelehre.

# 4
# Alles schon einmal dagewesen?

**Abb. 4.1:** Die große Corliss-Maschine war das Prunkstück der amerikanischen Jahrhundertfeier im Jahre 1876. Die damals größte Dampfmaschine der Welt leistete 1600 PS (1200 kW); sie wurde von Präsident Grant und dem brasilianischen Kaiser zur Eröffnung der Feierlichkeiten in Betrieb genommen. Die Maschine sollte die scheinbar unbegrenzten Möglichkeiten der Technik im Zeitalter der Dampfmaschinen symbolisieren.

Die Chemie hatte zu Beginn des 19. Jahrhunderts zum Atom gefunden. Die Physik mußte ihren Weg erst noch suchen. Er führte über die Wärmelehre, die neben der Elektrizität eines der wichtigsten Anliegen damaliger Forschung war.

Was ist Wärme? Viele Antworten wurden im Laufe der Geschichte auf diese Frage versucht. Bemerkenswert ist schon die Fragestellung. Üblicherweise kann die Naturwissenschaft Fragen der Form »Was ist ...?« nicht beantworten. »Was ist die Schwerkraft? Was ist eigentlich Elektrizität?« Vor diesen Fragen muß auch heute jeder Naturwissenschaftler kapitulieren. Er kann sie nur durch einen Hinweis auf die Gesetze beantworten, die für diese Kräfte gelten. Warum es die Kräfte gibt und warum sie gerade den Gesetzen gehorchen, die eine lange Geschichte mühsam aufdeckte, dazu weiß die Physik nur wenig zu sagen.

Was ist Licht? Hier liegt bereits eine Antwort vor. Maxwells große Entdeckung war die Vereinigung von Optik, Elektrizität und Magnetismus, indem er zeigen konnte, daß es sich beim Licht um elektromagnetische Wellen handelt. Dadurch wurde die Optik zum Teil des Elektromagnetismus und das sichtbare Licht zu einem winzigen Ausschnitt des riesigen Reiches elektromagnetischer Wellen. Ein Phänomen wird zu einem Teilaspekt eines größeren Phänomens – so kann die ontologische Fragestellung »Was ist« auch in der Physik beantwortet werden.

Was ist Wärme? Im 18. Jahrhundert wäre die Antwort eindeutig gewesen: »Wärme ist ein gewichtsloser Stoff mit dem Markennamen ›Caloricum‹, der beim Erwärmen auch in die feinsten Poren eines Körpers eindringt.« Viele Beobachtungen sprachen für diese Antwort. Beispielsweise sollte das eindringende Caloricum zu einer Ausdehnung des Körpers führen. Diese Ausdehnung wird beim Erwärmen auch tatsächlich beobachtet und dient im Quecksilberthermometer sogar als Temperaturmaß. Aber auch andere Effekte lassen sich mit der Caloricumtheorie erklären: Drückt man ein Gas – etwa mit einer Fahrradpumpe – zusammen, so quillt das Caloricum gleichsam aus allen Poren der Pumpe heraus, wie die Erfahrung lehrt. Gar überzeugende Argumente sprachen für die Stofftheorie der Wärme!

Nicht alle Forscher teilten diese Meinung. Bei der Arbeit an einem der wichtigsten Gebrauchsgüter der Zeit, beim Ausbohren von Kanonen, stellte Graf Rumford um 1800 fest, daß durch Reibung wohl beliebig viel Wärme aus dem Stoff ausgetrieben werden kann. Sollte der Vorrat an Caloricum im Metall wirklich so groß sein, daß er sich auch durch langes Ausbohren nicht erschöpfen läßt? Zweifel kamen auf, und andere Erklärungen wurden gesucht.

Francis Bacon, Lord of Verulam (1561–1626) hatte bereits um 1600 Anhaltspunkte dafür gesammelt, daß Wärme eine Form der Bewegung ist. Eine unaufhörliche Bewegung der kleinsten Teilchen, der Atome, hatten ja bereits die antiken Atomisten vermutet. Doch erst im Laufe des 19. Jahrhunderts konnten die antiken Spekulationen und die unsystematischen Beobachtungen Lord Bacons – er hatte unter anderem auch die Wärmeentwicklung von Misthaufen in seine Betrachtungen einbezogen – zu einer quantitativen Theorie ausgebaut werden, die sich in immer neuen Experimenten bewährte. Es war ein dramatisches Ringen, bei dem sowohl die technisch wichtige Wärmelehre, als auch die theoretisch bedeutende Atomistik auf dem Spiel stand.

Zahlreiche Physiker traten in diesem Drama auf, dessen Ausstrahlungen unter anderem Friedrich Nietzsche (1844–1900) zu einem kurzen Zwischenspiel in der Physik verführten. Schienen doch die Ergebnisse der Atomisten darauf hinzuweisen, daß sich der Lauf der Welt in ewigen Kreisen wiederholt. »Alles schon einmal dagewesen« schien nach den Ergebnissen des französischen Physikers Henri Poincaré (1854–1912) zum physikalischen Theorem zu werden. Auch ein Russe, der sich in seinem Londoner Exil langweilte, beschäftigte sich mit den neuen Ergebnissen der Physik. Ein Buch über »Empiriokritizismus und Materialismus« war das Ergebnis dieser Studien. Es bildet nunmehr den 14. Band der gesammelten Werke von Wladimir Illjitsch Lenin (1870–1924).

Physik, Metaphysik, Philosophie, Politik und Theologie waren die Akteure des folgenden Dramas. Am Ende wurde die Wärme zur Bewegungsform erklärt und Materie aus Atomen aufgebaut. Den Argumenten für beides werden wir nunmehr nachgehen.

## Rasselnde Ungetüme

Den ersten Dampfmaschinen, die um 1700 die Kohlengruben Englands zu entwässern begannen, sah man ihren Ursprung noch allzu deutlich an. Es waren antiaristotelische Maschinen, die sich rhythmisch mit der Existenz des Vakuums auseinandersetzten. Wasser verdampfte in einem Kessel, trieb die darin enthaltene Luft aus und ersetzte sie durch Wasserdampf. Kaltes Wasser kühlte den Kessel ab, der Dampf schlug sich nieder und ein Vakuum entstand. Der äußere Luftdruck preßte nun den Kesseldeckel herab, der als beweglicher Kolben ausgebildet war. Ein umfangreiches Gestänge pumpte eingedrungenes Wasser aus der Kohlengrube. Bis zu zehnmal pro Minute wiederholte sich diese keuchende und stinkende Widerlegung des Aristoteles und verbrauchte dabei fast ebensoviel Kohle, wie aus der Grube gefördert wurde, die sie auspumpte. Heute würde man dies wohl als Sicherung der Vollbeschäftigung bezeichnen.

Mannigfaltige Verbesserungen wurden in den folgenden Jahrzehnten an der Dampfmaschine vorgenommen. Nicht mehr der äußere Luftdruck trieb den Kolben vorwärts, sondern der Druck des hocherhitzten Wasserdampfes selbst erzeugte die bewegende Kraft, die bald von beiden Seiten abwechselnd den Kolben antrieb. James Watt (1736–1819) erzeugte 1770 die ersten Dampfmaschinen moderner Bauart und vermochte dadurch den Kohlenverbrauch bei gleicher Leistung auf ein Dreißigstel des früheren Wertes herabzusetzen. Die Dampfmaschine wurde zum universell einsetzbaren Antriebsmotor, dessen Bedeutung Sadi Carnot (1796–1832) in den »Betrachtungen über die bewegende Kraft des Feuers« im Jahre 1824 beschrieb:

»Das Studium der Wärmekraftmaschinen ist von höchstem Interesse, denn ihre Wichtigkeit ist ungeheuer, und ihre Anwendung steigert sich von Tag zu Tag. Sie scheinen bestimmt zu sein, eine große Umwälzung in der Kulturwelt zu bewirken. Schon beutet die Wärmemaschine unsere Minen aus, bewegt unsere Schiffe, vertieft unsere Häfen und Flüsse, schmiedet das Eisen, gestaltet das Holz, mahlt das Getreide, spinnt und webt unsere Stoffe, schleppt die schwersten Lasten usw.«[1]

Nun kam Carnot zu den entscheidenden Fragen, die ihn und seine Zeitgenossen bewegten:

»Trotz der mannigfaltigen Arbeiten über die Wärmemaschinen, trotz des befriedigenden Zustandes, zu dem sie gegenwärtig gelangt sind, ist ihre Theorie doch sehr wenig fortgeschritten, und die Versuche zu ihrer Verbesserung sind fast nur vom Zufall geleitet.

Man hat oft die Frage erwogen, ob die bewegende Kraft der Wärme beschränkt ist oder unendlich; ob die möglichen Verbesserungen eine angebbare Grenze haben, welche durch irgendwelche Mittel zu überschreiten durch die Natur der Sache unmöglich gemacht ist, oder ob im Gegenteil die Verbesserungen einer unbegrenzten Ausdehnung fähig sind.... Wir beabsichtigen, diese Frage hier einer eingehenden Betrachtung zu unterziehen.«[2]

Damit wurde die bisher rein theoretisch bedeutende Frage nach dem Wesen der Wärme zu einem zentralen Thema der Forschung, von dem wichtige Aspekte des technischen und wirtschaftlichen Fortschrittes abhingen. Carnot konnte die offenen Probleme zumindest zum Teil lösen und zeigen, daß die Wirtschaftlichkeit einer Wärmekraftmaschine um so größer ist, desto größer die Temperaturunterschiede sind, die darin auftreten. Es kam also darauf an, Dampf höchstmöglicher Temperatur einzusetzen und so kühl wie möglich an die Umwelt abzugeben. Carnots Ergebnisse zeigen aber auch, daß jede Wärmekraftmaschine notwendigerweise einen bedeutenden Teil der investierten Energie nicht nutzen kann, sondern in Form von Abwärme an die Umgebung abgibt.

Die fragmentarischen Antworten, die Carnot gefunden hatte, lösten einige der offenen Probleme und waren zugleich Anregung zu weiterer Forschung, die sich noch durch das ganze 19. Jahrhundert hindurchzogen. Die Wärmelehre war damit zu einem zentralen Anliegen des physikalischen Denkens geworden.

## Die romantische Energieerhaltung

Mit der Entwicklung der ersten Wärmekraftmaschinen und der darauf aufbauenden industriellen Revolution wurde auch das Problem aktuell, einen quantitativen Ausdruck für die Arbeitsleistung verschiedener Maschinen zu gewinnen und so Vergleiche zu ermöglichen. Nur langsam fand die Naturwissenschaft zu den geeigneten Begriffsbildungen und Theorien und erst 1851 erschien erstmals die Bezeichnung »Energie« im Druck, die heute unser Leben so sehr beherrscht. Bis dahin hatte man von verschiedenen Arten »Kräften« gesprochen, die den einzelnen Körpern innewohnen.

Bei manchen physikalischen Vorgängen schien die »Kraft« konstant zu bleiben. Diesen »konservativen Systemen« standen andere gegenüber, in denen die Reibung zu einer allmählichen Verringerung der

Kraft führte. Bereits Leibniz hatte argumentiert, daß Gott sicher das Gesamtmaß an Kraft konstant erhalte, das er der Natur mitgegeben habe. Dieses metaphysische Argument führte ihn zur Annahme, daß sich unsichtbare Bewegungen innerhalb eines Körpers verstärken, wenn der Körper, wie beispielsweise ein rollender Ball, durch Reibung allmählich zum Stillstand kommt. So sollte die Kraft nur umgewandelt, aber nicht vernichtet werden.

Zu Beginn des 19. Jahrhunderts machte die romantische Naturphilosophie die Kraft des Weltgeistes zur Grundlage des gesamten Naturgeschehens. Hier galten alle Kräfte, die die Physik kennt, nur als Erscheinungsformen einer einzigen zugrunde liegenden Kraft, wie dies aus den Worten Michael Faradays klar hervorgeht:

»Vergleiche die korpuskularen Kräfte in ihrem Betrag, d. h. die Kräfte der Elektrizität, der Gravitation, der chemischen Verwandtschaft, der Kohäsion usw. und gib womöglich Ausdrücke für ihre Äquivalente in der einen oder anderen Weise.«[3]

In der Sprache der heutigen Physik ausgedrückt, postuliert Faraday hier die wechselseitige Umwandlung der einzelnen Energiearten, genau wie der deutsche Arzt Robert Mayer (1814–1878), der 1842 schrieb:

»Fallkraft, Bewegung, Wärme, Licht, Elektrizität und die chemische Differenz der Ponderabilien sind ein- und dasselbe Objekt in verschiedenen Erscheinungsformen.«[4]

Robert Mayer war der erste, der es nicht bei Spekulationen bewenden ließ. Wenn die »Fallkraft« – wir würden heute potentielle Energie im Schwerefeld sagen – und die Wärme »ein- und dasselbe Objekt in verschiedenen Erscheinungsformen« sind, dann müssen sich diese Erscheinungsformen ineinander umwandeln lassen und ein Umrechnungsfaktor zwischen Wärme und potentieller Energie sollte existieren. Diesen Faktor, das mechanische Wärmeäquivalent, bestimmte Mayer in einer Reihe von Versuchen und fand:

»Es ergibt sich hieraus, daß dem Herabsinken eines Gewichtsteiles von einer Höhe von ca. 365 m die Erwärmung eines gleichen Gewichtsteiles Wasser von 0° auf 1° entspreche.«[5] Wärme war also keine Substanz, kein materielles Caloricum, sondern vermutlich eine Form der Energie, die man in andere Energiearten umwandeln konnte.

Der Arzt Robert Mayer war in der Physik ein Außenseiter. Seine »Bemerkungen über die Kräfte der unbelebten Natur« wurden zwar in den »Annalen der Chemie und Pharmazie« veröffentlicht, blieben jedoch wegen ihrer eigenwilligen Ausdrucksweise zunächst weitgehend unbeachtet. Hatten doch die Exzesse und Auswüchse der deutschen Natur-

**Abb. 4.2:** Der Umrechnungsfaktor von mechanischer Energie in Wärme wurde erstmals von Robert Julius Mayer gemessen. Sein Apparat befindet sich heute im Deutschen Museum in München. Herabsinkende Gewichte erwärmen darin durch Reibung eine bestimmte Wassermenge.

philosophie bereits zu einer weitgehenden Trennung und Entfremdung zwischen Physik und Philosophie geführt. Als später der Mangel an Anerkennung durch die offizielle Physik der Mitteilung wich, daß Mayer nur längst bekannte Selbstverständlichkeiten entdeckt hatte, verfiel der Entdecker des Energiesatzes in Depressionen. Doch noch zu seinen Lebzeiten wurde seine große Leistung anerkannt und John Tyndall (1820–1893) stellte 1862 in der Royal Institution in London fest: »No greater genius than Robert Mayer has appeared in our century.«

Die Zeit war reif für den Energiesatz. In England experimentierten der Bierbrauer James Prescott Joule (1818–1889), der nicht annehmen wollte, daß die beim Aufheben eines Fasses verrichtete Arbeit vollständig vernichtet wird, wenn es wieder zu Boden fällt, »weil es offensichtlich absurd ist anzunehmen, daß die Fähigkeiten, mit denen Gott die

Materie ausgestattet hat, vernichtet werden könnten, ebensowenig wie man annehmen kann, daß sie durch menschliche Tätigkeit erschaffen werden könnten«.[6] Auch Joule kam zum Ergebnis, daß die Wärme eine Energieform ist und bestimmte, kurz nach Robert Mayer, das Wärmeäquivalent mit noch größerer Präzision. Die Messung der »Joule'schen Wärme«, die von stromdurchflossenen Drähten abgegeben wird, lieferte einen Umrechnungsfaktor zwischen Elektrizität und den anderen Energiearten.

Um die Jahrhundertmitte war der Durchbruch erzielt. Ein Artikel des großen deutschen Physikers Hermann von Helmholtz »Über die Erhaltung der Kraft« rundete das Bild ab und vermittelte den nötigen allgemeinen Überblick. Der Energiesatz war als allgemein gültiges Grundprinzip der Physik anerkannt. Alle Versuche, ein *Perpetuum Mobile* zu bauen, also eine Maschine, die Energie kontinuierlich aus dem Nichts schafft, waren zum Scheitern verurteilt. Dies hatte allerdings die französische Academie des Science bereits im Jahre 1775 vermutet, als sie sich weigerte, neue Konstruktionen unermüdlicher Erfinder auch nur zu beurteilen.

### Wärmetod – die kosmische Energiekrise

Um die Jahrhundertmitte war die Caloricumtheorie der Wärme vergessen. Wärme war kein Stoff, sondern eine Form der Energie, die in andere Energiearten umgewandelt werden konnte. Technik und tägliches Leben zeigen zahllose Formen dieser Energieumwandlung auf. Doch Wärme ist eine besondere Energieform.

Dreht sich ein Rad um eine Achse, so bleibt es durch die unvermeidliche Reibung des Lagers allmählich stehen. Lager und Rad erwärmen sich dabei und geben diese Wärme langsam an die Umgebung ab. Bei diesem alltäglichen Vorgang hat sich Bewegungsenergie in Wärme umgewandelt.

Öffnet man eine Flasche mit komprimiertem Stickstoff, so strömt das Gas aus und kühlt sich dabei ab, da es Arbeit leisten muß. Diese Arbeit ist notwendig, da das ausströmende Gas die Luft in der Umgebung der Flasche verdrängen muß, um sich Raum zu schaffen. Hier wurde Wärme in Arbeit umgewandelt.

Legt man einen Eiswürfel auf einen Ofen, so schmilzt er allmählich. Der Ofen wird dadurch etwas kälter, der Eiswürfel wärmer. Hier ist Wärme vom Ofen auf den Eiswürfel übergegangen.

**Abb. 4.3:** Im 19. Jahrhundert jagte das Gespenst des Kältetodes der Menschheit Schrecken ein. Man befürchtete, daß die Energiequellen der Sonne und der anderen Sterne bald versiegen würden und das Weltall eine einheitliche, kühle Temperatur erreicht.

Diese alltäglichen Vorgänge, bei denen Energie übertragen und umgewandelt wird, weisen jedoch eine Besonderheit auf: sie sind nicht umkehrbar. Weder können wir das Rad auf seiner Achse in Bewegung setzen, indem wir es mit einer Flamme erwärmen, noch können wir den Stickstoff in die Flasche zurückbekommen, indem wir ihn einfach etwas erhitzen. Auch das Wasser erstarrt nicht von selbst zu Eis und gibt dabei Wärme an den Ofen ab, die ihn weiter erhitzt.

Die drei Vorgänge sind Beispiele für irreversible (nicht-umkehrbare) Prozesse. Irreversibilität ist für die meisten Vorgänge charakteristisch, bei denen Energieübertragung durch Wärme eine Rolle spielt. Es war eine Aufgabe für die Physiker, herauszufinden, wie man die zeitliche Richtung irreversibler Vorgänge mathematisch beschreiben kann. Dieses Problem wurde von dem deutschen Physiker Rudolf Clausius (1822–1888) gelöst, der auf dem Satz aufbaute: »Wärme kann nicht von selbst aus einem kälteren auf einen wärmeren Körper übergehen.«[8]

Der Satz, den Clausius hier an die Spitze seiner Überlegungen stellte, erscheint einleuchtend, ja fast primitiv. Doch konnte Clausius zeigen, daß *aus diesem Satz allein* die Richtung aller Vorgänge der Wärmelehre folgt. Darüber hinaus war Clausius in der Lage, aus seinem fast einfältig wirkenden Satz die mathematische Definition einer Größe zu gewinnen, welche die Richtung irreversibler Vorgänge beschreibt. Diesen Richtungsgeber des Weltgeschehens bezeichnete Clausius als »Entropie«, ein Phantasiename, der an den Begriff Energie erinnern sollte.

Im Jahre 1865 konnte Clausius zeigen, daß die Entropie bei jedem

Naturvorgang zunimmt, oder bestenfalls gleichbleibt. Vorgänge, bei denen die Entropie abnimmt, werden dagegen niemals beobachtet. Dieses Ergebnis faßte Clausius in die berühmten Worte: »Die Energie des Weltalls ist konstant. Die Entropie des Weltalls nimmt stets zu.«[9]

Damit war die Irreversibilität des Weltgeschehens mathematisch erfaßt. Wärme strömt stets vom heißeren zum kühleren Körper und die Entropie des Universums nimmt dadurch von Minute zu Minute, ja von Sekunde zu Sekunde zu. Das Uhrwerk der Welt läuft so lange ab, bis keine Wärme mehr von einem heißeren auf einen kühleren Körper übergehen kann und alle Körper die gleiche Temperatur erreicht haben. Die Entropie erreicht ihren maximalen Wert, und Totenstarre tritt im Universum ein. Das Gespenst des »Wärmetodes« jagte den Bürgern des Viktorianischen Zeitalters Schauer über den Rücken. In Wien sang Johann Nestroy auf der Bühne »Die Welt steht auf kan Fall mehr lang.« Das Weltende war nahe und würde kommen, wenn unsere und andere Sonnen ihre Energie vollständig in Wärme umgewandelt haben. Die Wärme würde sich dann auf die gesamte Materie im All verteilen. Ein gleichmäßig wohltemperiertes und vermutlich ziemlich kühles Universum war nach dieser Vision das Grab aller Hoffnungen der Menschheit.

Der Wärmetod wurde zur kosmischen Energiekrise, die das Universum zur ewigen Ruhe verurteilen würde. Für die Menschheit ergaben sich düstere Prognosen, wie Hermann von Helmholtz schrieb:

»Auch unserem eigenen Geschlechte will dieses Gesetz ein langes, aber kein ewiges Bestehen zulassen; es droht ihm mit einem Tage des Gerichtes, dessen Eintrittszeit es glücklicherweise noch verhüllt. Wie der Einzelne, so muß auch das Geschlecht den Gedanken seines Todes ertragen; aber es hat vor anderen untergegangenen Lebensformen höhere sittliche Aufgaben voraus, deren Träger es ist und mit deren Vollendung es seine Bestimmung erfüllt.«[10]

Welche Gnadenfrist sah die kosmische Energiekrise noch für die Menschheit vor? In England schätzte James Joule die Energievorräte der Sonne ab und kam zum Schluß, daß die Sonne nurmehr 5000 Jahre lang strahlen könne, »auch wenn sie aus reiner Kohle bestünde«. In Deutschland meinte Robert Mayer dagegen, daß die Sonne durch herabfallende Meteore und Kometen immer wieder erhitzt und so noch lange mit der nötigen Betriebsenergie versehen würde. In Schottland vermutete Lord Kelvin, daß die Sonne allmählich schrumpfe und die dabei freiwerdende Energie das irdische Geschehen noch für einige Millionen Jahre aufrechterhalten könne. Allerdings zeigten seine Ergebnisse, daß die Betriebsdauer der Sonne auf keinen Fall ausgereicht haben könne, um die von Darwin geforderte Evolution zu ermöglichen. Nur allzu unvorstellbar waren die Zeiträume die erforderlich waren, »um Affen zu Menschen werden« zu lassen. So war es geradezu eine Beruhigung, als Sir Arthur Eddington im Jahre 1920 die Hypothese aufstellte, daß die Sonnenstrahlung der Kernenergie zu verdanken sei, und die entsprechenden Vorräte noch für einige Milliarden Jahre ausreichen würde. So kommt die Kernenergie doch auch manchmal den Anhängern der Sonnenenergie ganz gelegen.

**Warum drücken Gase?**

Um die Mitte des 17. Jahrhunderts hatten die Experimente von Evangelista Torricelli in Italien, Blaise Pascal in Frankreich und Otto von Guericke in Deutschland die Möglichkeit eines leeren Raumes, also eines Vakuums, überzeugend erwiesen. Die aufregende Neuigkeit von der Existenz des Nichts verbreitete sich wie ein Lauffeuer in Europa. In England ließ Robert Boyle (1627–1691), der siebte Sohn des Earl of Cork, eine Luftpumpe bauen, um die sensationellen Experimente Guerickes zu überprüfen. Ein befreundeter Theologe, der Jesuitenpater Linus, wies ihn darauf hin, wie absurd und unglaubwürdig das Ergebnis dieser Versuche doch sei. Wenn sich Luft verdünnen läßt, so müßte sie sich auch zusammendrücken lassen! Boyle ging dieser, damals fast widersinnig wirkenden Vermutung nach und konnte bald darauf seine »New experiments physico-mechanical, touching the spring of the air« veröffentlichen, also neue physikalisch-mechanische Experimente über die Spannkraft der Luft. Sie erschienen im Jahre 1660 und zeigten, daß Luft tatsächlich komprimiert werden kann, wobei der Druck auf den doppelten Wert steigt, wenn sich das Volumen halbiert.

Damit stellte sich aufs neue und mit großer Vehemenz die Frage nach einer Erklärung des Luftdruckes. Boyle selbst vermutete, daß die Luft nahe der Erde als ein »Haufen von kleinen, aufeinanderliegenden Körpern aufgefaßt werden kann, die etwa mit den Fasern von Wolle verglichen werden können«. Diese gleichsam federnden Atome sollten sich bei der Kompression zusammendrücken und beim Ausströmen der Luft wieder entspannen.

Wenig später gab Isaak Newton eine andere Erklärung für den Luftdruck, die wir bereits kennengelernt haben. Er versuchte, die Experimente Boyles durch abstoßende Kräfte zwischen den Luftteilchen zu erklären. Eine zweite Hypothese über den verborgenen Mechanismus

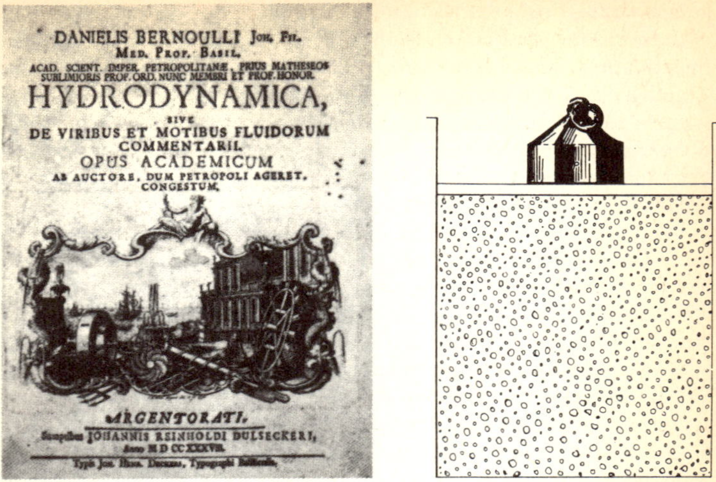


**Abb. 4.4:** Daniel Bernoulli vermutete in seinem Buch »Hydrodynamica« bereits im Jahre 1738, daß der Druck eines Gases durch Gasatome bewirkt wird, die in rascher Folge gegen die Wände des Behälters prasseln.

der Natur, der den Luftdruck bewirkt, lag damit vor. Ob eine dieser Hypothesen oder eine andere richtig war, sollte noch lange ungeklärt bleiben.

Sowohl Boyle als auch Newton hatten versucht, den Luftdruck durch Kräfte zu erklären, die zwischen den als ruhend angenommenen Gasteilchen wirken. Newton hatte dabei an Fernwirkungen gedacht, während Boyle die Berührung elastischer Teilchen vor Augen hatte. Eine völlig andere Hypothese zur Erklärung des Gasdruckes entstand in Basel. Daniel Bernoulli (1700–1782), ein Sproß der berühmten Baseler Mathematikerfamilie, war dort damit beschäftigt, das Newtonsche Weltbild auf die Physik der Flüssigkeiten und Gase auszudehnen. In seiner »Hydrodynamica« lieferte er 1738 die theoretischen Grundlagen für die Berechnung von Strömungsbildern. Viele überraschende Effekte fanden darin ihre Erklärung, so daß man vertrauen durfte, auf dem richtigen Weg zu sein. Über das Zustandekommen des Gasdruckes hatte Bernoulli seine eigene Ansicht. Er vermutete, daß Gase aus zahllosen kleinen Atomen bestehen, die aber nicht ruhen. Bernoullis Gasatome sollten sich vielmehr in ständiger, rascher Bewegung befinden und fortwährend gegen die Wände des Behälters prasseln. Dieser unaufhörliche Atomhagel war nach Bernoullis Meinung die Ursache des Gasdruckes. Auch diese Hypothese lieferte eine Erklärung von Boyles Messungen. Verkleinert man nämlich den Gasbehälter auf das halbe Volumen, so prasseln die Gasatome nunmehr doppelt so oft gegen die Wände ihres verengten Gefängnisses und der Druck erhöht sich dadurch auf das Doppelte des ursprünglichen Wertes.

Um 1740 lagen damit drei einander widersprechende Deutungen des Gasdruckes vor. Die englischen Hypothesen sahen Kräfte zwischen ruhenden Gasatomen, die Schweizer Erklärung den Atomhagel gegen die Behälterwände als Ursprung des Druckes an. Welche Vermutung über den verborgenen Mechanismus des Universums war korrekt?

Durch mehr als ein Jahrhundert beharrte das Problem des Gasdrukkes in einer Art Dornröschenschlaf. Erst mit der Entdeckung des Energiesatzes, der um 1848 die Physik ebenso veränderte wie politische Revolutionen das Bild Europas, wurde das Problem wieder aktuell. Wärme war eine Energieform und diese Energie konnte man in ungezwungener und natürlicher Weise mit der Bewegungsenergie der Moleküle in Zusammenhang bringen. Zwar erschien eine ewige und unveränderliche Bewegung der Moleküle, die niemals zum Erliegen kommt, fast unglaublich, doch hatten bereits die atomaren Spekulanten der Antike diese Möglichkeit ernsthaft berücksichtigt. Nunmehr galt es, die antike Spekulation zu einer modernen physikalischen Theorie aufzubauen, zur kinetischen Gastheorie.

Die ersten Schritte zur kinetischen Gastheorie erfolgten 1856 in Deutschland. August Karl Krönig (1822–1879) wiederholte Bernoullis Überlegungen und Rudolf Clausius baute sie in einer berühmten Abhandlung mit dem Titel »Über die Art der Bewegung, welche wir Wärme nennen« weiter aus. Wenig später konnte er auch einen gefährlichen Einwand entkräften, der der neu entstehenden Theorie entgegengehalten wurde. Die Rechnungen zeigten nämlich, daß sich die Moleküle in Gasen ungefähr mit Schallgeschwindigkeit bewegen. Daher konnte man vermuten, daß sich auch Gaswolken fast augenblicklich in einem Raum ausbreiten müßten. Tatsächlich beobachtet man aber, daß sich beispielsweise Rauchwolken oder Rauchringe nur langsam bewegen. Clausius erklärte die langsame Ausbreitung von Gaswolken damit, daß die Moleküle auf ihrem Weg ständig mit anderen Molekülen zusammenstoßen und dabei die Richtung ihrer Bewegung ändern. Deshalb kommen die Moleküle trotz ihrer hohen Geschwindigkeit nur sehr langsam im Raume weiter. Die Rechnung zeigte, daß jedes Molekül rund eine Milliarde Stöße pro Sekunde erleidet.

In den folgenden Jahren machte die kinetische Gastheorie rasche Fortschritte. In England zeigte James Clerk Maxwell, daß nicht alle Moleküle eines Gases die gleiche Geschwindigkeit aufweisen, und Ludwig Boltzmann (1844–1906) vermochte in Wien die Verteilung der Molekülgeschwindigkeiten allgemein zu berechnen.

Nunmehr wurde es möglich, nicht nur den Druck, sondern auch zahlreiche andere Eigenschaften von Gasen theoretisch vorherzusagen. Die Wärmeleitung in Gasen, ihre innere Reibung und ihre Zähigkeit konnten berechnet werden und die theoretischen Vorhersagen standen in bester Übereinstimmung mit dem Experiment.

War damit die kinetische Gastheorie und die reale Existenz der Atome bewiesen? Die Theorie hatte viele Erfolge aufzuweisen, doch war die Schlußweise stets so, daß man die Existenz von rasch bewegten Atomen als Hypothese annahm, und daraus die Eigenschaften der Gase herleitete. Niemand versuchte diesen Schluß umzukehren und zu zeigen, daß die Eigenschaften der Gase *ausschließlich* durch die kinetische Theorie erklärt werden konnten. Schließlich hatten ja Newton und Boyle bereits andere Hypothesen zur Erklärung des Gasdruckes vorgelegt, die wegen der Erfolge der kinetischen Gastheorie nunmehr allmählich in Vergessenheit gerieten.

Die Debatte, die sich in der Folge entfaltete, rüttelte an den Grundlagen der Naturwissenschaft. Wie viele Beweise für den Atomismus waren genug? Waren es überhaupt Beweise, die hier vorgelegt wurden? Von einem Beweis im Sinne der Mathematik konnte offensichtlich nicht die Rede sein, da die Vertreter der kinetischen Gastheorie in jedem Falle die Existenz der Atome voraussetzen mußten, um daraus die makroskopisch beobachtbaren Eigenschaften der Gase herzuleiten. Niemand konnte zeigen, daß diese Eigenschaften *nur* durch die Annahme ewig bewegter Atome erklärt werden konnten.

Wie viele Erfolge des Atomismus und der kinetischen Gastheorie reichten aus, um die Physiker zu überzeugen? Besonders bedeutsam wurde ein Experiment, das Maxwell im Jahre 1860 anstellte: Schwingt ein Pendel in einem luftgefüllten Raum, so kommt der Pendelkörper, besonders wenn er großflächig ist, infolge der Luftreibung bald zum Stillstand. Durch Verminderung des Luftdruckes muß es daher möglich sein, die Reibung zu vermindern und ein fast beliebig lange freischwingendes Pendel zu erhalten. Maxwell stellte ein Pendel unter eine Käseglocke und pumpte die Luft aus. Der Luftdruck sank auf die Hälfte und dann auf ein Zehntel des üblichen Wertes. Zur großen Überraschung aller Beobachter änderte sich jedoch dadurch die Luftreibung nicht. Das Pendel blieb genauso rasch stehen wie zuvor.

Maxwell fand bald eine Erklärung für diesen überraschenden Effekt. Das schwingende Pendel wird durch Stöße gegen die Luftmoleküle gebremst, die seine Energie und seinen Impuls allmählich verringern und langsam auf die Behälterwände übertragen. Senkt man nun den Luftdruck ab, so vermindert sich zwar die Zahl der Moleküle, die gegen das Pendel stoßen. Andererseits kann jedes Molekül eine größere Wegstrecke frei zurücklegen, da es mit weniger anderen Molekülen zusammenstößt. Dadurch kann es Energie und Impuls viel effektiver abtransportieren als zuvor. Die Theorie zeigt, daß die nunmehr weniger gewordenen Moleküle insgesamt genausoviel Energie und Impuls an die Wände übertragen, wie beim ursprünglichen Druck. Die Reibung hängt nicht vom Gasdruck ab. Die Erklärung des Maxwellschen Experimentes stellte einen Triumph der kinetischen Gastheorie dar. Ein zuvor völlig unverständlicher Effekt wirkte nun fast selbstverständlich.

Zwar ließen sich viele Zweifler dadurch überzeugen, doch keinesfalls alle. Denn niemand konnte und kann zeigen, daß die kinetische Gastheorie die einzig mögliche Erklärung der Maxwellschen Beobachtungen ist. Ein derartiger Beweis wäre kaum zu führen. Müßte man doch dazu sämtliche überhaupt mögliche physikalische Theorien kennen und zeigen, daß nur eine davon in Einklang mit den Beobachtungen steht!

So hatte die kinetische Gastheorie um 1870 viele wichtige Erfolge aufzuweisen. Ein eindeutiger Beweis für die Existenz der Atome stand jedoch aus und es war zweifelhaft, ob es der Naturwissenschaft jemals gelingen würde, einen derartigen Beweis zu liefern. Auch war unklar, ob die von der kinetischen Gastheorie gelieferte mechanische Deutung der Wärmelehre richtig war. Hatte man nicht in der Elektrodynamik gerade gelernt, sich allmählich von mechanischen Modellen zu lösen und in den abstrakten Gleichungen das Wesen der Erscheinungen zu erblikken? In der kinetischen Gastheorie versuchten Maxwell und Boltzmann dagegen die abstrakten Gleichungen der Energieerhaltung und der Entropiezunahme mechanisch zu deuten. Schließlich schien die Vorhersage der Gastheorie sogar zu Widersprüchen zu führen, die Anlaß zu heftigen Kontroversen gaben.

## Ewige Wiederkehr

Das letzte Drittel des 19. Jahrhunderts war durch ein gigantisches Ringen um das neue Weltbild der Naturwissenschaft charakterisiert. Charles Darwin (1809–1882) legte seine Evolutionstheorie vor, die die Abstammung des Menschen vom Affen postulierte, wie man es vereinfacht formulierte, und die aus weltanschaulichen Gründen auf größten Widerstand stieß. Die Geologie entdeckte allmählich die ungeheuren Zeitspannen, die für die Entstehung der irdischen Formationen erforderlich waren und revidierte ihre Einschätzung des Alters der Erde von einigen Millionen bis auf Milliarden Jahre.

In der Physik stand der Kampf um das Atom im Zentrum der Forschung. Die kinetische Gastheorie hatte zu den ersten konkreten Anhaltspunkten für die reale Existenz der Atome geführt. Und doch schrieb noch im Jahre 1900 ein Rezensent über Ludwig Boltzmanns Lehrbuch der kinetischen Gastheorie, das den atomaren Standpunkt verfocht: »Die kinetische Theorie ist bekanntlich genauso falsch wie die verschiedenen mechanischen Theorien der Gravitation. Besonders widersinnig deutet man darin das Prinzip der Erhaltung der Energie. Wenn aber jemand diese Theorie durchaus kennenlernen will, so greife er zu dem Buch von Boltzmann.«

Warum war der hundertjährige Krieg um das Atom noch immer nicht zu Ende gekämpft? Eine Reihe von Widersprüchen hatte sich ergeben, die den gesamten Aufbau der atomaren Weltordnung gefährdeten. Ru-

**Abb. 4.5:** Ludwig Boltzmann war einer der Hauptvertreter der Atomistik im Kampf um die Realität der Atome. Physik, Philosophie, Theologie und Politik beeinflußten die Auseinandersetzung um den Aufbau der Materie, die im letzten Drittel des 19. Jahrhunderts ihren Höhepunkt fand.

dolf Clausius hatte 1865 mit der Einführung des Entropiebegriffes die mathematische Formulierung für den Ablauf des Weltgeschehens gefunden, der allmählich zum Wärmetod führen würde. Die Richtung aller Vorgänge der Wärmelehre war mathematisch durch die Zunahme der Entropie und physikalisch durch den Satz »Wärme kann stets nur vom heißeren Körper zum kühleren übergehen« gekennzeichnet. Diese Richtung der Vorgänge unterschied die Wärmelehre von allen anderen Teilbereichen der Physik. So ist beispielsweise jeder Vorgang der Mechanik umkehrbar. Jede Bewegung, wie etwa die der Planeten, kann sich ebenso in der einen, wie in der anderen Richtung abspielen.

Nun hatten aber Maxwell und Boltzmann versucht, Wärme und Temperatur auf die Bewegung unzähliger Atome zurückzuführen, also mechanisch zu erklären. Die mechanische Bewegung der Atome mußte umkehrbar sein, während die durch sie hervorgerufenen Vorgänge, wie das Ausströmen eines Gases, stets nur in einer Richtung ablaufen. Wäre das Weltgeschehen mechanisch, also durch die Bewegung der Atome zu erklären, so müßte sich der gesamte Weltablauf umkehren lassen, wie der englische Physiker Lord Kelvin in einem Beispiel anschaulich beschrieb:

»Würde man zu einem gewissen Zeitpunkt die Bewegung aller Atome im Weltall genau umkehren, so würde sich von der Zeit an der Lauf der Natur einfach umkehren. Die berstenden Schaumblasen am Fuße eines Wasserfalles würden wieder zusammentreten und in das Wasser hinabsteigen. Die Energie der Wärmebewegungen würde sich wieder konzentrieren und die ganze Masse den Wasserfall in Tropfen hinaufwerfen, die ihrerseits wieder eine dichte Säule aufsteigenden Wassers bilden. Geröllblöcke würden aus dem Schlamm das Material zurückholen, das benötigt wird, um sie wieder in ihrer ursprünglichen zackigen Form aufzubauen und sie würden sich wieder zu der Bergspitze vereinigen, von der sie früher weggebrochen sind. Und wenn die materialistische Auffassung vom Leben wahr wäre, würden die Lebewesen mit bewußter Kenntnis der Zukunft, aber ohne Erinnerung an die Vergangenheit, rückwärts wachsen und würden wieder ungeboren werden.«[11]

Eine völlig widersinnige Welt ergibt sich aus der Annahme der Umkehrbarkeit aller Bewegungen. So verwundert es nicht, daß auch der große französische Physiker Henri Poincaré im Jahre 1893 in einem Artikel über die »Mechanistische Weltauffassung und Erfahrung« in der »Revue für Metaphysik und Moral« schrieb:

»Jedermann kennt die mechanistische Weltauffassung, die so viele gute Leute verführt hat, und die verschiedenen Formen, in denen sie auftritt. Einige stellen sich die materielle Welt als aus Atomen zusammengesetzt vor, die sich aufgrund ihrer Trägheit auf Geraden bewegen und ihre Geschwindigkeit nur ändern, wenn zwei Atome zusammenstoßen. Andere nehmen an, daß die Atome eine Anziehung oder Abstoßung aufeinander ausüben, die von ihrem Abstand abhängt. Die folgenden Überlegungen werden für beide Standpunkte zutreffen.

Es würde vielleicht angebracht sein, hier die metaphysischen Schwierigkeiten zu diskutieren, mit denen diese Auffassungen zu tun haben, ich besitze aber dazu nicht die erforderliche Sachkenntnis. Ich will mich daher hier mit den Hindernissen befassen, denen die Mechanisten begegnet sind, als sie ihr System mit den experimentellen Tatsachen in Einklang bringen wollten, und mit den Anstrengungen, die sie unternommen haben, um diese Hindernisse zu überwinden oder sie zu umgehen.

Nach der mechanistischen Hypothese müssen alle Erscheinungen umkehrbar sein; die Sterne beispielsweise könnten ihre Bahnen auch im umgekehrten Sinne durchlaufen, ohne die Newtonschen Gesetze zu verletzen. Reversibilität ist eine Folge aller mechanistischen Hypothesen.«[12]

Die Schwierigkeiten, die sich dadurch für die Anhänger des Atomismus ergeben, hat uns schon Lord Kelvin drastisch vor Augen geführt. Henri Poincaré bringt aber nun noch einen weiteren Einwand vor, der der mechanistischen Weltauffassung und damit der Lehre von den Atomen entgegensteht:

»Ein leicht zu beweisender Satz sagt uns, daß eine beschränkte Welt, die nur von den Gesetzen der Mechanik beherrscht wird, immer wieder durch einen Zustand gehen wird, der sehr nahe bei ihrem Anfangszustand liegt. Andererseits strebt das Weltall den angenommenen experimentellen Gesetzen zufolge einem gewissen Endzustand zu, von dem es nie abgehen wird. In diesem Endzustand, der eine Art von Tod darstellt, werden alle Körper bei derselben Temperatur in Ruhe sein.«[13]

Poincarés »Wiederkehreinwand« läßt sich leicht veranschaulichen. Wird ein Gas anfänglich in einer Hälfte eines Behälters festgehalten, so verteilen sich die Gasmoleküle nach Entfernung der Trennwand alsbald auf den gesamten Raum. Eine Umkehrung dieses »irreversiblen Vorganges« beobachtet man in der Praxis nie. Und doch könnte die Bewegung jedes Moleküls auch in entgegengesetzter Richtung verlaufen und dadurch das ausströmende Gas von selbst wieder in eine Behälterhälfte zurückführen. Hier wird ein überzeugter Atomist antworten, daß niemand in der Lage ist, die Bewegung der Moleküle tatsächlich umzukehren und damit die grotesken Folgerungen zu verwirklichen, an die Lord Kelvin dachte.

Poincarés Argument zeigt aber, daß eine Umkehr der Bewegung der Einzelmoleküle gar nicht erforderlich ist. Der Zufall, der die Moleküle zunächst aus ihrer Behälterhälfte herausführte, wird sie nach einiger Zeit ganz von selbst wieder dorthin zurückführen. Man muß nur etwas Geduld haben!

Wie die Strömung des Gases, so sollten sich – dem Wiederkehreinwand gemäß – auch alle anderen Vorgänge im Universum im Laufe der Zeit von selbst umkehren und wieder zum Ausgangspunkt zurückkehren. »Alles schon einmal dagewesen« schien zum physikalischen Theorem zu werden.

## Philosophisches und Dämonisches

Durch den Wiederkehreinwand schien der gesamte Aufbau des Atomismus ins Wanken zu geraten. War doch die Wärmelehre durch die unaufhörliche Zunahme der Entropie gekennzeichnet. Dagegen konnte die Bewegung der Atome sowohl in der einen, wie auch in der anderen Richtung ablaufen und damit einmal zur Zunahme, dann wieder zur Abnahme der Entropie führen. Alle Erfolge des Atomismus schienen mit einem Schlage zunichte. In Deutschland richtete Max Planck (1858–1947) durch seinen Assistenten Ernst Zermelo (1871–1953) in der »Zeitschrift für Physik« eine Polemik gegen Ludwig Boltzmann und die kinetische Gastheorie. Die Debatte zog immer breitere Kreise und erstreckte sich weit über die Fachwelt der Physik hinaus.

Die Idee, daß das Weltgeschehen umkehrbar sein könnte, oder gar in ewiger Wiederkehr immer wieder zu dem gleichen Anfangszustand zurückkehren würde, erregte Physiker, Chemiker, Philosophen und die breite Öffentlichkeit gleichermaßen. Friedrich Nietzsche wandte sich einige Semester hindurch ernsthaft dem Studium der Physik zu, um die Grundlegung und die Konsequenzen der neuen Erkenntnisse zu erforschen. In seinem Werk »Der Wille zur Macht« gab er eine großartige Beschreibung der Problematik:

»Wenn die Welt als bestimmte Größe von Kraft und als bestimmte Zahl von Kraftzentren gedacht werden darf – und jede andere Vorstellung bleibt unbestimmt und folglich unbrauchbar –, so folgt daraus, daß sie eine berechenbare Zahl von Kombinationen, im großen Würfelspiel ihres Daseins durchgemacht hat. In einer unendlichen Zeit würde jede mögliche Kombination irgendwann einmal erreicht sein; mehr noch: sie würde unendliche Male erreicht sein. Und da zwischen jeder Kombination und ihrer nächsten Wiederkehr alle überhaupt noch möglichen Kombinationen abgelaufen sein müßten und jede dieser Kombinationen die ganze Folge der Kombinationen in derselben Reihe bedingt, so wäre damit ein Kreislauf von absolut identischen Reihen bewiesen: die Welt als Kreislauf, der sich unendlich oft bereits wiederholt hat und der sein Spiel in infinitum spielt.«[14]

Auch an anderer Stelle kommt Nietzsche auf diese Grundidee zurück, die er in der aphoristischen Form »wenn die Welt ein Ziel hat, so müßte es erreicht sein« gefaßt hat. Im »Zarathustra« zieht er die ethischen Konsequenzen aus einer Welt, die sich in ewigen Kreisläufen wiederholt, und in der jede Handlung so gesetzt werden muß, daß sie unendlich oft in gleicher Form gesetzt werden darf.

Umkehr und Wiederkehr waren prinzipielle Einwände gegen die kinetische Gastheorie und damit gegen den Atomismus. Ihre praktische Tragweite war aber gering. Niemand war in der Lage, die Bewegung der Atome tatsächlich umzukehren und niemand konnte die von selbst eintretende Wiederkehr der Gasatome in eine Behälterhälfte abwarten. Die Zeit, die dazu erforderlich wäre, läßt sich nämlich leicht abschätzen. Sie beträgt »zehn hoch zehn hoch dreiundzwanzig« Sekunden, eine Zahl, die sich in üblicher Form überhaupt nicht ausschreiben läßt, da dazu ein Papierstreifen erforderlich wäre, der mehrmals um die Milchstraße reichte. Länger als die Lebensdauer dieser Welt, ja ein unabsehbares Vielfaches der vermutlichen Lebensdauer unseres Universums ist diese Zeitspanne, die man bis zur von selbst eintretenden Wiederkehr auch nur einiger hundert Gasatome in den ursprünglichen Zustand abwarten müßte. Prinzipiell ausschließbar ist ein derartiges Ereignis jedoch nicht, und auch hier ist dem Menschen keine absolute Sicherheit gewährt. In der Wärmelehre verzichtet man auf eine Beschreibung derart seltener und unvorhersehbarer Ereignisse und beschränkt sich auf die Darstellung des üblichen Ablaufes der Welt.

Ist es wirklich prinzipiell unmöglich, die Bewegung der Atome umzukehren? James Clerk Maxwell brachte in England ein neues Element in die Debatte ein. Wenn auch die Augen des Menschen nicht ausreichen, um einzelne Moleküle zu erkennen und seine Hände zu grob sind, um die Bewegung dieser Moleküle umzukehren, so könnte es doch winzige »Dämonen« geben, die über die erforderlichen feinen Sinneswerkzeuge verfügen. Diese »Maxwellschen Dämonen« wären dann in der Lage, das gesamte Weltgeschehen umzukehren.

Könnten Maxwells Dämonen existieren? Manche Argumente wären hier anzuführen. So scheinen ja die Lebensvorgänge im allgemeinen den Hauptsätzen der Wärmelehre zu widersprechen. Denn der zweite Hauptsatz der Wärmelehre, der Satz von der Zunahme der Entropie, besagt, daß sich alle Temperaturunterschiede von selbst ausgleichen, alle Strukturen zerfallen und aus Ordnung stets Unordnung wird. Die Evolutionstheorie geht dagegen von der Annahme aus, daß das Leben, ein hochgeordneter Zustand der Materie, aus einem sehr ungeordneten Anfangszustand entstanden ist. Könnte hier nicht ein Hinweis darauf zu finden sein, daß das Leben dem zweiten Hauptsatz der Wärmelehre widerspricht und über Maxwellsche Dämonen verfügt, die das molekulare Chaos durchschauen und ordnen? Mit der Entdeckung der Enzyme wurde die Hypothese laut, daß diese Moleküle über die gewünschten magischen Fähigkeiten zur Umkehr des Weltgeschehens verfügen. Die Entschlüsselung der Natur der Enzyme durch die Biochemie enträtselte diese Magie der Natur. Auch Enzyme können die Bewegungen der Moleküle nicht umkehren und auch das Leben widerspricht nicht den Gesetzen der Wärmelehre. Die Entstehung von Ordnung in Lebewesen geht stets auf Kosten der Umwelt, auf die die entstehende Unordnung abgewälzt wird.

## Ein Kampf in Wien

Der Kampf um das Atom ging bald weit über die Physik hinaus, weit über Umkehreinwand, Wiederkehreinwand und andere fachliche Einwürfe der Kollegen. Der Kampf um das Atom betraf das Wesen der menschlichen Erkenntnis selbst. Alles sprach über Atome, doch niemand hatte sie gesehen. Sollte die Physik als Erfahrungswissenschaft sich nicht auf beobachtbare Größen beschränken? Gehörten Atome nicht dem Bereich der Metaphysik, ja der reinen Spekulation an?

Atome als metaphysischer Unsinn war auch die Meinung Ernst Machs (1838–1916). Er war in Mähren geboren, hatte in Wien studiert und war Professor für Mathematik in Graz geworden. Bereits drei Jahre später wurde der universelle Mach auf eine Lehrkanzel für Experimentalphysik nach Prag berufen. Schließlich kehrte er 1895 nach Wien auf eine eigens geschaffene Lehrkanzel für »Philosophie, insbesondere Geschichte und Theorie der induktiven Wissenschaften« zurück.

Der ausgezeichnete Experimentalphysiker Mach wurde zunächst für seine Forschungsarbeiten auf dem Gebiete der Überschallströmungen bekannt. Noch heute trägt das Geschwindigkeitsmaß in diesem Bereich seinen Namen.

Mach wandte sich aber bald der Philosophie zu und griff die Ideen des Positivismus auf. Von dem französischen Physiker Jean d'Alembert (1717–1783) Mitte des 18. Jahrhunderts begründet und von Auguste Comte (1798–1857) im 19. Jahrhundert zu einem System ausgebaut, hatte diese philosophische Schule versucht, die menschliche Erkenntnis auf das »positiv Gegebene«, auf gesichertes Wissen also, aufzubauen und metaphysische Spekulationen zu eliminieren.

Gemeinsam mit Richard Avenarius (1843–1896), dem zweiten bedeutenden Vertreter des »Empiriokritizismus«, sah Mach in der Unterscheidung zwischen der Wirklichkeit, die »hinter« den Erscheinungen liegt und unserer Wahrnehmung der Erscheinungen die Wurzel alles philosophischen Übels. Es gibt nicht einen Tisch als »Ding an sich« und davon getrennt unsere Empfindung von diesem Tisch. Denn nur Empfindungen sind uns zugänglich, alles andere ist Metaphysik. Die Naturwissenschaft hat die Empfindungen zu ordnen und auf möglichst einfache Weise in ein System von Zusammenhängen zu bringen. Da die Zusammenhänge einfacher zu merken sind als die Fülle der Einzelfakten, dient die Naturwissenschaft der »Denkökonomie«. Fast könnte es scheinen, daß man Physik lediglich aus Bequemlichkeit studiert!

Auch die Wärmelehre hatte sich den methodischen Grundsätzen Machs unterzuordnen. Ihr Ziel mußte es sein, die Erfahrungen über Gase und andere Arten von Materie möglichst einfach zu ordnen und darzustellen, ohne zu versuchen, den »Dingen auf den Grund zu gehen« und metaphysische Konzepte zur Erklärung der Beobachtungen einzuführen. Nur meßbare Größen und Sinnesempfindungen zählen hier, während die unmeßbaren und unsichtbaren Atome in das Reich der Dämonen, Engel, Feen und Hexen einzureihen sind.

»Der Zusammenhang der Sinnesdaten ist aufzufinden und aus Gründen der Denkökonomie so einfach wie möglich darzustellen« war das Credo Machs. Weder die unerkennbaren und metaphysischen Gegenstände hatten in dieser Philosophie einen Platz, noch das erkennende Ich, das in einen Komplex von Empfindungen zerfiel. »Das Ich ist unrettbar« wurde zum Slogan, der bald weitreichenden Einfluß ausübte. Machs Bücher wurden in viele Sprachen übersetzt. In Deutschland war der einflußreiche Chemiker Wilhelm Ostwald (1853–1932) einer der wichtigsten Anhänger Machs. Auch er hielt die Lehre von den Atomen und die kinetische Gastheorie für überflüssige Ausschmückung der Wärmelehre, die er völlig auf den Begriff der Energie reduzieren wollte. Die »Villa Energie« wurde zu seiner Heimstätte und sein Credo war: »Die Vergeudung von Energie, sei es aus Unkenntnis, sei es aus Bosheit, ist die schlimmste Sünde, die ein Mensch begehen kann.«

Wurden Atome in Gegenwart Machs erwähnt, kam bald die höhnische Frage: »Habens' schon eins gesehen?« Dieser Skepsis an wichtigen Grundbegriffen der Naturwissenschaft entsprach auch eine bedeutende intellektuelle Strömung, die an die Situation unserer Zeit gemahnt. Wissenschaft und Technik hatten gegen Ende des 19. Jahrhunderts einen stürmischen Siegeszug hinter sich und in imposanten Weltausstellungen wurde der Menschheit eine glänzende Zukunft prophezeit. Doch war man damals – wie heute – desillusioniert, da technische Möglichkeiten allein der neureichen Menschheit nicht das große Glück brachten.

Der Streit der Atomisten gegen die Energetiker und Empiriokritizisten währte mehr als dreißig Jahre. Eine Ironie des Schicksals wollte es, daß zwei der Hauptkontrahenten an der Universität Wien lehrten. Ludwig Boltzmann als Vertreter des Atomismus hatte den Lehrstuhl für theoretische Physik inne und wurde – gleichsam als Gipfel der Ironie – nach Ernst Machs krankheitsbedingter Emeritierung im Jahre 1896 sogar Machs Nachfolger auf der naturphilosophischen Lehrkanzel. Beide Parteien versuchten Anhänger und Mitstreiter zu versammeln und zu einer Schlacht zu rüsten, deren Hauptgefecht sich schließlich auf der Lübecker Naturforscherversammlung am Vormittag des 17. September 1895 abspielte. Arnold Sommerfeld (1868–1951), selbst einer der bedeutendsten theoretischen Physiker Deutschlands, hat seine Erinnerung an diesen denkwürdigen Vormittag festgehalten:

»Der Kampf zwischen Boltzmann und Ostwald glich, äußerlich und innerlich, dem Kampf des Stiers mit dem geschmeidigen Fechter. Aber der Stier besiegte diesmal den Torero trotz aller seiner Fechtkunst. Die Argumente Boltzmanns schlugen durch. Wir damals jüngeren Mathematiker standen alle auf der Seite Boltzmanns.«[15]

Das Gefecht war siegreich beendet, die Schlacht jedoch noch nicht gewonnen. Zwar hatte die Lübecker Debatte weltweite Auswirkungen und neigte die Schale zugunsten des Atomismus, doch meinte Boltzmann noch 1902 in seinen »Vorlesungen über Gastheorie«, daß die »Zeitströmungen den Lehren des Atomismus entgegenstünden«. Der endgültige Durchbruch zur Anerkennung des Atoms sollte noch einige Jahre auf sich warten lassen. Zuvor aber ergab sich eine unerwartete Allianz, die uns in die hohe Politik führt.

## Engels à la Mach gebraten

Im Jahre 1903 erschien in Rußland ein Sammelband mit Aufsätzen über »Probleme des Idealismus«. Dieses philosophische Werk wurde zu einem wichtigen Ereignis in der Geistesgeschichte Rußlands. Zahlreiche frühere Marxisten wandten sich darin gegen die Verachtung der persönlichen Werte, den moralischen Nihilismus und den kritiklosen Fortschrittsglauben, der damals unter dem Eindruck der neuen ökonomischen Lehren des Marxismus in den intellektuellen Kreisen Rußlands weit verbreitet war. Es galt, neue Grundlagen zu suchen, welche die mechanistische Weltauffassung als Basis der Gesellschaftslehre ablösen konnte. Die engen Verbindungen der russischen Marxisten mit ihren Gesinnungsgenossen in Deutschland und Österreich führten bald dazu, daß der »Empiriokritizismus«, der von Ernst Mach in Österreich und Richard Avenarius in Deutschland vertreten wurde, auch in marxistischen Kreisen Mode wurde.

Die wissenschaftliche und antimetaphysische Einstellung, auf die die Philosophie Machs aufbaute, schien vor allem dem Naturwissenschaftler, Mediziner und Revolutionär Alexander Alexandrowitsch Bogdanow (1873–1928) den Ideen des historischen Materialismus zu entsprechen. In den Jahren 1904 bis 1906 erschienen die drei Bände von Bogdanows Hauptwerk »Empiriomonismus«, das dazu beitrug, zumindest einen Teil der Bolschewiken zum Empiriokritizismus zu bekehren.

Tatsächlich boten sich die Ideen von Mach und Avenarius einer marxistischen Deutung an. Die Erfahrung als einzige Grundlage alles Wissens und Handelns paßte in dieses Programm, ebenso wie die Auffassung des Erkenntnisprozesses als Teil des menschlichen Kampfes um das Dasein. Die Grundidee des Empiriokritizismus war mit der Marxschen Lehre jedoch unvereinbar. Ein Programm, das den Materialismus auf seine Fahnen geschrieben hatte, konnte die Empfindungen nicht als das einzig gegebene Baumaterial dieser Welt akzeptieren. Mit zunehmender Empörung las Wladimir Iljitsch Lenin deshalb die aufeinanderfolgenden Bände des »Empiriomonismus«. Als Bogdanow schließlich 1908 einen Sammelband »Beiträge zur Philosophie des Marxismus« herausgab, kannte Lenins Aufregung keine Grenzen:

»Bei jedem Artikel tobte ich geradezu vor Empörung. Nein, das ist kein Marxismus! Und unsere Empiriokritiker, Empiriomonisten und Empiriosymbolisten marschierten geradewegs in den Sumpf. Dem Leser weismachen, daß der ›Glaube‹ an die Realität der Außenwelt ›Mystik‹ sei (Basarow), Materialismus und Kantianertum aufs schändlichste durcheinanderwerfen (Basarow und Bogdanow), eine Abart des Agnostizismus (den Empiriokritizismus) und des Idealismus (den Empiriomonismus) predigen, die Arbeiter ›religiösen Atheismus‹ und ›Vergöttlichung‹ der höchsten menschlichen Potenzen lehren (Lunatscharski), erklären, daß die Engelssche Lehre von der Dialektik Mystik sei (Berman), aus der stinkenden Quelle irgendwelcher französischer ›Positivisten‹ schöpfen – irgendwelcher Agnostiker oder Metaphysiker, hol sie der Teufel, mit ihrer ›symbolischen Erkenntnistheorie‹ – (Juschkewitsch)! Nein, das ist zuviel! Natürlich, wir einfachen Marxisten sind in der Philosophie nicht belesen, aber warum muß man uns das antun, daß man uns etwas Derartiges als Philosophie des Marxismus auftischt!«[16]

So aufgebracht war Lenin über den »Obskuranten, den Ordinarissimus der Philosophie an der Wiener Universität, Ernst Mach«,[17] daß er sich schließlich entschloß, der Widerlegung der neuen Philosophie ein eigenes Buch zu widmen. »Materialismus und Empiriokritizismus«, das philosophische Hauptwerk Lenins, erschien im Mai 1909 und versuchte zu verhindern, daß »die russischen Machisten Modenarren gleichen, die vor einem von den bürgerlichen Philosophen Europas schon abgetragenen Hütchen in Verzückung geraten«.[18] Es war untragbar, daß »Engels à la Mach zubereitet, gebraten und mit Machistischer Soße serviert wird«.[19] Nicht die Empfindungen sollten den Ausgangspunkt der Naturphilosophie bilden, sondern die Materie und die reale Außenwelt, die es zu erforschen galt.

Bereits im Jahre 1909 wurden die Anhänger des Empiriokritizismus aus dem Zentralkomitee der Kommunistischen Partei ausgeschlossen, womit der philosophische Streit beigelegt war. Andere Probleme traten – vor allem bei Ausbruch des Ersten Weltkrieges und der Russischen Revolution – in den Vordergrund. Erst mit der Konsolidierung des Systems in den zwanziger Jahren wurde Lenins »Materialismus und Empiriokritizismus« von Stalin zum philosophischen Hauptwerk des Marxismus erklärt. Die Folgen dieser Tat werden uns noch beschäftigen.

## Triumph und Tragik

Der Kampf des Marxismus gegen die Lehren von Ernst Mach, Richard Avenarius und anderen Anhängern des Empiriokritizismus war nur eine Nebenfront der Schlacht um das Atom. Die wichtigsten Entscheidungen fielen nicht in den Büchern der hauptberuflichen oder politisierenden Philosophen, sondern in den Laboratorien der Physiker.

Gegen Ende des 19. Jahrhunderts überstürzten sich die Ereignisse. Im Jahre 1895 entdeckte Wilhelm Conrad Röntgen (1845–1923) in Würzburg eine neue Art von Strahlen, mit denen man Materie durchleuchten konnte. Die Entdeckung dieser später nach ihm benannten »Röntgenstrahlen« trug ihm neben dem bayrischen Kronenorden im Jahre 1901 den ersten Nobelpreis für Physik ein. Ein Jahr nach Röntgen entdeckte Henri Antoine Becquerel (1852–1908) in Paris wiederum eine neue Art von Strahlung, die von Uranerzen ausgehend ebenfalls in der Lage war, Materie zu durchdringen und fotografische Platten zu schwärzen. Die radioaktive Umwandlung der Elemente, ein alter Traum der Alchimisten, war damit gefunden, wie die weitergehenden Forschungen der nächsten Jahre zeigten. Ein Jahr nach Becquerel untersuchte Joseph John Thomson (1856–1940) im Cavendish-Laboratorium in England noch eine andere Art von Strahlung. Es war die schon seit längerem bekannte Kathodenstrahlung, die auftritt, wenn man eine elektrische Spannung an eine luftleer gepumpte Glasröhre anlegt. Seit einigen Jahrzehnten stritten die Physiker Englands und Deutschlands darüber, ob die aus der Röhre austretende Strahlung als Teilchen- oder als Wellenstrahlung anzusehen war. In einer Reihe sorgfältiger Versuche mit elektrischen und magnetischen Feldern zeigte Thomson, daß die Kathodenstrahlung aus Teilchen besteht, den »Elektronen«, die elektrisch geladen sind. Diese Teilchen waren außergewöhnlich leicht und konnten bestenfalls als Bestandteil der Atome aufgefaßt werden, die die Materie aufbauen. So verwirrte das erste »Elementarteilchen«, das jemals entdeckt wurde, von Anfang an Anhänger und Gegner des Atomismus gleichermaßen.

Drei Jahre physikalischer Forschung hatten zur Entdeckung von drei völlig neuen Arten Strahlung geführt. Jede dieser Entdeckungen kam unerwartet und schien zunächst nicht allzuviel über den Aufbau der Materie auszusagen. Die Physik wurde komplizierter und die vielen Einzeltatsachen, die neu entdeckt wurden, fügten sich anfänglich nicht zu einem übersichtlichen Bild zusammen. Die kleinen Blitze aber, die man unter dem Mikroskop beobachten konnte, wenn radioaktive Strahlung auf eine phosphoreszierende Platte auftrifft, ließen den Aufbau der Materie aus kleinen Teilchen bereits ahnen. Die Ironie der Geschichte wollte es, daß vor den angeblich unteilbaren Atomen zunächst deren Teile und Trümmer entdeckt wurden.

In Deutschland, Frankreich und England waren die zunächst unverständlichen neuen Strahlenarten entdeckt worden, die von der Materie unter besonderen Bedingungen ausgehen. Ihre Bedeutung für die Enträtselung der Struktur der Materie war anfänglich unklar und verschlüsselt. Die Lösung dieser Rätsel ließ mehr als ein Jahrzehnt auf sich warten. Einer anderen Entwicklung, die uns nach Lemberg und Bern führt, wurde zunächst wichtig. Ihre Geschichte beginnt im Jahre 1828, als der englische Regimentsarzt und Botaniker Robert Brown die Pollen von Pflanzen unter dem Mikroskop untersuchte. Die unablässige Bewegung der im Wasser schwimmenden Teilchen schien zunächst auf Lebenserscheinungen hinzuweisen, doch zeigten auch im Wasser schwimmende Rußkörnchen diese unablässige Bewegung. Viele Versuche wurden in der Folge unternommen, um die Natur dieser »Brownschen Bewegung« aufzuklären und ihre Entstehung zu deuten. Beleuchtungseffekte, Strömungen in der Flüssigkeit, Temperaturunterschiede und viele andere äußere Einflüsse wurden als Ursache der Bewegung angesetzt. Doch keine Erklärung konnte überzeugen. Erst im Jahre 1905 entsannen sich Marian von Smoluchowski in Lemberg und Albert Einstein (1879–1955) in Bern des poetischen Bildes, das Lukrez für die ewige Bewegung der Atome entworfen hatte:

»Die Wirbel der Körper im Strahle der Sonne zeugen von verborgenen und unsichtbaren Bewegungen der Materie. Denn als erstes bewegen sich von selbst die Atome, von ihnen werden die nächst kleineren Körper durch unsichtbare Stöße vorangetrieben und sie wiederum bringen etwas größere in Bewegung. So steigt die Bewegung von den Ursprüngen auf und gelangt allmählich bis zu unseren Sinneswahrnehmungen, so daß dann auch jene Körperchen sich bewegen, die wir im Lichte der Sonne zu erblicken vermögen, ohne daß sichtbar wird, durch welche Stöße sie dies tun.«[20]

Konnte diese poetische Deutung der Bewegung von Staubteilchen im Sonnenlichte mehr als Poesie sein? War die unablässige Bewegung der Rußteilchen, die im Mikroskop sichtbar wurde, tatsächlich auf die Stöße der unsichtbaren Atome zurückzuführen?

Ein langer Weg führte von der Poesie zur Physik. Durfte man wirklich annehmen, daß sich die Atome aller Materie in ständiger und unablässiger Bewegung befinden? Noch schwieriger war aber die Frage zu klären, wie man diese Annahme auch überprüfen konnte. Einstein und Smoluchowski fanden den Weg. Trillionen von Molekülen stoßen in jeder Sekunde gegen ein kleines Rußkörnchen, das im Wasser schwebt, und stoßen es bald dahin, bald dorthin. Den Zufälligkeiten der Stöße preisgegeben, bewegt sich das Körnchen in wechselnder Richtung, ohne erkennbares Ziel. Doch führt dieser Irrweg bald immer weiter von seinem Anfangsort weg. Die Rechnungen zeigten, daß die mittlere Entfernung, die das Körnchen zurücklegt, in vorhersehbarer Weise mit der Beobachtungszeit zusammenhängt. Zwar bleibt die Bewegung des einzelnen Rußkörnchens völlig unbestimmt, da die Stöße der einzelnen Moleküle selbst dem Mikroskop unbeobachtbar bleiben, doch läßt sich zumindest die Durchschnittsbewegung einer großen Zahl von Rußkörnchen vorhersagen.

Albert Einstein und Marian von Smoluchowski veröffentlichten ihre Vorhersagen unabhängig voneinander in den Jahren 1905 und 1906. Die über die Brownsche Bewegung bekannten Daten waren trotz jahrzehntelanger Untersuchungen noch zu ungenau, um eine Überprüfung der neuen Ideen im Experiment zu gestatten. In Paris begann aber bald Jean-Baptiste Perrin mit einer umfangreichen Versuchsreihe, um die von Smoluchowski und Einstein in die Sprache der Physik übersetzte Poesie der Antike zu überprüfen. Zwei Bücher, »Die Brownsche Bewegung und die wahre Existenz der Moleküle« und »Die Atome«, faßten die Ergebnisse seiner jahrelangen Bemühungen zusammen. Er hatte die theoretischen Vorhersagen auf vielerlei Weisen geprüft und die Bewegung, Drehung und Höhenverteilung kleiner Gummikügelchen, die in Wasser schwammen, in überaus mühevollen Versuchsreihen gemessen. Jedes Detail der neuen Experimente stimmte mit den Vorhersagen der Theorie überein. Größe und Maße der Wassermoleküle, deren Stöße die Kügelchen bewegten, konnten aus den Messungen ermittelt werden. Das Ergebnis zeigte, daß ein Liter Wasser die unvorstellbare Zahl von 3330000000000000000000000 (3,33 Quadrillionen) Molekülen enthält. Diese Zahl stimmte aufs beste mit anderen Überlegungen überein, die beispielsweise von der Reibung in Gasen oder der inzwischen im Detail untersuchten radioaktiven Strahlung ausgingen. Alle Experimente führten zu dem gleichen Wert und jeder Zufall schien ausgeschlossen. Die Atome existierten und hatten wohlbestimmte Massen und Größen.

Eine »Gipfelkonferenz« der bedeutendsten europäischen Forscher, die der belgische Industrielle Ernest Solvay 1911 nach Brüssel eingeladen hatte, brachte den endgültigen Durchbruch des Atomismus. Die Daten aus verschiedensten Ländern und unterschiedlichsten Gebieten der Chemie und Physik ließen keinen Zweifel an der Realität der Atome mehr offen. Der atomare Aufbau der Materie war von der Poesie, der Spekulation und Hypothese zur unbestreitbaren Wirklichkeit und zum Programm der folgenden Forschungsarbeiten geworden. Als Max von Laue (1879–1960) wenig später in München den Durchgang von Röntgenstrahlen durch Materie erforschte und dabei klar die Anordnung

GOLDSCHMIDT PLANCK RUBENS LINDEMANN HASENÖHRL
NERNST BRILLOUIN SOMMERFELD DE BROGLIE HOSTELET
SOLVAY KNUDSEN HERZEN JEANS RUTHERFORD
LORENTZ WARBURG WIEN EINSTEIN LANGEVIN
PERRIN Madame CURIE POINCARÉ KAMERLINGH ONNES

**Abb. 4.6:** Eine Gipfelkonferenz der bedeutendsten europäischen Forscher, die Solvay Tagung des Jahres 1911, brachte den endgültigen Durchbruch der Atomlehre.

der Atome in regelmäßigen Kristallgittern erkennen konnte, bedeutete dies nur mehr eine weitere Bestätigung bekannter Tatsachen.

Der Triumph des Atomismus war vollkommen. Ludwig Boltzmann, der Pionier und Vorkämpfer für den atomaren Aufbau der Materie, erlebte diesen Triumph nicht mehr. Auf Schloß Duino bei Triest hatte er im September 1906 den Freitod gewählt, an seiner Gesundheit, seinem Augenlicht und vielleicht auch an der Anerkennung seiner Lehre durch die Nachwelt zweifelnd.

## Das Atom: Der Mythos des 20. Jahrhunderts?

In den Jahren vor dem Ersten Weltkrieg war das Atom vom Mythos zur Realität geworden. Zu Ende des Zweiten Weltkrieges führte der Schock der Bomben von Hiroschima und Nagasaki zur Ankündigung des »Atomzeitalters« und machte das Atom zum Mythos des 20. Jahrhunderts, zu einem Mythos, dessen elementare Macht und Realität unbestreitbar erschienen.

Heute führen uns Elektronen- und Ionenmikroskope den atomaren Aufbau der Materie, die regelmäßige Anordnung zahlloser Atome im Gitter der kristallinen Festkörper direkt vor Augen. Die Schraubenstruktur der Doppelhelix des Erbmaterials, der Aufbau großer Moleküle, ja sogar einzelne Atome sind sichtbar geworden. Jeder Zweifel scheint ausgeschlossen: Atome gibt es wirklich!

Gibt es Atome wirklich, ist jeder Zweifel beseitigt und ein eindeutiger Beweis für den atomaren Aufbau der Materie geführt? Wieder müssen wir auf die Natur physikalischer Erkenntnisse und die »Last des Beweises« eingehen, die schon im Falle Galileis eine so entscheidende Rolle gespielt hat. Die Zeiten haben sich gewandelt. Keine Instanz der Inquisition saß über die Existenz der Atome und ihre Bewegung zu Gericht, sondern eine Versammlung von Wissenschaftlern, der Solvay-Kongreß zu Brüssel im Jahre 1911. Die Vernunft siegte und die Atome wurden zur Realität.

»So ist es. Ist es so?« fragt uns Pirandello in seinem bekanntesten Stück »Sechs Personen suchen einen Autor«. Hatten die Erkenntnisse, die in zahllosen Laboratorien gewonnen wurden, die Existenz der Atome wirklich eindeutig bewiesen? Betrachten wir ein Beispiel: Achtzig Jahre lang hatte man versucht, die Brownsche Bewegung in verschiedenster Weise zu erklären, ohne daß dies zu einem durchschlagenden Erfolg geführt hatte. Erst die Annahme der ewigen Bewegung der Moleküle und ihrer Stöße gegen die Rußkörnchen führte zu einer Vorhersage, die sich am Experiment nachprüfen ließ. Folgt daraus, daß die Moleküle wirklich existieren?

Voll trifft uns hier die Last des Beweises: Aus der Existenz der Moleküle und ihrer ewigen Wärmebewegung folgt auf logisch-mathematische Weise die unter dem Mikroskop beobachtbare Verschiebung der Rußkörnchen. Doch niemand vermag zu zeigen, daß diese Verschiebung ausschließlich durch die von Einstein und Smoluchowski herangezogenen Stöße der Moleküle zu erklären ist. Wenn wir die Existenz der Moleküle annehmen, dann folgt die Bewegung der Rußteilchen, nicht umgekehrt!

Auch hier kann also von einem strengen Beweis für die Existenz von Atomen und Molekülen nicht die Rede sein. Doch wie steht es mit den Feldionenmikroskopen, die uns heute auf wunderbare Weise die Atome und ihre Bewegung vor Augen führen? Hätte nicht sogar Ernst Mach dies als Beweis für die Existenz der Atome empfunden?

Doch auch hier klafft eine Lücke. Könnte nicht ein Aristoteliker argumentieren, daß das Feldionenmikroskop lediglich Fleckenmuster auf einem Schirm projiziert? Nur mit größter Phantasie kann man darin die Bilder von Atomen sehen, die in der mikroskopisch kleinen Spitze irgendeiner Probe im Inneren des Mikroskops enthalten sind. Entspringen diese Bilder nicht eigentlich dem Willen des Konstrukteurs? Wurde die Konstruktion des Feldionenmikroskops nicht so lange abgeändert und immer wieder verbessert, bis sich endlich die gesuchten Muster und Flecken ergaben? Darin einen *Beweis* für die Existenz der Atome zu sehen, würde einem Aristoteliker wohl als allzu kühner Schluß erscheinen. Nur wenn wir die Existenz von Atomen *annehmen* und unser volles Vertrauen in die vom Konstrukteur angegebene Funktionsweise der Maschine setzen, können wir in den Punkten auf dem Schirm die Bilder von Atomen erblicken.

Einen logisch eindeutigen und strengen Beweis für die Existenz der Atome vermag die Physik nicht zu führen. Denn nur aufwendige Meßapparaturen vermögen uns die Mikrowelt zu erschließen, Meßapparaturen, deren Funktion selbst auf zahlreichen Theorien beruht, die fehlerhaft sein könnten.

Hat also Ernst Mach recht, der in den Theorien der Naturwissenschaft nur »ökonomische Zusammenfassungen unseres Wissens« sah, in ihren Begriffen und Strukturen nur Fiktionen, die lediglich zweckmäßige, aber keinesfalls wahre Beschreibungen unserer Welt liefern? Mit voller Schärfe tritt uns die Problemstellung entgegen, die bereits den Streit um Kopernikus und Galilei auslöste. Wie im Bereich des Großen, der Himmelserscheinungen, Instrumente erforderlich sind, um die menschlichen Sinne zu ergänzen und zu erweitern, so können wir auch in die Welt des Kleinen nur mit derartigen Instrumenten eindringen. Je weiter wir uns dabei vom Alltag entfernen, desto komplizierter und aufwendiger werden die erforderlichen Hilfsmittel. Desto größer wird auch die Wahrscheinlichkeit, daß die Überlegungen, die wir anstellen, um in die verborgenen Welten einzudringen, Fehler und Irrtümer enthalten. So könnte man argumentieren, daß bereits die Existenz von Bakterien zweifelhaft sei, da diese Krankheitserreger ja nur unter dem Mikroskop sichtbar werden. Noch weit aufwendiger ist es, den Viren auf die Spur zu kommen, und nur unter dem Elektronenmikroskop werden die Erreger gefürchteter Krankheiten, wie etwa der Kinderlähmung, sichtbar. Noch viel schwieriger und indirekter sind die Schlußketten, die uns in die Welt der Atome und Moleküle führen.

Wo aber liegt die Grenze zwischen der Welt des Alltags, den Tischen, Sesseln, Häusern und Autos, denen wir üblicherweise Existenz zuschreiben, und der Welt des immer Kleineren oder immer Größeren,

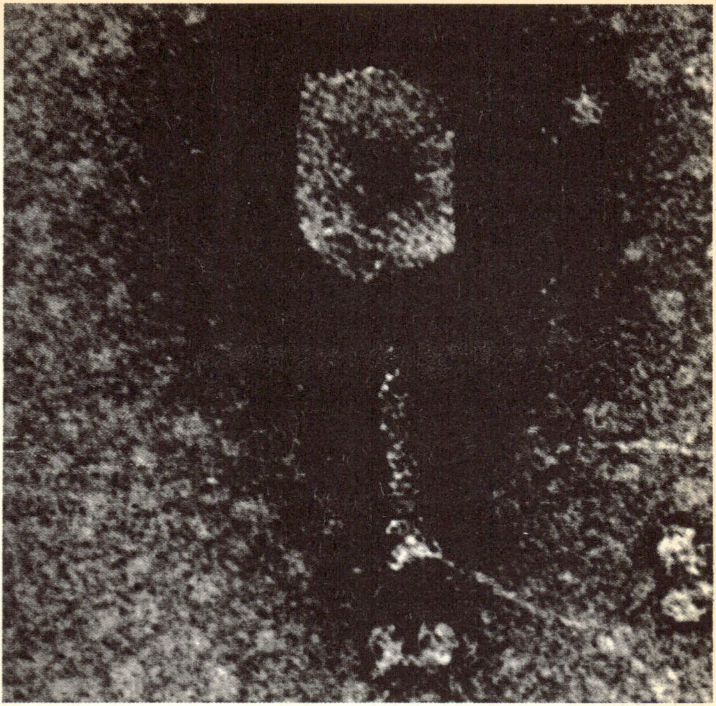

**Abb. 4.7:** Ein Bakteriophage unter dem Elektronenmikroskop. Nur durch eine schwierige und indirekte Schlußkette kann dieses Bild als 300000fach vergrößerte Abbildung eines Virus interpretiert werden. Doch kaum jemand würde an der Realität des abgebildeten Bakteriophagen zweifeln.

die uns nur durch theoriebeladene Instrumente zugänglich wird? Sind Bakterien wirklich nur Modelle, die es erlauben, den Verlauf von Krankheiten »denkökonomisch« darzustellen? Eine andere Interpretation bietet sich hier an: Je weiter wir aus dem Bereich des Alltags in das mikroskopisch Kleine oder unvorstellbar Große vordringen, desto schwieriger und langwieriger werden unsere Überlegungen und desto größer ist auch die Wahrscheinlichkeit, daß unsere Theorien Fehler enthalten. Die Wissenschaft stellt Hypothesen auf, Hypothesen über den

Aufbau der kleinsten und der größten Strukturen der realen Außenwelt. Diese hypothetische Erschließung der Welt bleibt fehlerbehaftet und revisionsanfällig, wie jede menschliche Erkenntnis. Je weiter vom Alltag entfernt, um so stärker gilt dies und um so öfter werden im Verlaufe der Wissenschaftsgeschichte die Erkenntnisse umgestoßen und erneuert werden müssen.

Nichts in der Geschichte der Wissenschaft legt den Schluß nahe, daß es sich bei den Begriffen und Konzepten der Physik und anderer Wissenschaften um bloße »denkökonomische Modelle« handelt, um reine »Instrumente«, um »Herrschaftswissen«, das nicht den Versuch darstellt, die reale Struktur der Welt zu erschließen, sondern bloß zweckmäßig ist. Eine derartige Auffassung vom Wesen der Wissenschaft – man bezeichnet sie als Instrumentalismus – entstand im Laufe der Geschichte immer wieder. Der Instrumentalismus wurde vor allem dann prominent, wenn die Ergebnisse der Wissenschaften mit den Ansichten der politisch Mächtigen unverträglich waren. Osianders Vorwort zu Kopernikus »De revolutionibus orbium coelestium« legt davon beredtes Zeugnis ab.

Die Geschichte der Naturwissenschaft gibt keinen Anlaß zur Flucht in den Instrumentalismus. Die Theorien der Physik sind vorläufig, revisionsanfällig und unsicher wie jedes menschliche Wissen. Sie sind aber die am besten überprüften Hypothesen über die Realität der Welt, die die menschliche Geistesgeschichte bis jetzt zu schaffen vermochte.

Wie anders wäre es zu verstehen, daß beispielsweise die Hinweise auf die Existenz der Atome aus den verschiedensten Gebieten kamen? Elektrizitätslehre, organische und anorganische Chemie, die radioaktive Umwandlung der Elemente und die Erkenntnisse der Wärmelehre führten unabhängig voneinander zu den gleichen Ergebnissen für die Größe und Masse der Atome. Wenn man in wissenschaftlichen Theorien bloß Instrumente und denkökonomische Modelle sieht, die es gestatten, einige Wahrnehmungen zusammenzufassen, so bliebe völlig ungeklärt, warum Ergebnisse aus den verschiedensten Gebieten plötzlich zu den gleichen Zahlenwerten führen sollten – wenn sich dahinter nicht viel mehr als bloße Modelle, sondern Einsichten in die Realität verbergen.

# 5
# Das Unteilbare teilen

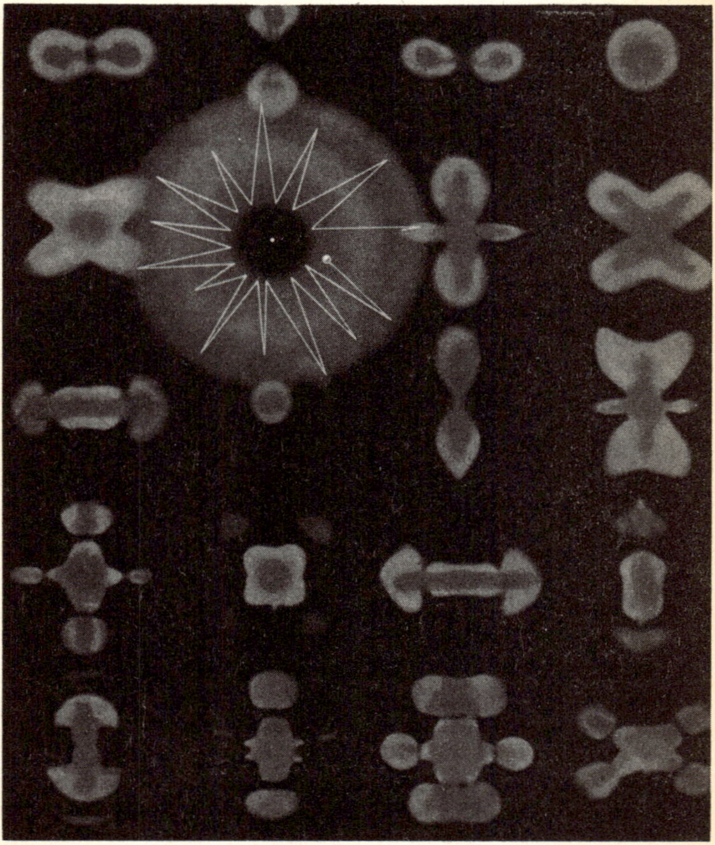

Seite 129:

**Abb. 5.1:** Der innere Aufbau der Atome wurde erst im 20. Jahrhundert durch die Quantenmechanik geklärt. Das Bild zeigt verschiedene mögliche Schwingungsformen der Elektronen im Atom.

Das erste Jahrzehnt des 20. Jahrhunderts hatte den Beweis für den atomaren Aufbau der Materie erbracht. Dabei dürfen wir »Beweis« nicht im Sinne der Mathematik verstehen, sondern im Sinne eines naturwissenschaftlichen Beweises: Der atomare Aufbau der Materie hatte so vielen Überprüfungen durch das Experiment standgehalten, daß kaum ein Zweifel an der realen Existenz der Atome bestehen konnte.

Dennoch waren einige der wichtigen Fragen ungelöst geblieben, die bereits Aristoteles in Anbetracht der griechischen Atomisten aufgeworfen hatte. Wie können Atome zugleich unteilbar und doch ausgedehnt sein? Denn nur Atome, die selbst eine räumliche Ausdehnung aufweisen, konnten wohl für den Aufbau der Körper in unserer Welt in Betracht kommen. So mußten die Atome zumindest ausgedehnt sein, wenn auch ihre Unteilbarkeit nach der Entdeckung der Elektronen in der Kathodenstrahlung gar nicht mehr so gesichert erschien.

Das Problem des inneren Aufbaus der Atome rückte in das Zentrum des Interesses der Physik. Wie konnte man sich diesen Aufbau vorstellen, welche Denkmöglichkeiten gab es hier und welche Experimente konnten dazu dienen, diese Möglichkeiten zu überprüfen? Die Antwort auf diese Fragen war eines der spannendsten Kapitel wissenschaftlicher Kriminalistik. Wie in jeder guten Detektivgeschichte führt ein verschlungener Pfad, voller Irrwege und Abenteuer, zur Lösung des Rätsels. Er führt uns zunächst zur Frage nach dem Wesen des Lichtes, dann zu einem der sonderbarsten Philosophen des alten Griechenland und schließlich zu einer der tiefsinnigsten Theorien der modernen Physik, zur »Quantenmechanik«. Wie sich in ihr die Ideen und Methoden von Physik und Philosophie begegneten, widersprachen und doch ergänzten, werden die folgenden Überlegungen lehren.

**Was ist Licht?**

Die Vorhersage elektromagnetischer Wellen durch James Clerk Maxwell war um 1880 durch die Experimente von Heinrich Hertz triumphal bestätigt worden. Seine Versuche und die darauf folgenden Experimente zahlreicher anderer Forscher legten nicht nur die Grundlage der Nachrichtentechnik, sondern zeigten auch, daß die neuentdeckten elektromagnetischen Wellen alle Eigenschaften aufwiesen, welche die Theorie forderte. Am wichtigsten war dabei die mit großer Genauigkeit bestätigte Vorhersage, daß sich die Wellen im leeren Raum mit Lichtgeschwindigkeit ausbreiten. Alle Versuche wiesen darauf hin, daß auch Licht eine elektromagnetische Welle ist, die sich nur durch die Wellenlänge von Radiowellen oder Wärmestrahlung unterscheidet. Damit wurde die Optik zu einem Teilbereich der Elektrizitätslehre. Zwei große Teilgebiete der Physik waren vereinigt.

Die neugewonnenen Kenntnisse über elektromagnetische Wellen ermöglichten zahlreiche Anwendungen und Vorhersagen. Bald wurde es möglich, Sender und Empfänger für Radiowellen verschiedener Frequenz zu bauen, und ein Netz von Sendestationen schloß den Erdball immer dichter zusammen. Millionenmal langwelliger als das sichtbare Licht waren die Wellen, die bei diesen technischen Anwendungen eingesetzt wurden. Immer weitere Bereiche des elektromagnetischen Spektrums, wie beispielsweise das Ultraviolett oder die Röntgenstrahlung wurden erforscht.

Auch die Wärmestrahlung, die von jedem erhitzten Körper ausgeht, wurde bald als elektromagnetische Welle erwiesen und dadurch den neuen Untersuchungsmethoden und Berechnungen zugänglich. Hier ergab sich aber eine eigentümliche Schwierigkeit. Die Theorie der Wärmestrahlung sagte nämlich voraus, daß die von einem heißen Körper ausgehende Strahlung unendlich stark sein sollte! Dies stand zweifellos im Widerspruch zu jeder Erfahrung und jedem Experiment. Die sonderbare Vorhersage der Theorie war darauf zurückzuführen, daß die Atome und Moleküle eines erhitzten Körpers thermische Bewegungen ausführen, wie die Wärmelehre gezeigt hatte. Diese unregelmäßigen Bewegungen rufen elektromagnetische Wellen in sämtlichen Frequenzbereichen hervor. Von ganz langwelligen, langsam schwingenden Radiowellen angefangen, sollte ein erhitzter Körper alle Oktaven des elektromagnetischen Spektrums bis hinein zur Röntgenstrahlung und darüber hinaus zu beliebig hohen Frequenzen aussenden.

Diese Vorhersage löste eine Krise der »klassischen Physik« aus.

Zahlreiche Forscher bemühten sich in den letzten Jahrzehnten des 19. Jahrhunderts, den Ursachen für die sinnlosen Vorhersagen auf die Spur zu kommen. Waren es die von Maxwell aufgestellten Gleichungen für Elektrizität und Magnetismus, die abzuändern waren? Oder waren die Grundlagen der Wärmelehre, der Energiesatz und der Entropiesatz, nicht in korrekter Weise auf die Aussendung elektromagnetischer Strahlung angewendet worden? Doch die Rechnungen waren einfach und übersichtlich und das Resultat ließ keine Zweifel offen: Die Strahlung erhitzter Körper sollte unendlich stark sein. Die Lösung dieses Problems bedeutete das Ende der klassischen Physik.

## Max Planck stürzt die klassische Physik

Im Jahre 1874 erkundigte sich ein junger Mann bei dem Münchner Physikprofessor Philipp von Jolly (1809–1884) nach den Studienaussichten.[1] Der Professor riet ab, in der Physik sei so gut wie alles erforscht und es gelte nur noch einige Lücken auszufüllen und einige Naturkonstante auf einige Dezimalstellen genauer zu bestimmen.

Der junge Studiosus Max Planck ließ sich nicht abschrecken. Bereits mit einundzwanzig Jahren promovierte er mit einer Untersuchung über Wärmelehre. Die weitere Karriere führte Planck nach Berlin, wo er ab 1889 jahrzehntelang eine Professur innehatte. Seine Liebe galt der Wärmelehre, deren großen Prinzipien – den Energiesatz und den Entropiesatz – er in meisterhafter Weise auf immer neue Situationen anzuwenden verstand.

Mit Ludwig Boltzmanns atomistischem Ansatz war Planck dagegen gar nicht einverstanden. Denn die ziel- und regellose Bewegung der Atome, die schon im Mittelalter als Einwand gegen den Atomismus betrachtet worden war, schien Planck unvereinbar mit der Gerichtetheit der Vorgänge, die man in der Wärmelehre beobachtet. Umkehreinwand und Wiederkehreinwand, die wir in den glänzenden Formulierungen Poincarés bereits kennengelernt haben, schienen eindeutig gegen den Atomismus zu sprechen. Zwar schaltete sich Planck nicht selbst in die Kontroverse ein, doch ließ er seinen Assistenten Ernst Zermelo eine Reihe von Attacken gegen die Anhänger der Atome reiten.

Kurz vor der Jahrhundertwende wandte sich Planck den Problemen der Wärmestrahlung zu. Sollte es nicht doch möglich sein, diese Strahlung in Einklang mit dem Experiment aus den Grundgesetzen der Wärmelehre und des Elektromagnetismus herzuleiten? Fünf Jahre lang beschäftigte sich Planck fast unablässig mit diesem Problem. Im Oktober 1900 gelang es ihm schließlich, eine Formel für die Wärmestrahlung zu gewinnen, die mit allen empirischen Daten im Einklang stand. Eine exakte Begründung dieses »Planckschen Strahlungsgesetzes« fehlte jedoch. Es war eine »glücklich erratene Interpolationsformel«, die bereits zuvor bekannte Teilgesetze verknüpfte. Warum diese Gesetze gelten sollten, warum man sie überhaupt verknüpfen durfte und warum dies gerade in der von Planck gewählten Form geschehen sollte, dafür fehlten zunächst die Argumente.

Fieberhaft arbeitete Planck weiter. Am 14. Dezember 1900 präsentierte er schließlich der Deutschen Physikalischen Gesellschaft zu Berlin die Überlegungen, die es ihm erlaubten, das neu gewonnene Strahlungsgesetz zu begründen und zu erläutern. Der 14. Dezember 1900 ist in die Geschichte der Physik als der Tag eingegangen, an dem die klassische Physik ihr Ende fand und die Ära der »Quantentheorie« begann. Planck schrieb dazu rückblickend:

»Kurz zusammengefaßt kann ich die ganze Tat als einen Akt der Verzweiflung bezeichnen. Denn von Natur bin ich friedlich und bedenklichen Abenteuern abgeneigt. Aber eine theoretische Deutung des Strahlungsgesetzes mußte um jeden Preis gefunden werden, und wäre er noch so hoch. Die beiden Hauptsätze der Wärmetheorie erschienen mir als das einzige, was unter allen Umständen festgehalten werden muß. Im übrigen war ich zu jedem Opfer an meinen bisherigen physikalischen Überzeugungen bereit.«[2]

Was war nun dieser »Akt der Verzweiflung«, mit dem die klassische Physik endete und die Quantentheorie begann? Planck hatte bei seiner Begründung des Strahlungsgesetzes statistische Überlegungen, also die Methode Boltzmanns benützen müssen, gegen die er vor kurzem noch so heftig polemisierte. Dies schien ihm der wesentliche Schritt zu sein, während die eigentlich revolutionäre Tat zunächst gar nicht so bedeutsam erschien. Planck hatte nämlich annehmen müssen, daß die Wärmestrahlung von einem schwarzen Körper nur in ganz bestimmten »Energiepaketen« oder »Quanten« abgegeben werden kann. Um Übereinstimmung mit den experimentellen Daten zu erzielen, mußte die Größe der Energiepakete proportional zur Frequenz sein. Bei kleinen Frequenzen, also im Bereiche der langwelligen Strahlung, sind die Energiepakete sehr klein. Die hochfrequente Röntgenstrahlung besteht dagegen aus wenigen Quanten sehr hoher Energie. Deswegen können Röntgenstrahlen auch Schäden im menschlichen Gewebe auslösen, und zum Beispiel zu Veränderungen im Erbmaterial führen.

Die »Paketierung der Energie« führt dazu, daß ein erhitzter Körper zwar ohne Schwierigkeiten Strahlung mit geringer Frequenz abgeben kann, deren Energiepakete ebenfalls entsprechend klein sind. Bei hohen Frequenzen bringt der erhitzte Körper aber nur selten die große Energie auf, die für die Aussendung eines Quants erforderlich ist. Deshalb enthält die Wärmestrahlung einen wesentlich geringeren hochfrequenten Beitrag, als man zuvor angenommen hatte. Die unendlich starke Strahlung, die nach dem Gesetz der klassischen Physik von einem erhitzten Körper ausgehen sollte, wird dadurch vermieden. Das Plancksche Strahlungsgesetz, das nunmehr seine Begründung gefunden hatte, steht in bester Übereinstimmung mit der Erfahrung.

## Einstein nimmt Planck beim Wort

Das neue Strahlungsgesetz bildete einen erratischen Block in der Landschaft der Physik. Isoliert und einzigartig stand die Annahme von Energiepaketen da, und erschien mehr als technischer Trick, denn als physikalische Realität. Doch dann kam Albert Einsteins große Stunde. Seine Berechnung der Brownschen Bewegung hatte im Jahre 1905 den Weg zur Anerkennung der Atome als Elemente der physikalischen Realität geebnet. Der atomare Aufbau der Materie stand für ihn ebenso fest wie die unregelmäßige Wärmebewegung der Atome, deren Auswirkungen in der Brownschen Bewegung sichtbar wurden.

Körper bestehen also aus Atomen, aus einzelnen, voneinander getrennten Elementen. Licht war dagegen nach der Auffassung der klassischen Physik eine Welle, ein kontinuierliches Phänomen, das den ganzen Raum erfüllte. Einstein betrachtete diese unterschiedlichen Vorstellungen der Physiker über die Natur von Körpern und des Lichtes als uneinheitlich und unschön. Wenn Körper aus Atomen aufgebaut sind, warum sollte dann nicht Licht auch aus »Lichtatomen« bestehen? Am Beginn seiner berühmten Untersuchung »Über einen die Erzeugung und Verwandlung des Lichtes betreffenden heuristischen Gesichtspunkt« formuliert dies Einstein folgendermaßen:

»Zwischen den theoretischen Vorstellungen, welche sich die Physiker über die Gase und andere ponderable Körper gebildet haben, und der Maxwellschen Theorie der elektromagnetischen Prozesse im sogenannten leeren Raum besteht ein tiefgreifender formaler Unterschied. Während wir uns nämlich den Zustand eines Körpers durch die Lage und Geschwindigkeiten einer zwar sehr großen, jedoch endlichen Anzahl von Atomen und Elektronen für vollkommen bestimmt ansehen, bedienen wir uns zur Bestimmung des elektromagnetischen Zustandes eines Raumes kontinuierlicher räumlicher Funktionen, so daß also eine endliche Anzahl von Größen nicht als genügend anzusehen ist zur vollständigen Festlegung des elektromagnetischen Zustandes eines Raumes.«[3]

Konnten die Energiepakete, die Planck bei der Behandlung der Wärmestrahlung einführen mußte, mehr sein als ein formaler Trick? Durfte man Planck beim Wort nehmen und diese Energiepakete als real existierende »Lichtquanten«, also eine Art Lichtatome auffassen? Damit wäre der formale Unterschied zwischen Körpern und Licht behoben und der Sieg des Atomismus in beiden Fällen sichergestellt.

Albert Einsteins revolutionäre »Lichtquantenhypothese« wurde von seinen Fachkollegen als allzu radikaler Versuch angesehen, die Planckschen Ideen zu deuten. Sogar Max Planck meinte noch im Jahre 1913, als Albert Einstein in die Preußische Akademie der Wissenschaften aufgenommen werden sollte:

»Daß Einstein in seinen Spekulationen gelegentlich auch einmal über das Ziel hinaus geschossen haben mag, wie zum Beispiel in seiner Hypothese der Lichtquanten, wird man ihm nicht allzu sehr anrechnen dürfen. Denn ohne einmal ein Risiko zu wagen, läßt sich auch in der exaktesten Wissenschaft keine wirkliche Neuerung einführen.«[4]

Weitere acht Jahre später hatte Einstein gesiegt. Die Schwedische Akademie der Wissenschaften verlieh ihm im Jahre 1921 den Nobelpreis »für seine Beiträge zur Quantentheorie«. Max Plancks Ableugnung seines geistigen Kindes war kein Erfolg beschieden. Die Quanten waren zu einem bleibenden Bestandteil der Physik geworden.

## Gibt es Lichtatome?

Mehr als zweitausend Jahre physikalischer Forschung waren notwendig gewesen, um den atomaren Aufbau der Materie von der kühnen philosophischen Spekulation zur kühlen physikalischen Realität werden zu lassen. Der Idee der Lichtatome war ein weit rascherer Erfolg beschieden.

Zur Überprüfung des atomaren Aufbaus der Materie hatte Albert Einstein vorgeschlagen, die Brownsche Bewegung zu studieren, die kleine Körper infolge der Stöße der Moleküle ausführen. Zum Studium des atomaren Aufbaus der Strahlung schlug er nunmehr vor, die Stöße

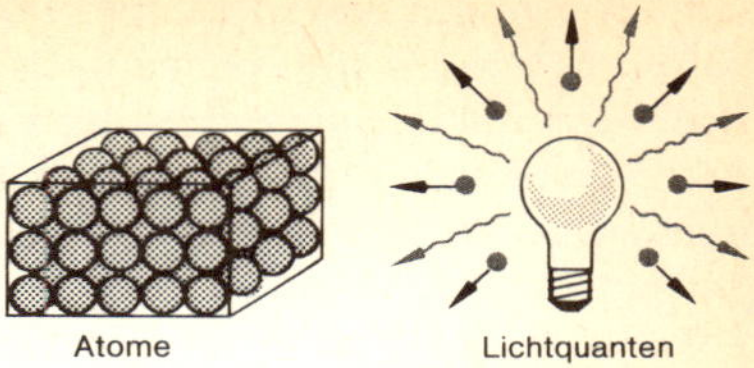


**Abb. 5.2:** Wenn Körper aus Atomen aufgebaut sind, warum sollte dann nicht auch Licht aus »Lichtatomen« bestehen? Diese Frage stand am Anfang von Albert Einsteins Nobelpreisarbeit.

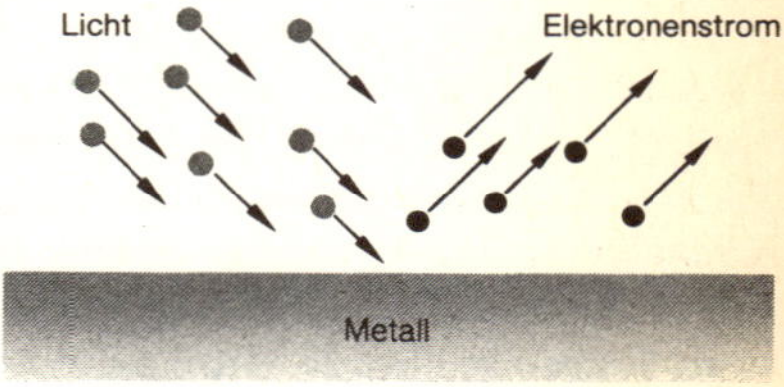


**Abb. 5.3:** Wenn Lichtquanten auf eine Metalloberfläche treffen, können Elektronen aus der Oberfläche herausgeschlagen werden. Die Erklärung dieses »Photoeffekts« war eine der wesentlichen Überprüfungen für die Hypothese der Lichtquanten.

der Lichtquanten gegen einen kleinen Spiegel zu untersuchen, der in einem strahlungserfüllten Raum frei drehbar aufgehängt ist. Seine Rechnung zeigte, daß sich nur unter der Annahme des atomaren Aufbaus des Lichtes die erwarteten Schwankungen und Drehungen des Spiegels ergeben.

Aber noch einen weiteren Test seiner Überlegungen vermochte Albert Einstein anzugeben. Schlagen Lichtquanten auf eine Metalloberfläche auf, so können dadurch Elektronen aus der Oberfläche herausgeschlagen werden. Dieser »Photoeffekt« war bereits bekannt und experimentell untersucht, doch standen die Meßergebnisse nicht im Einklang mit den Vorhersagen der klassischen Physik. Erst die Annahme eines atomaren Aufbaus des Lichts vermochte die Meßdaten eindeutig und überzeugend zu erklären. Damit waren bereits erste entscheidende Hinweise auf die Realität der Lichtquanten gegeben, doch dauerte es noch zwei Jahrzehnte, bevor jeder Zweifel an den neuen Ideen beseitigt war.

Das Ergebnis bedeutete eine Revision eines wesentlichen Teiles der Physikgeschichte. Denn nur allzu lange hatte die Physik um die Frage nach der Natur des Lichtes gerungen. Der Teilchenaufbau des Lichtes, der unter anderem von Newton angenommen worden war, hatte der Wellentheorie des Lichtes Platz gemacht, für die es viele überzeugende Belege gab. Denn nur eine Wellentheorie konnte erklären, daß Licht und Licht zusammengenommen in manchen Fällen Dunkelheit ergibt, wie etwa beim Durchgang einer Lichtwelle durch zwei eng benachbarte Spalten. Wie waren die klassischen Ergebnisse, die doch als eindeutiger Beweis für die Wellentheorie des Lichtes galten, von dem neuen Standpunkt her zu sehen? Eine schwierige Revision scheinbar gesicherten Wissens bahnte sich an.

## Teilchen oder Welle: Warum nicht beides?

Durch zwei Jahrhunderte hindurch hatte die Physik mehr und mehr Anhaltspunkte für die Wellennatur des Lichtes gesammelt. Zahlreiche Interferenzerscheinungen, bei denen von verschiedenen Punkten ausgehende Lichtwellen charakteristische Streifenmuster hervorrufen, hatten die Beweisführung erhärtet. Maxwells elektromagnetische Theorie des Lichtes brachte die Krönung dieser Entwicklung und bettete die Lichtwellen in das weite Spektrum elektromagnetischer Wellen ein. Wie konnte diese Entwicklung revidiert werden? Stand die Einführung von Lichtquanten nicht im Widerspruch mit allen Experimenten?

Wieder ist die »Last des Beweises« der Schlüssel zum Verständnis. Die beobachteten Streifenmuster wiesen auf Interferenzerscheinungen hin und konnten durch die Annahme erklärt werden, daß Licht eine Welle ist. Denn aus der Wellentheorie des Lichtes folgt auf logisch-mathematische Weise eindeutig das Auftreten von Interferenzen. Nichts erlaubt uns jedoch, diesen Beweis umzukehren und aus dem Auftreten von Interferenzmustern *eindeutig* zu schließen, daß es sich beim Licht um eine Welle handeln muß. Zwar ist diese Annahme plausibel, da auch bei anderen Wellenerscheinungen, wie etwa bei Wasserwellen, Interferenzmuster beobachtet werden. Doch niemand hat bewiesen, daß Wellen die *einzigen* Naturerscheinungen sind, die zu Interferenzerscheinungen führen können.

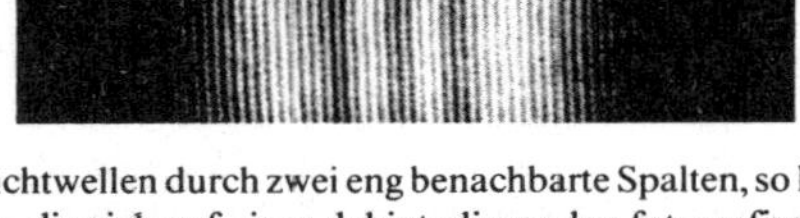

**Abb. 5.4:** Treten Lichtwellen durch zwei eng benachbarte Spalten, so kommt es zu Interferenzerscheinungen, die sich auf einer dahinterliegenden fotografischen Platte als Streifenmuster bemerkbar machen.

Die Lage war schwierig. Einige Experimente mit Licht konnten nur durch die Annahme der Wellennatur des Lichtes erklärt werden, zumindest war keine andere Erklärung bekannt oder vorgeschlagen worden. Andere Experimente, wie der photoelektrische Effekt, konnten dagegen nur auf den atomaren Aufbau des Lichtes zurückgeführt werden. Manchmal erschien Licht als Teilchen, manchmal als Welle. Ein prominenter Physiker formulierte die verzweifelte Situation in den Worten: »Montag, Mittwoch und Freitag ist das Licht eine Welle, Dienstag, Donnerstag und Samstag ist es ein Teilchen und am Sonntag ruht es.«

Welche Lösung dieses Dilemmas konnte es geben? Der »Instrumentalismus«, der uns bereits wiederholt entgegengetreten ist, bietet eine einfache – allzu einfache – Lösung des Problems. Physikalische Theorien sind demnach Instrumente und denkökonomische Zusammenfassungen experimenteller Daten. Für manche Experimente hat es sich nunmehr als zweckmäßig erwiesen, die Daten mit Hilfe eines »Wellenmodelles« des Lichtes zusammenzufassen, während sich andere Daten besser für eine Beschreibung durch ein »Teilchenmodell« eignen. Es ist eine Frage der Zweckmäßigkeit, welchem Modell man für welchen Versuch den Vorzug gibt. Gegebenenfalls könnte die Palette der Modelle auch noch erweitert werden, wenn ein neues Experiment durch die beiden bisher betrachteten Modelle allein nicht in zweckmäßiger Weise beschrieben werden kann.

Einfach, ja allzu einfach, ist die Philosophie des Nebeneinanderstehens von Modellen. Hatte doch bereits Plancks grundlegende Annahme eine Verbindung zwischen den Teilcheneigenschaften des Lichtes und den Welleneigenschaften geschaffen. Die Teilcheneigenschaft »Energie der Quanten« ist nach Plancks Erkenntnis proportional zur Frequenz der Lichtwellen. Teilchen und Welle werden dadurch in eigentümlicher und charakteristischer Weise verbunden. Nicht ein Nebeneinanderstehen von Modellen, von denen bald eines, bald das andere zur Erklärung der Phänomene herangezogen wird, haben wir hier vor uns, sondern eine tiefgreifende neue Verknüpfung einer Teilchentheorie und einer Wellentheorie zu einer höheren Einheit: zur Quantentheorie des Lichtes. Sie wurde in der Folge in der »Quantenelektrodynamik« eine der am besten getesteten Theorien der Physik. Ihre Vorhersagen haben der Überprüfung durch das Experiment mit einer Genauigkeit von Eins zu Hundertmilliarden standgehalten.

Nicht Teilchen oder Welle, *Teilchen und Welle* muß die Antwort auf die Frage nach der Natur des Lichtes sein. Wie aber hängen Teilchen und Welle zusammen? Eine Relation hatte bereits Planck gefunden, nämlich die Beziehung zwischen der Energie der Teilchen und der Frequenz der Welle. Andere Beziehungen folgten. Einstein selbst stieß im Jahre 1910 auf eine weitere Relation, die den Impuls der Lichtquanten mit der Wellenlänge des Lichtes verknüpft. Die Überprüfung dieser Relation im Jahre 1923 bildete einen Wendepunkt in der Geschichte der Physik. Der amerikanische Physiker Arthur H. Compton (1892–1962) hatte nämlich die Idee, Lichtquanten auf Elektronen zu schießen und dabei zu sehen, wie jeweils ein Teil des Impulses eines einzelnen Lichtquants auf ein Elektron übertragen werden kann. Die Ergebnisse dieser Versuche überzeugten auch die Skeptiker von der Realität der Lichtquanten.

Eine reichhaltigere und kompliziertere Struktur ergab sich damit für das Licht. Teilchen- und Wellenaspekte des Lichtes waren vereint, wobei die Wellenaspekte zu den beobachteten Interferenzstreifen führen, während die Teilchennatur des Lichtes den Photoeffekt und andere Erscheinungen erklären kann.

## Ein französischer Prinz hat eine Idee

Albert Einsteins Ziel war es gewesen, die Symmetrie in der physikalischen Beschreibung von Körpern und Licht herzustellen. Wenn Körper aus Atomen aufgebaut sind, dann sollte dies auch für das Licht gelten. Wenn aber Licht außer seinem atomaren Aufbau auch noch Welleneigenschaften aufweist, sollte man dies nicht auch für Körper vermuten? Erst in diesem Fall wäre ja die volle Symmetrie hergestellt.

Fast selbstverständlich und logisch mutet diese Idee an, wenn wir vom Grundkonzept einer harmonischen und einheitlichen Naturbeschreibung ausgehen, wie dies Albert Einstein tat. Und doch war es nicht Einstein selbst, dem der kühne Schritt gelang, auch Körpern und ihren Bausteinen Welleneigenschaften zuzuordnen und diese Zuordnung zu überprüfen.

Es war Louis Victor Prince de Broglie (geb. 1892), der diese Ideen erstmals formulierte. Der studierte Jurist war im Privatlaboratorium seines älteren Bruders Maurice von den neuen Konzepten der Physik angeregt und begeistert worden und hatte sich den Lehren der Quantentheorie zugewandt. Seine Untersuchungen faßte er bald zu einer Dissertation zusammen, die er am 25. Dezember 1924 an der Sorbonne verteidigte. Die »Recherche sur la theorie de quanta« wurden zu einem Meilenstein in der Geschichte der Quantentheorie.

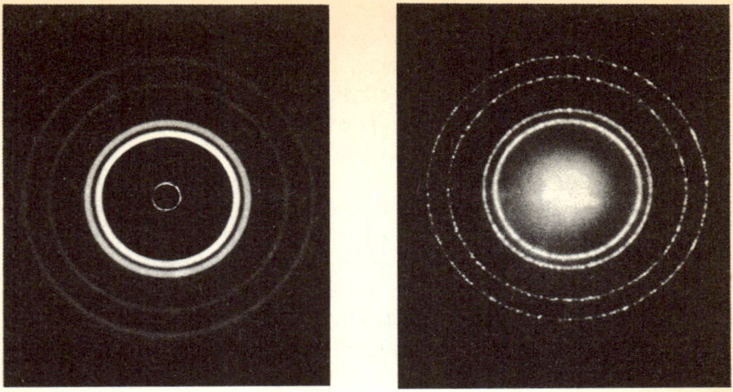

**Abb. 5.5:** Beim Durchgang von Röntgenstrahlen durch Kristallgitter ergeben sich Interferenzmuster, die erstmals von Laue entdeckt wurden. Dieselben Interferenzmuster werden auch beim Durchgang von Elektronen durch Kristalle sichtbar.

Die Idee war geboren, der Beweis stand aus. De Broglie hatte die Vermutung geäußert, daß Materie, die Atome, Elektronen und andere Bausteine unserer Welt, nicht nur Teilchen, sondern zugleich auch Wellen sein könnten. Wie konnte man diese Vermutung überprüfen? Ein Weg bot sich an, den bereits Max von Laue im Jahre 1914 gegangen war. Er hatte Röntgenstrahlen durch Kristalle hindurchgesandt. Dabei war die regelmäßige Anordnung der Atome im Kristallgitter sichtbar geworden und ein direkter Hinweis auf den atomaren Aufbau der Materie gefunden. Darüber hinaus hatte Laue mit seinem Experiment auch die Wellennatur der Röntgenstrahlen gezeigt. Durch die verschiedenen »Öffnungen der Materie« hindurchgehend hatten sich die Wellen wechselseitig überlagert und so zu den charakteristischen Interferenzstreifen geführt, aus denen Laue die Wellennatur der Strahlung erschloß.

Wenn nicht nur Röntgenstrahlen, sondern auch Elektronen und andere »Teilchen« Welleneigenschaften aufweisen, so sollten auch sie beim Durchgang durch Materie die charakteristischen Interferenzmuster erzeugen, die ihre Wellennatur verraten würden. Bereits im Jahre 1926 konnten Clinton Davisson (1881–1958) und Lester Germer (geb. 1896) in den Laboratorien der Bell Telefongesellschaft in den USA die gewünschten Beweise vorlegen. Der Durchgang von Elektronen durch

Kristalle erzeugte tatsächlich Interferenzstreifen, aus denen die Wellenlänge der Elektronen in guter Übereinstimmung mit den theoretischen Vorhersagen bestimmt werden konnte.

Nicht nur für Licht galten die Plancksche Relation zwischen Energie und Frequenz, sowie die Einsteinsche Beziehung, die Impuls und Wellenlänge verknüpft, sondern auch für Elektronen. Aber auch mit anderen Teilchen, mit Wasserstoffatomen und Heliumatomen, wurden die Versuche in der Folge wiederholt und immer wieder fanden sich die verräterischen Streifen.

*Materie war Teilchen und Welle zugleich.* Ein neuer Schlüssel zum Verständnis unserer Welt war gefunden, der jedoch seine volle Bedeutung erst allmählich offenbarte. Löst er doch das Problem, das bereits den antiken Atomisten Kopfzerbrechen bereitet hatte: Wie konnten Atome sowohl ausgedehnt als auch unteilbar sein?

### Zeno ist wirklich paradox

Im 5. vorchristlichen Jahrhundert entstand in der süditalienischen Stadt Elea eine Philosophenschule, die von manchen Zeitgenossen als Versammlung von »Un-Natur-Forschern« betrachtet wurde. Betonte doch Parmenides (um 540–nach 480 v. Chr.), der Stammvater der Eleaten, die Einheit alles Seienden und hielt jede Vielfalt ebenso für eine Illusion, wie alle Veränderung. Sein Schüler Zeno (um 490–430 v. Chr.) ergänzte die Lehre des Meisters durch eine Reihe berühmter Paradoxien, die die Unmöglichkeit jeder Veränderung aufzeigen sollten.

Die »Zenoschen Paradoxien« wurden in der Folge zu einer der meistdiskutierten Problemstellungen, die sich sowohl für die Philosophie, als auch für Mathematik und Physik fruchtbar auswirkten. Auch heute noch erscheinen Bücher, die sich mit den Problemen auseinandersetzen, die die »Weltall-Anhalter« aufgeworfen hatten.[5] Denn Zenos Paradoxien lieferten nicht nur eine Begründung für die Parmenidessche Lehre von der Unveränderlichkeit des Seienden, sondern warfen auch ein grelles Schlaglicht auf das Problem von Punkt und Ausdehnung, das für uns hier relevant ist.

Am klarsten demonstriert Zeno das Problem von Punkt und Ausdehnung anhand des fliegenden Pfeiles. Muß doch der Pfeil auf dem Wege vom Schützen zum Ziel zunächst die halbe Strecke zurücklegen. Dann ist wiederum die Hälfte der noch verbleibenden Strecke zurückzulegen, nochmals die Hälfte des verbleibenden Teilstücks, und wieder die Hälfte und immer wieder die Hälfte. Da die Reihe der Hälften kein Ende findet, kann der Pfeil – so argumentiert Zeno – nie sein Ziel erreichen. Diese perfekte Vorwegnahme des bürokratischen Dienstweges wurde in der Folge jahrhundertelang diskutiert und ist sogar in die Literatur eingegangen. In seinen »Akrobaten« schließt Tom Stoppard beispielsweise, daß der heilige Sebastian gar nicht an den Folgen der Pfeilschüsse gestorben sein könne, sondern aus Angst. Laut Zeno konnten ihn ja die Pfeile niemals erreichen! Zu so einer konkreten Schlußfolgerung kam Zeno freilich nicht. Seine Paradoxa sollten nur zeigen, daß die Bewegung des Pfeiles unmöglich und jede Veränderung Schein war.

In der Mathematik fand sich bald eine perfekte, konstruktive Lösung des Zenoschen Pfeil-Paradoxons. Die Reihe, die aus der halben Strekke, ihrem Viertel, dem Achtel, Sechzehntel ... usw. besteht, enthält zwar unendlich viele Glieder, doch kann man sie als »geometrische Reihe« leicht zusammenzählen. Als Ergebnis erhält man »Eins«, die gesamte Strecke kann also sehr wohl als die Summe der von Zeno betrachteten Teilstücke aufgefaßt werden.

Zeigt die mathematische Lösung des Zenoschen Pfeil-Paradoxons, daß hier gar keine paradoxe Situation vorliegt? Jedermann weiß, daß ein Pfeil tatsächlich fliegen und eine Strecke zurücklegen kann. Mathematik und Alltag scheinen also die Irrelevanz von Zenos Paradoxien zu erweisen.

Ganz so einfach liegen die Dinge nicht. Zenos unsinniges Ergebnis zeigt vielmehr, daß man eine Strecke nicht einfach aus einer großen Anzahl von Punkten zusammengesetzt denken kann. Das Problem von Punkt und Ausdehnung, das hier formuliert wird, hat in der Folge in verschiedenen mathematischen und physikalischen Theorien die unterschiedlichsten Lösungen gefunden. Ausgedehnte Strecken kann man nicht aus (einer abzählbaren Menge von) ausdehnungslosen Punkten zusammensetzen, so könnten wir die Lehren aus Zenos Paradoxon am besten zusammenfassen.

Punkt und Ausdehnung ist auch ein Grundthema des Atomismus. Wie kann man einen ausgedehnten Körper aus Atomen zusammensetzen? Sind die Atome punktförmig, so ergibt sich kein ausgedehnter Körper. Sind die Atome ausgedehnt, so können sie nicht unteilbar sein. Die Physik der Atome und der Elementarteilchen führte immer wieder auf diese Problemstellung. Verschiedene Arten, der Herausforderung Zenos gerecht zu werden, wird die folgende Geschichte des Atombaus lehren.

## Mit Granaten auf Seidenpapier schießen

Mit der Entdeckung des Elektrons im Jahre 1897 stellte sich die Frage, wie dieses Teilchen Baustein des Atoms sein könne. Die Debatte um den inneren Bau der Atome trat damit in ein konkretes Stadium.

Ein erster Lösungsversuch stammte von Joseph John Thomson (1856–1940), dem Entdecker des Elektrons. In seinem »Rosinenmodell« sollte gleichmäßig verteilte positive Ladung die punktförmigen negativen Elektronen wie »Rosinen in einem Teig« einbetten. Die Anziehungskräfte zwischen den ungleichnamigen Ladungen mußten dabei das Atom zusammenhalten und stabilisieren.

Thomsons Atommodell war ein erster Ansatz zur Lösung der Problematik von Punkt und Ausdehnung. Es vereinte beide Elemente in sich. Den punktförmigen Elektronen stand die gleichmäßig verteilte positive Ladung gegenüber, die dem Atom Ausdehnung und Form gab.

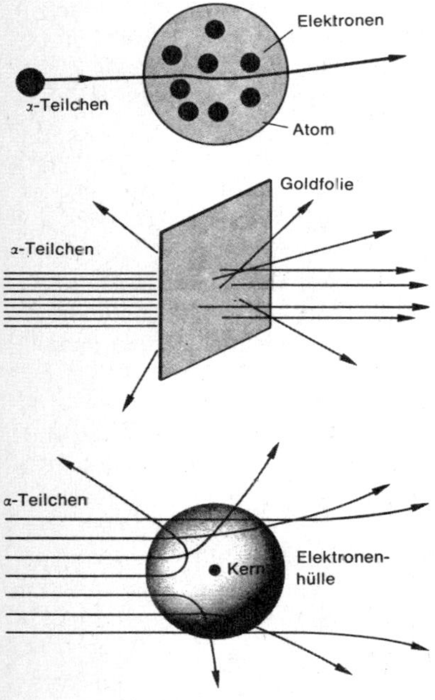


**Abb. 5.6:** Das Thomsonsche »Rosinenmodell« des Atoms (oben) ging von punktförmigen Elektronen aus, die in einen »Teig« positiver Ladung eingebettet waren. Rutherfords Experimente widerlegten diese Idee vom Aufbau der Materie und führten zu einem völlig anderen Bild (unten). Im Rutherfordschen Atommodell umkreisen die negativ geladenen Elektronen den punktförmigen Atomkern.

Wie konnte man Thomsons Ideen überprüfen? Eine neue Forschungsmethode mußte geschaffen werden, um in die Welt der subatomaren Strukturen vorzudringen. Gewöhnliche Mikroskope oder auch die von Laue verwendeten Röntgenstrahlen konnten hier nichts mehr ausrichten. In Manchester fand der Neuseeländer Ernest Rutherford (1871–1937) den Weg zur Bestimmung der Atomstruktur. Alexander der Große hatte den Gordischen Knoten mit dem Schwert durchschlagen und auch Rutherford griff auf militärische Methoden zurück: Wenn man nicht weiß, was man vor sich hat, so schießt man am besten darauf. Um die unbekannte Struktur der Atome zu erforschen, beschoß Rutherford eine dünne Goldfolie mit Alpha-Teilchen, die aus dem radioaktiven Zerfall unstabiler Elemente stammten. Die positiv geladenen Alpha-Teilchen sind wesentlich schwerer als Elektronen. Rutherford erwartete deshalb, daß sie die leichten Elektronen nur etwas zur Seite drängen und durch das schwache elektrische Feld der fein verteilten positiven Ladung nur wenig aus ihrer Bahn abgelenkt würden.

Die Experimente führten zu einem völlig anderen Resultat. Die Ablenkung der Alpha-Teilchen war keinesfalls klein und einige Teilchen wurden sogar zu ihrem Ausgangspunkt zurückgeschossen. Dieses Ergebnis war so verblüffend, daß Rutherford später meinte: »Es war bestimmt das unglaublichste Ereignis, das mir in meinem Leben widerfuhr. Es war fast so unglaublich, wie wenn jemand eine 15-Zoll-Granate auf ein Stück Seidenpapier abgefeuert hätte und diese zurückgekommen wäre und ihn getroffen hätte.«[6]

Zwei Jahre dauerte es, bis Rutherford seine Experimente zu deuten vermochte. Die starken ablenkenden Kräfte konnten nur unter der Annahme erklärt werden, daß die positive Ladung nicht verteilt, sondern in einem Atomkern konzentriert ist, der hunderttausendmal kleiner als das Atom ist. Weil die Alpha-Teilchen gleichmäßig verteilt auf der Goldfolie auftreffen, laufen sie in den verschiedensten Abständen an den einzelnen Atomkernen vorbei. Dabei werden sie um so stärker abgelenkt, je näher sie einem der Kerne kommen. Aus der Verteilung der gestreuten Teilchen kann man deshalb das Kraftgesetz im Atom erschließen. Die Rechnung zeigte, daß die elektrische Kraft auch im Inneren der Atome mit dem Quadrat der Entfernung zunimmt. In der Nähe des Atomkerns ist diese Kraft milliardenmal stärker als Rutherford zunächst vermutet hatte.

Die Entdeckung des Kernes wandelte das Bild vom Aufbau der Atome. Nunmehr sollte die positive Ladung punktförmig sein, während die negativ geladenen Elektronen auf zunächst noch unbekannte Weise für die Ausdehnung des Atomes sorgen mußten. Das »Rutherfordsche Atommodell« sollte das Problem von Punkt und Ausdehnung lösen. Einer Miniaturausgabe des Planetensystems gleichend, kreisten darin die Elektronen viele hundert billionenmal pro Sekunde um den Kern, wobei der Radius ihrer Bahnen die Größe des Atoms bestimmte.

Doch so einfach konnte die Lösung des Problems nicht sein. In einem Gas stößt jedes Atom unaufhörlich gegen andere Atome und Moleküle – milliardenmal pro Sekunde. Jeder dieser Stöße würde auch die kreisenden Elektronen beeinträchtigen und sie aus ihrer Bahn werfen. Unaufhörliche Veränderungen des Atomradius wären die Folge, kein Atom würde dem anderen gleichen und ständig würden sich die Eigenschaften der Materie verändern. Aber schlimmer noch – auf ihrer Bahn um den Atomkern müßten die Elektronen ständig Lichtwellen aussenden. In einem »flammenden Inferno« würden sie wegen des unausweichlichen Energieverlusts in weniger als einer Milliardstel Sekunde in den Kern stürzen. Gar kurzlebig wäre die Welt, folgte die Natur den Geboten und Vorschlägen der Physiker!

Das neue Atommodell war keine geeignete Lösung des Problems von Punkt und Ausdehnung. Nach Rutherfords militärischer Attacke versuchte nunmehr Niels Bohr (1885–1962) in Dänemark eine juristische Lösung des Problems. Im »Bohrschen Atommodell« sollten die Elektronen den Kern nur auf bestimmten Bahnen umkreisen, die sie nicht beliebig wechseln durften. Dadurch würde das Atom sein stoßreiches Dasein unbeschadet überstehen. Doch mußte man erwarten, daß die Elektronen auch auf den ihnen von Bohr zugewiesenen Bahnen strahlen würden und deshalb in den Kern stürzen. Hier fand Bohr eine »preußische Lösung«: Er verbot den Elektronen einfach, auf ihren Bahnen Licht auszustrahlen. Das flammende Inferno war vermieden.

Das Bohrsche Atommodell war ein bedeutender Fortschritt auf dem Weg zum Verständnis der Materie. Doch erschienen Bohrs Verbote und Gebote für Elektronen willkürlich und unbegründet. Erst mehr als zehn Jahre später fand sich eine befriedigendere Lösung des Problems von Punkt und Ausdehnung, als Erwin Schrödinger durch Zufall von de Broglies Ideen erfuhr und sie mathematisch ausbaute.

## Schrödinger findet eine Gleichung und weiß nicht, was sie heißt

Im Jahre 1923 wurde der Österreicher Erwin Schrödinger (1887–1961) als Professor an die Universität Zürich berufen. Wärmelehre, Relativitätstheorie und die Bohrsche Theorie des Atoms bildeten den Inhalt der zahlreichen Artikel, die Schrödinger bekanntgemacht hatten. Der große Wurf stand aber noch aus.

Die Theorie des Atombaus war in eine Krise geraten. Seit der Aufstellung des Bohrschen Atommodells im Jahre 1913 hatte man vergeblich versucht, die neue Theorie nicht nur auf das Wasserstoffatom, sondern auch auf die Atome der anderen chemischen Elemente anzuwenden. Keine der Rechnungen stimmte mit den Beobachtungen überein. »Die Quanten sind doch eine hoffnungslose Schweinerei« schrieb Max Born enttäuscht an Albert Einstein, nachdem er vergeblich versucht hatte, den Eigenschaften des Heliumatoms auf die Spur zu kommen.[7]

Einstein löste auch die weitere Entwicklung aus. 1921 hatte er für seine »Lichtquantenhypothese« den Nobelpreis erhalten und wenig später wiesen Comptons Versuche erneut auf die atomistische Struktur des Lichtes hin. Licht war Teilchen und Welle zugleich. Die Übertragung dieser Idee auf andere Arten von Materie, wie sie de Broglie in seiner Dissertation vorgeschlagen hatte, erschien Einstein natürlich und ein-

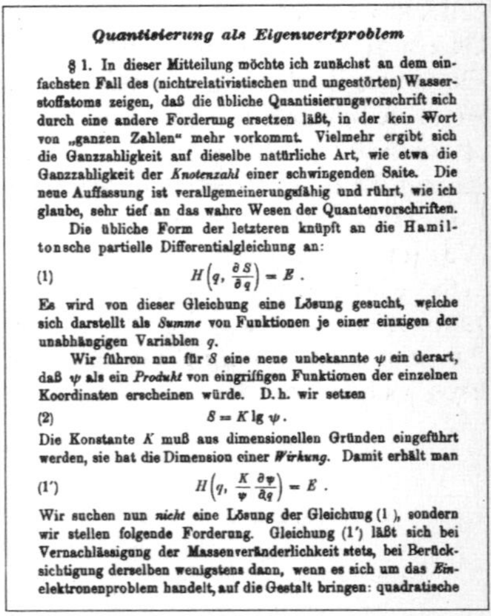

***Quantisierung als Eigenwertproblem***

§ 1. In dieser Mitteilung möchte ich zunächst an dem einfachsten Fall des (nichtrelativistischen und ungestörten) Wasserstoffatoms zeigen, daß die übliche Quantisierungsvorschrift sich durch eine andere Forderung ersetzen läßt, in der kein Wort von „ganzen Zahlen" mehr vorkommt. Vielmehr ergibt sich die Ganzzahligkeit auf dieselbe natürliche Art, wie etwa die Ganzzahligkeit der *Knotenzahl* einer schwingenden Saite. Die neue Auffassung ist verallgemeinerungsfähig und rührt, wie ich glaube, sehr tief an das wahre Wesen der Quantenvorschriften.

Die übliche Form der letzteren knüpft an die Hamiltonsche partielle Differentialgleichung an:

$$H\left(q, \frac{\partial S}{\partial q}\right) = E . \qquad (1)$$

Es wird von dieser Gleichung eine Lösung gesucht, welche sich darstellt als *Summe* von Funktionen je einer einzigen der unabhängigen Variablen $q$.

Wir führen nun für $S$ eine neue unbekannte $\psi$ ein derart, daß $\psi$ als ein *Produkt* von eingriffigen Funktionen der einzelnen Koordinaten erscheinen würde. D. h. wir setzen

$$S = K \lg \psi . \qquad (2)$$

Die Konstante $K$ muß aus dimensionellen Gründen eingeführt werden, sie hat die Dimension einer *Wirkung*. Damit erhält man

$$H\left(q, \frac{K}{\psi} \frac{\partial \psi}{\partial q}\right) = E . \qquad (1')$$

Wir suchen nun *nicht* eine Lösung der Gleichung (1 ), sondern wir stellen folgende Forderung. Gleichung (1') läßt sich bei Vernachlässigung der Massenveränderlichkeit stets, bei Berücksichtigung derselben wenigstens dann, wenn es sich um das *Ein*elektronenproblem handelt, auf die Gestalt bringen: quadratische

**Abb. 5.7:** »Quantisierung als Eigenwertproblem« ist der Titel der ersten von vier Abhandlungen über Wellenmechanik, die Erwin Schrödinger im Jahre 1926 veröffentlichte. Die darin aufgestellte Schrödinger-Gleichung ist vermutlich die am meisten zitierte physikalische Formel unseres Jahrhunderts.

leuchtend. In einem Brief machte er Erwin Schrödinger im November 1925 auf die neuen Ideen aufmerksam, und dieser begann sofort mit der mathematischen Ausarbeitung von de Broglies Ideen. Die mathematische Beschreibung von Lichtwellen hatte bereits Maxwell gefunden, aber eine entsprechende Behandlung von Elektronenwellen stand noch aus. »Im Augenblick plagt mich eine neue Atomtheorie. Wenn ich nur mehr Mathematik könnte! Ich bin bei dieser Sache sehr optimistisch und hoffe, wenn ich es nur rechnerisch bewältigen kann, so wird es *sehr* schön.«[8] So schrieb Schrödinger in einem Brief vom 27. Dezember 1925.

Die Sache wurde sehr schön. Die vier »Abhandlungen über Wellenmechanik«, die im Laufe des Jahres 1926 erschienen, eröffneten eine neue Ära im Verständnis der Materie. Die darin aufgestellte »Schrödinger-Gleichung« für die Elektronen ist vermutlich die meistzitierte physikalische Formel unseres Jahrhunderts.[9]

Bei seiner Lösung des Atom-Problems hatte Schrödinger auf die Ideen von Plato und Pythagoras zurückgegriffen. Pythagoras hatte in den Harmonien der schwingenden Saiten und den dabei auftretenden ganzen Zahlen eines der wesentlichen Schöpfungsgeheimnisse erblickt. Schrödinger übertrug diese Idee auf das Atom. Genau wie bei der schwingenden Saite nur gewisse Frequenzen möglich waren, nämlich der Grundton und die Obertöne, so gab es auch im Atom nur den Grundton und die Obertöne der Elektronenwelle. Im Gegensatz zur schwingenden Saite war das Atom aber dreidimensional. Eine bessere Analogie als die Saite bietet daher die Trommel, deren Membran in zwei Dimensionen schwingt. Noch faszinierender und anschaulicher sind aber die Schwingungen eines Wassertropfens, die man manchmal auf einer heißen Herdplatte beobachten kann. Nur ganz bestimmte

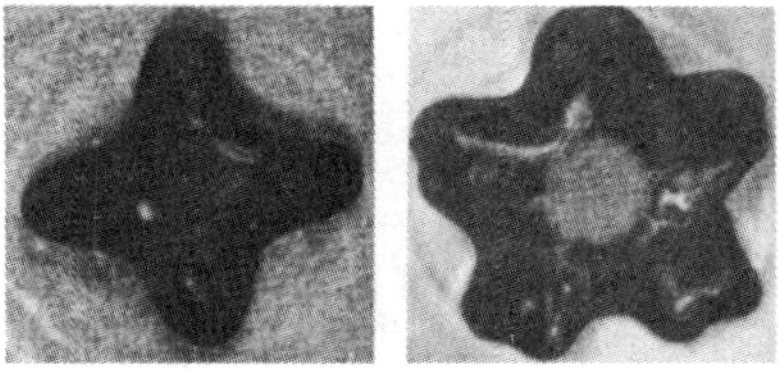

**Abb. 5.8:** Ein schwingender Wassertropfen auf einer heißen Herdplatte ist ein anschauliches Modell für die Eigenschwingungen des Elektrons im Atom. Wie beim Wassertropfen nur gewisse Schwingungsformen möglich sind, so kann das Elektron auch im Atom nur ganz bestimmte Schwingungen ausführen.

Schwingungsformen sind hier möglich und wunderbare, hochsymmetrische Schwingungsformen sind es, die man beobachtet. Platos Idee der regelmäßigen Körper, die für ihn eines der Schöpfungsgeheimnisse dieser Welt bildete, finden wir hier in neuer Form wieder.

Nur bestimmte Schwingungsformen des Elektrons im Atom waren möglich, und jeder dieser Schwingungsformen entsprach nach Schrödingers Theorie eine genau festgelegte Energie des Elektrons im Atom. Beim Übergang von einer Schwingungsform in die andere wurde Energie frei oder auch Energie benötigt, die in genau bekannten und definierten Energiepaketen als elektromagnetische Strahlung das Atom verließ. Die Spektrallinien der Atome, nicht nur des Wasserstoffatoms, sondern auch diejenigen aller anderen chemischen Elemente, fanden damit allmählich ihre Erklärung.

»Was wir heutzutage aus der Sprache der Spektren heraushören, ist eine wirkliche Sphärenmusik des Atoms, ein Zusammenklingen ganzzahliger Verhältnisse, eine bei aller Mannigfaltigkeit zunehmende Ordnung und Harmonie. ... Alle ganzzahligen Gesetze der Spektrallinien und der Atomistik fließen letzten Endes aus der Quantentheorie. Sie ist das geheimnisvolle Organon, auf dem die Natur die Spektralmusik spielt und nach dessen Rhythmus sie den Bau der Atome und der Kerne regelt.«[10]

In dieser poetischen Beschreibung, die aus dem Vorwort von Arnold Sommerfelds »Atombau und Spektrallinien« stammt, finden wir die gesamte Ideengeschichte der neuen Konzepte vereint. Sie reicht von Pythagoras und Plato über die Sphärenharmonie Keplers bis in die Welt der Atome. »Die Lichtquanten wurden zu Leuchtraketen fürs Studium des Atombaus«, schreibt Ernst Bloch in seinen »Lehren von der Materie«.

Schrödingers Ideen klärten auch die mystischen Gebote, die Bohr den Atomen auferlegt hatte. Die von Bohr erlaubten Bahnen der Elektronen im Atom entsprachen den Eigenschwingungen der Elektronenwelle. Keinerlei künstliche Vorschrift war nunmehr notwendig, um das Auftreten ausgewählter Bahnen und ganzer Zahlen zu erklären.

Wie war aber der Zusammenhang zwischen Teilchen und Welle genauer zu verstehen? Welche experimentelle Bedeutung hat die Elektronenwelle? Es erschien fast hoffnungslos, hier zu einer Antwort zu gelangen, da die von Schrödinger berechneten Wellen nicht nur reelle Werte annehmen konnten, sondern im allgemeinen durch komplexe Zahlen zu beschreiben waren. Dadurch unterschieden sich die Wellen von allen bis dahin in der Physik bekannten Größen, und die Frage erhob sich, ob ihnen überhaupt physikalische Realität zukommen könne. Erich Hückel beschrieb die Situation in dieser Anfangszeit der Wellenmechanik in einem kurzen Gedicht:[11]

Gar manches rechnet Erwin schon
mit seiner Wellenfunktion.
Doch wissen möcht' man gerne wohl,
was man sich dabei vorstell'n soll.

Die Sphärenharmonie der Atome war entdeckt, der mathematische Formalismus gefunden. Doch selbst Erwin Schrödinger konnte die von ihm aufgestellte Gleichung nicht deuten.

## Born interpretiert Schrödinger

Auch in Göttingen war man fieberhaft am Werk, um die Konsequenzen der neuen Quantenmechanik auszuarbeiten. Einer der Eifrigsten war dabei Max Born (1882–1970), der sich zuvor jahrelang vergeblich um eine Deutung der Atomspektren aufgrund der alten Bohrschen Theorie bemüht hatte. Er wandte die neuen Ideen Schrödingers nicht nur auf den Aufbau der Atome an, sondern versuchte auch festzustellen, wie sich Elektronenwellen verhalten, wenn sie auf Hindernisse auftreffen. Dabei wird die Elektronenwelle gestreut und läuft mit unterschiedlicher Intensität in verschiedene Richtungen. Ein derartiges Streuexperiment – allerdings mit Alpha-Teilchen anstelle von Elektronen – war es gewesen, mit dem Rutherford den Atomkern entdeckt hatte, und viele

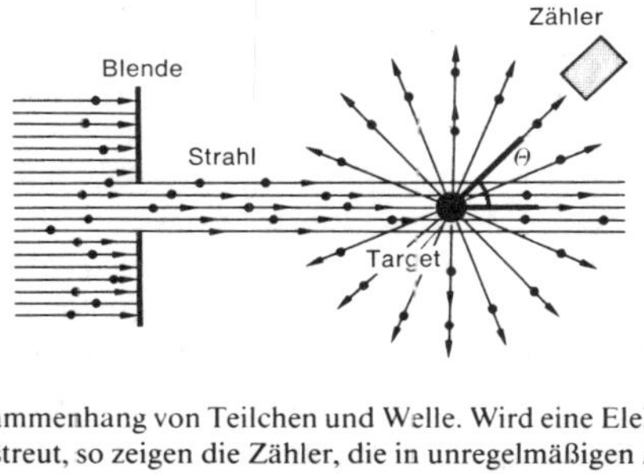


**Abb. 5.9:** Der Zusammenhang von Teilchen und Welle. Wird eine Elektronenwelle an einem Hindernis gestreut, so zeigen die Zähler, die in unregelmäßigen Abständen auftreffenden Teilchen an. Die Intensität der Welle gibt die Wahrscheinlichkeit für die Streuung der Teilchen an.

ähnliche Experimente wurden in der Folge ausgeführt. Die Verteilung der Elektronen auf die einzelnen Richtungen kann dabei mit Hilfe von Geiger-Zählern nachgewiesen werden.

Nun stellt sich das Problem von Teilchen und Welle neuerlich mit voller Schärfe. Die Ausbreitung der Elektronenwelle kann mit Hilfe der Schrödinger-Gleichung berechnet werden. Die Geiger-Zähler, die das Auftreffen der Elektronen in verschiedenen Richtungen registrieren, zeigen aber zweifellos keine Welle, sondern das Auftreffen einzelner Teilchen mit ihren Zählwerken an. Wie ist der Zusammenhang zwischen der Elektronenwelle und den Angaben der Zählwerke zu deuten? Dabei steht das unregelmäßige Ticken der Zähler in deutlichem Gegensatz zu dem konstanten und gleichmäßigen Verhalten der Welle, das aus der Rechnung folgt. In den großen Zähleranordnungen der modernen Experimentalphysik spricht bald der eine, bald der andere Zähler an, ohne daß man vorhersagen könnte, wo eines der gestreuten Teilchen als nächstes auftreffen würde.

Dies brachte Max Born auf die Vermutung, daß die Intensität der Welle die *Wahrscheinlichkeit* angibt, Teilchen vorzufinden. Je stärker die Welle vom Hindernis in eine bestimmte Richtung gestreut wird, um so mehr Teilchen werden die Zähler in dieser Richtung registrieren. Die exakte Anzahl dieser Teilchen läßt sich aber nicht mit Bestimmtheit vorhersagen. Im Glücksspiel der Teilchen kann man – wie beim Roulett – keine Einzelereignisse prognostizieren. Nur über viele Ereignisse gemittelt sind Vorhersagen möglich: Rot und Schwarz werden gleich häufig vorkommen, die Null jedes siebenunddreißigste Mal – und die Bank wird stets gewinnen. Ebenso unvorhersehbar sollte nach der »Bornschen Deutung« das Verhalten der Einzelteilchen im Spiel mit der Natur, dem quantenmechanischen Experiment, sein – und ebenso vorhersehbar das Verhalten vieler Teilchen. Treffen bei einem Zählwerk beispielsweise zehntausend Teilchen ein, so erwartet man bei einer Wiederholung des Experiments nur eine Abweichung von rund hundert, also um ein Prozent. Verwendet man dagegen eine Million Teilchen, so steigt die Vorhersagegenauigkeit auf ein Promille.

Die Intensität der von Schrödinger berechneten Welle sollte also nach der Bornschen Deutung die Wahrscheinlichkeit angeben, Teilchen vorzufinden. Diese Interpretation des Zusammenhanges zwischen Teilchen und Welle wurde in der Folge zu einem Grundpfeiler des Verständnisses der Quantenmechanik.[12]

Warum kann die Quantenmechanik nur Wahrscheinlichkeiten und nicht den exakten Aufenthaltsort und die exakte Bahn jedes Teilchens vorhersagen? War dies nur ein vorläufiger Mangel der Theorie, oder stehen wir hier vor einem neuen Wesenszug der Natur? Ist es im Prinzip unmöglich, Ort, Geschwindigkeit und andere Eigenschaften der Teilchen in der Welt der Atome vorherzusagen? Oder ist die Quantentheorie noch nicht der »wahre Jakob«, wie dies Einstein meinte?

Die Diskussion um diese Fragen und die darin verborgene Problematik löste eine Erschütterung im Weltbild der Physik aus. Erwin Schrödinger wünschte schließlich, seine Gleichung nicht entdeckt zu haben, und Albert Einstein war nicht mehr bereit, den Ideen seiner Kollegen weiterhin zu folgen. Einige Gründe dafür werden wir im nächsten Kapitel kennenlernen.

# 6
# Der störende Beobachter

**Abb. 6.1:** Die zunächst noch unklare Deutung der Quantentheorie wurde bei Diskussionen in Kopenhagen gefunden. Die Teilnehmer an den Seminaren, die sich rings um Niels Bohr versammelt hatten, waren meist so jung, daß man vom »Kinderseminar« sprach. In der ersten Reihe (zweiter von links) Niels Bohr, daneben Werner Heisenberg; er mußte bei jedem Fehler des Vortragenden die Trompete blasen, und Wolfgang Pauli sollte eine kleine Kanone abschießen.

Zwischen Physik und Philosophie besteht eine alte Rivalität, die von der nahen Verwandtschaft dieser beiden großen Anliegen menschlichen Geistes zeugt. »Die Metaphysik ist der systematische Mißbrauch einer eigens dafür erfundenen Sprache« ist eine stehende Redewendung, die wohl jeder Physiker bereits zu Beginn seines Studiums kennenlernt und die das tiefe Mißtrauen des Naturwissenschaftlers gegen die als unexakt verschrieene Geisteswissenschaft charakterisiert. Unter Philosophen ist dagegen ein »Physikalismus« berüchtigt, der nur die exakten Ergebnisse einer Naturwissenschaft gelten lassen will, die das Meßbare meßbar macht und das Unmeßbare leugnet.

Mit der Debatte um die Quantentheorie stellte sich die Frage nach dem Wesen der physikalischen Erkenntnis neu. Positivismus, Idealismus, Realismus und dialektischer Materialismus wurden zu den Schlagworten eines Gefechtes, das die Physiker weit in die Welt der Philosophie hineinführte. Die Debatte um die Deutung der Quantentheorie wurde zu einem großen Teil in Kopenhagen im Jahre 1927 ausgetragen. Die damals entstandene »Kopenhagen-Deutung«, die durch Heisenberg und Bohr geprägt wurde, hat lange Zeit das Denken der Physiker monopolisiert. Die Ursprünge und die Faszination dieser Deutung, sowie ihre weltanschaulichen Implikationen sollen Gegenstand der folgenden Überlegungen sein.[1]

Dabei wird sich zeigen, daß die Debatte um die Quantentheorie und damit über die Struktur der Materie gerade in den letzten Jahren wieder in voller Schärfe ausgebrochen ist. Von der Welt des Subatomaren bis zu Parapsychologie und Präkognition spannt sich der Bogen einer weltweiten wissenschaftlichen Auseinandersetzung, die eines der aufregendsten Kapitel in der Geschichte der Naturphilosophie bildet.

## Heisenberg eliminiert das Unbeobachtbare

Ernst Mach hatte versucht, das Programm des Positivismus zu vollenden und die Physik auf Beziehungen zwischen beobachtbaren Größen zurückzuführen. Der Versuch freilich, selbst die Atome als metaphysische Konzepte aus den Naturwissenschaften auszuschließen, war mit dem Solvay-Kongreß von 1911 als endgültig gescheitert zu betrachten. Welche Vorstellungen durfte man sich aber über die Vorgänge *innerhalb* des Atoms machen? Welche Kräfte herrschten dort und welche Bewegungen gab es im Atom? Waren die Begriffe des Alltags und der klassischen Physik in der subatomaren Welt überhaupt anwendbar?

Werner Heisenberg (1901–1976) hatte während seines Physikstudiums, das er unmittelbar nach dem Ersten Weltkrieg in München begonnen hatte, nur wenig über Mach gehört. Sein Lehrer Arnold Sommerfeld hatte jedoch die Ergebnisse von Einsteins Relativitätstheorie auf den Bau des Atoms angewendet und damit die »Feinstruktur der Spektrallinien« erklärt. Auf dem Umweg über Sommerfeld und Einstein, der von Mach beeinflußt war, wurde nun auch Heisenberg mit den Ideen des Positivismus vertraut. So wie Einstein die unbeobachtbare Gleichzeitigkeit aus der Physik eliminiert hatte, so galt es nun auch viele der Begriffe zu eliminieren, die sich auf das Innere des Atoms bezogen und denen anscheinend durch keinerlei Messungen ein physikalischer Inhalt beizulegen war.

Zunächst waren allerdings die Hürden des Studiums zu überwinden, an denen Heisenberg fast scheiterte. Nur der Fürsprache seines Lehrers verdankte er, daß – nach ausgezeichnet abgelegter Theorieprüfung – auch das Rigorosum in Experimentalphysik als positiv anerkannt wurde. In Göttingen, der Hochburg der Mathematik, fand Heisenberg bald darauf eine Stelle als Assistent bei Max Born, der sich damals mit den Fragen des Atombaues beschäftigte. In Göttingen lernte Heisenberg auch Niels Bohr kennen, der ihn einlud, den Winter des Jahres 1924 in Kopenhagen zu verbringen. Dort lernte Heisenberg die philosophische Einstellung kennen, die der Däne den Fragen der Atomphysik entgegenbrachte.

Münchner Physik, Göttinger Mathematik und Kopenhagener Philosophie – sie bildeten die Grundsteine für Heisenbergs Neuaufbau der Quantenphysik.

Die Steine standen bereit – der Bauplan fehlte noch. Als sich Heisenberg in Helgoland von einem Heuschnupfen erholte, kam die Erleuchtung, und die Steine fügten sich zum Teil eines Gebäudes zusammen:

»Über quantentheoretische Umdeutung kinematischer und mechanischer Beziehungen« war der Titel der Abhandlung, die am 28. Juli 1925 bei der »Zeitschrift für Physik« einlangte. Bereits die Zusammenfassung, die dem Artikel vorangestellt ist, läßt die Zielsetzung erkennen:

»In der Arbeit soll versucht werden, Grundlagen zu gewinnen für eine quantentheoretische Mechanik, die ausschließlich auf Beziehungen zwischen prinzipiell beobachtbaren Größen basiert ist.«[2]

Heisenbergs neue Quantenmechanik hatte eine sehr ungewohnte mathematische Form. Im Gegensatz zu allen bis dahin bekannten physikalischen Theorien baute sie nicht auf Größen auf, die sich wie Ort oder Geschwindigkeit eines Teilchens im Laufe der Zeit allmählich und stetig verändern. Sie ersetzte vielmehr die physikalischen Größen durch Zahlenanordnungen, die neuartigen Rechenregeln genügten. So ungewohnt war die neue Mechanik, daß Heisenberg sie zunächst nur auf ein allereinfachstes physikalisches System anwenden konnte, nämlich auf eine Art mikroskopisches Pendel, den anharmonischen Oszillator. Der Nebel um die neu entstandene Quantenmechanik klärte sich allmählich, als Max Born und Pascual Jordan erkannten, daß es sich bei Heisenbergs geheimnisvollen Zahlenanordnungen um Matrizen handelt, die aus anderen Gebieten der Mathematik bereits bekannt waren. Doch hatten diese Matrizen unendlich viele Reihen und Spalten, so daß jede klassische Größe wie der Ort oder der Impuls eines Teilchens durch unendliche Zahlenanordnungen ersetzt waren. Nur langsam und zögernd wagten sich die Physiker an die ungewohnte neue Mathematik heran. Einem Studienkollegen Heisenbergs, dem gebürtigen Wiener Wolfgang Pauli (1900–1958), gelang es schließlich, die neue Mechanik zumindest auf das einfachste aller Atome, das Wasserstoffatom auszudehnen und zu zeigen, daß die Ergebnisse der Rechnung mit den Beobachtungen übereinstimmten.

Doch auch weiterhin blieb jede Rechnung mit der neuen Mechanik Heisenbergs ein Vortasten ins Unbekannte und Ungewohnte. Nie zuvor waren unendliche Matrizen in der Physik verwendet worden und auch die Mathematik hatte die Eigenschaft dieser Matrizen nicht systematisch erforscht. Deshalb ging ein Aufatmen durch die Reihen der Physiker, als Erwin Schrödinger im Laufe des Jahres 1926 zeigen konnte, daß Heisenbergs ungewöhnliche neue Mechanik nur eine andere Darstellung der »Wellenmechanik war«, die Schrödinger zu Jahresbeginn entdeckt hatte. Mit Wellen, die de Broglie erstmals auf das Reich der Elektronen ausgedehnt hatte, kannte man sich gut aus! Die Methoden zur Berechnung von Wellenerscheinungen waren ja in Jahrhunderten an den Phänomenen der Lichtausbreitung entwickelt worden. Eine Sturmflut von Artikeln zur neuen Quantenmechanik setzte ein. Die Theorie war ungewöhnlich erfolgreich und wurde bald auf zahllose Atome, Moleküle und den Aufbau der Festkörper übertragen.

Noch waren aber viele fundamentale Probleme ungelöst. Mit der neuen Theorie konnte man zwar mancherlei rechnen, aber die Bedeutung der Grundgrößen, von denen die Theorien Heisenbergs und Schrödingers ausgingen, war ungeklärt. Einen ersten Schritt hatte Max Born mit der »Bornschen Deutung« der Quantenmechanik geschaffen, als er die Intensität der Welle als Wahrscheinlichkeit interpretierte, Teilchen vorzufinden. Doch wie war der Zusammenhang zwischen Wellen und Teilchen genauer zu sehen? In erregten Diskussionen zwischen den Hauptvertretern der neuen Theorie versuchte man einer Antwort näherzukommen. Im Sommer 1926 trug Schrödinger in München vor, wo er seinen Standpunkt mit demjenigen Heisenbergs verglich. Im Herbst desselben Jahres kam es auch zu einer Begegnung zwischen Bohr und Schrödinger in Kopenhagen. Schrödinger vermochte die Deutung, die Born für die neu eingeführten Wellen vorgeschlagen hatte, nicht zu akzeptieren. Eine Physik die nicht strengen Gesetzen folgte, sondern den Zufällen und Launen der Wahrscheinlichkeit ausgeliefert war, bot für ihn keine akzeptable Lösung der Probleme. Aber auch wenn man Borns Ideen akzeptierte, blieben viele Fragen offen: Wie konnten Elektronen zugleich Teilchen und Welle sein?

## Wie geht man durch zwei Türen zugleich?

Besonders anschaulich wird die paradoxe Problematik von Teilchen und Welle am Beispiel des Doppelspalt-Experimentes, dessen Erklärung einen Prüfstein für die Deutung der Quantentheorie darstellt.

Geht nämlich eine Welle – sei es Licht, Schall, eine Wasser- oder auch Elektronenwelle – durch einen engen Spalt, so fächert die Welle nach Durchlaufen des Spaltes in verschiedenen Richtungen auf. Diese Erscheinung kann man leicht an Wasserwellen beobachten, und sie ist auch Grund dafür, warum Schall, der durch eine kleine Öffnung eindringt, im gesamten Raum hörbar wird. »Beugungserscheinungen« sind eben für alle Arten von Wellenausbreitungen charakteristisch.

Muß sich eine Welle durch zwei benachbarte enge Öffnungen, also einen Doppelspalt, hindurchzwängen, so bildet sich dahinter ein reich strukturiertes Wellenmuster aus. Die Wellen, die durch die beiden Spalte hindurchgegangen sind, überlagern sich, wobei bald Wellenberg auf Wellenberg, bald Wellenberg auf Wellental zu liegen kommt. Durch diese »Interferenzerscheinung« entsteht ein komplexes Wellenbild, das zu Beginn des 19. Jahrhunderts von Thomas Young (1773–1829) erstmals an Lichtwellen beobachtet wurde, die dadurch ihre Wellennatur verrieten. Bald nach Vorliegen von de Broglies ersten Ideen konnten die entsprechenden Interferenzerscheinungen auch an Elektronenwellen bestätigt werden.

Für den Dualismus Teilchen – Welle ist dieses Ergebnis zunächst rätselhaft, paradox und unerklärlich – führen doch Wellentheorie und Teilchentheorie zu völlig unterschiedlichen Vorhersagen.

Solange die Elektronen nur durch einen der beiden Spalte hindurchtreten, ist die Situation relativ einfach und übersichtlich. Hinter dem Spalt ergibt sich ein durch Beugungserscheinungen unscharfes Bild, das beispielsweise mit einer Fotoplatte registriert werden kann. Öffnet man etwas später den zweiten Spalt anstelle des ersten, so ergibt sich dort nunmehr ein analoges Bild. Sind aber beide Spalte zugleich offen, so verändert sich die Situation völlig. Die beiden Anteile der Welle interferieren miteinander, was sich auf der Platte durch ein verräterisches Streifenmuster bemerkbar macht.

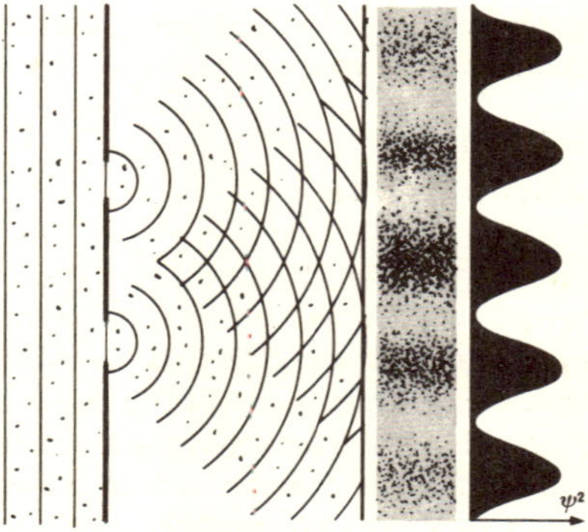


**Abb. 6.2:** Der Doppelspaltversuch. Tritt eine Elektronenwelle durch zwei Spalten, so beobachtet man auf einer dahinter angebrachten Fotoplatte ein charakteristisches Streifenmuster. Es kommt durch die Interferenz der Wellen zustande, die durch die beiden Spalten hindurchgehen. Die Teilchentheorie würde hier ein völlig anderes Ergebnis liefern. Da jedes Elektron nur durch einen der beiden Spalte hindurchgehen kann, sollte es zu keinen Interferenzerscheinungen kommen. Der Widerspruch zwischen diesen beiden Vorhersagen wird durch die Heisenbergsche Unschärferelation vermieden.

Die Wellentheorie erklärt dieses Muster – wie wir dies auch soeben getan haben – durch die Überlagerung der beiden Wellen. Da die Intensität der Welle die Wahrscheinlichkeit angibt, Teilchen vorzufinden, scheint auch die Teilchentheorie mit den Beobachtungen im Einklang: Die Bornsche Deutung sorgt für den nötigen Zusammenhang.

Die Teilchentheorie gerät aber sofort in Schwierigkeiten, wenn wir fragen, durch welchen der beiden Spalte denn die verschiedenen Elektronen hindurchgetreten sind. Da jedes dieser Teilchen offenbar nur durch einen Spalt läuft, muß es dafür gleichgültig sein, ob die Spalte nacheinander oder zugleich geöffnet sind. Doch gibt das Experiment in den beiden Fällen völlig verschiedene Antworten! Irgendwie scheint es für die Teilchen wichtig zu sein, daß tatsächlich beide Spalten zugleich geöffnet sind. Sie scheinen gewissermaßen durch zwei geöffnete Türen zugleich hindurchgehen zu können!

Sollte es nicht möglich sein, einfach nachzusehen, durch welchen Spalt die Elektronen tatsächlich hindurchtreten? Durch Beobachtung ihrer Bahn müßte man doch dem Rätsel ihrer Bewegung auf die Spur kommen können.

Diese Idee setzt aber voraus, daß man die Bahnen der einzelnen Teilchen auch wirklich beobachten kann. Bereits in seinen ersten Überlegungen hatte Heisenberg dagegen Bedenken angemeldet. Zu Beginn des Jahres 1927 vermochte er seine Bedenken zu präzisieren und eine prinzipielle Grenze der Beobachtbarkeit anzugeben: die Heisenbergsche Unschärferelation.

## Das Ende des Determinismus

Erwin Schrödingers Kopenhagener Vorträge ließen die Debatte um die Deutung der Quantenmechanik erneut in voller Schärfe aufflammen. Auch nach der Abreise Schrödingers diskutierten Niels Bohr und Werner Heisenberg, der auf einige Monate zu Besuch weilte, die Konsequenzen der neuen Theorie. »Die anschauliche Deutung der Quantenmechanik ist bisher noch voll innerer Widersprüche, die sich im Kampf der Meinungen um Diskontinuums- und Kontinuumstheorie, Korpuskeln und Wellen auswirken«, schreibt Heisenberg in der Einleitung zu seinem Artikel »Über den anschaulichen Inhalt der quantentheoretischen Kinematik und Mechanik«,[3] in dem er seine Schlußfolgerungen aus der Debatte niederlegte. Dieser Artikel wurde als Teil der »Kopenhagener Deutung der Quantentheorie« zu einem Klassiker der Physikgeschichte. In der vorangestellten »Zusammenfassung« heißt es:

»In der vorliegenden Arbeit werden zunächst exakte Definitionen der Worte: Ort, Geschwindigkeit, Energie usw. (z. B. des Elektrons) aufgestellt, die auch in der Quantenmechanik Gültigkeit behalten, und es wird gezeigt, daß kanonisch konjugierte Größen simultan nur mit einer charakteristischen Ungenauigkeit bestimmt werden können. Diese Ungenauigkeit ist der eigentliche Grund für das Auftreten statistischer Zusammenhänge in der Quantenmechanik ...«[3]

Die »Ungenauigkeit« gab eine prinzipielle Schranke für die Möglichkeit der Bahnbestimmungen bei Elektronen und anderen Teilchen der Mikrowelt. Zunächst galt es aber, Begriffe wie Ort, Bahn oder Geschwindigkeit völlig neu zu fassen, um sie den Verhältnissen der Mikrowelt anzupassen:

»Wenn man sich darüber klarwerden will, was unter dem Worte ›Ort des Gegenstandes‹, z. B. des Elektrons zu verstehen sei, so muß man bestimmte Experimente angeben, mit deren Hilfe man den ›Ort des Elektrons‹ zu messen gedenkt; anders hat dieses Wort keinen Sinn.«

*Esse est percipi* hätte Bischof Berkeley hier ausgerufen und wäre mit Heisenbergs Überlegungen höchst einverstanden gewesen. Nur in der Beobachtung existieren Größen wie Ort oder Geschwindigkeit des Elektrons. Es ist völlig sinnlos von derartigen Größen zu sprechen, wenn man nicht zugleich angibt, wie man diese Größen zu messen vermag. »Die Bahn entsteht erst dadurch, daß wir sie beobachten«, formuliert Heisenberg in der Arbeit prägnant.[3]

Jede Beobachtung bedeutet aber eine Störung des Objektes, das man beobachten möchte. Will man z. B. den Ort eines Elektrons feststellen, so muß man das Teilchen beleuchten und unter einem Mikroskop betrachten. Dabei wird das Elektron von Lichtquanten getroffen und verändert dadurch seine Bewegung, also seinen Impuls, in unkontrollierbarer Weise. Heisenbergs Analyse zeigte, daß »je genauer der Ort bestimmt ist, desto ungenauer ist der Impuls bekannt und umgekehrt«.[3] Denn um den Ort des Elektrons möglichst genau festzulegen, benötigt man sehr kurzwelliges Licht, das nach den Ergebnissen von Planck und Einstein aus Lichtquanten sehr hoher Energie besteht, die die Bewegung des Elektrons erheblich stören. Je genauer die Ortsmessung wird, desto mehr wird der Impuls gestört und unsicher. Jede Messung muß sich darauf beschränken, entweder den Ort oder den Impuls des Elektrons möglichst genau zu bestimmen, wobei die Genauigkeitsgrenze durch Heisenbergs berühmte »Unschärferelation« festgelegt wird. Diese prinzipielle Schranke der Meßgenauigkeit führte zu weiteren radikalen Änderungen im Begriffssystem der Physik:

»Gehen wir nun über zum Begriff ›Bahn des Elektrons‹. Unter Bahn verstehen wir eine Reihe von Raumpunkten, die das Elektron als ›Orte‹ nacheinander annimmt. Da wir schon wissen, was unter ›Ort zu einer bestimmten Zeit‹ zu verstehen sei, treten hier keine neuen Schwierigkeiten auf. Trotzdem ist leicht einzusehen, daß z. B. der oft gebrauchte Ausdruck: Die ›Bahn des Elektrons im Wasserstoffatom‹ von unserem Gesichtspunkt aus keinen Sinn hat. Um diese Bahn zu messen, müßte nämlich das Atom mit Licht beleuchtet werden, dessen Wellenlänge jedenfalls erheblich kürzer als der Atomdurchmesser ist. Von solchem Licht aber genügt ein einziges Lichtquant, um das Elektron völlig aus seiner ›Bahn‹ zu werfen (weshalb von einer solchen Bahn immer nur ein einziger Raumpunkt definiert werden kann), das Wort ›Bahn‹ hat hier also keinen vernünftigen Sinn.«[3]

Die Bahn entsteht also – nach Heisenberg – erst in der Beobachtung und wird zugleich durch eben diese Beobachtung zerstört. Die delikate Welt des Atomaren läßt sich nicht so einfach in die Karten blicken.

Damit ist auch das Problem des Doppelspalt-Versuchs gelöst. Solange man die Bahn der Elektronen oder Photonen, die durch die Spalten hindurchgehen nicht beobachtet, macht es keinen Sinn zu fragen, welche Bahn diese Teilchen eigentlich haben. Denn nur durch die Beobachtung erhält der Bahnbegriff überhaupt seinen Sinn. Beobachtet man andererseits, durch welchen der beiden Spalte das Elektron hindurchtritt, so stört man dadurch – wie die Analyse zeigt – das Verhalten der Teilchen so sehr, daß die delikaten Interferenzerscheinungen zerstört werden. Auch hier vernichtet menschliche Neugier gerade diejenigen Phänomene in der Welt des Atomaren, die sie beobachten möchte.

Der Positivismus war Heisenbergs Ausgangspunkt gewesen. Nur Beziehungen zwischen beobachtbaren Größen sollten in der Physik Daseinsberechtigung haben. Das Ergebnis der Überlegungen war aber eine Philosophie, die noch weit radikaler als der Positivismus und in mancher Beziehung fast sein Gegenteil war: Erst in der Beobachtung *entstehen* die Phänomene, wie beispielsweise die Bahn des Elektrons. Die idealistische Philosophie, seit den Zeiten Schellings und Hegels Feind der Naturwissenschaften *par excellence*, konnte einen Triumph feiern.

Mit der Heisenbergschen Unschärferelation, die eine prinzipielle Grenze der Meßbarkeit in der Mikrophysik aufgezeigt hatte, war das Ende des Determinismus gekommen. Erinnern wir uns nochmals an

Laplaces Worte, in denen er das Universum zu einer großen, entseelten Weltmaschine erklärt hatte:

»Wir müssen also den gegenwärtigen Zustand des Weltalls als die Wirkung seines früheren Zustands und andererseits als Ursache des Darauffolgenden betrachten. Ein ›Geist‹, der für einen gegebenen Augenblick alle Kräfte kennen würde, von denen die Natur belebt ist, so wie die gegenseitige Lage der Wesen, aus denen sie besteht, und der überdies umfassend genug wäre, um diese Gegebenheiten zu analysieren, könnte mit derselben Formel die Bewegung der größten Weltkörper und des kleinsten Atoms ausdrücken. Nichts wäre für ihn ungewiß, Zukunft und Vergangenheit liegen offen vor seinen Augen.«

Diese Idee der Weltmaschine kommentiert Heisenberg:

»An der scharfen Formulierung des Kausalgesetzes: ›Wenn wir die Gegenwart genau kennen, können wir die Zukunft berechnen‹, ist nicht der Nachsatz, sondern die Voraussetzung falsch. Wir können die Gegenwart in allen Bestimmungsstücken prinzipiell nicht kennenlernen. Deshalb ist alles Wahrnehmen eine Auswahl aus einer Fülle von Möglichkeiten und eine Beschränkung des zukünftig Möglichen. Da nun der statistische Charakter der Quantentheorie so eng an die Ungenauigkeit aller Wahrnehmung geknüpft ist, könnte man zu der Vermutung verleitet werden, daß sich hinter der wahrgenommenen statistischen Welt noch eine ›wirkliche‹ Welt verberge, in der das Kausalgesetz gilt. Aber solche Spekulationen scheinen uns, das betonen wir ausdrücklich, unfruchtbar und sinnlos. Die Physik soll nur den Zusammenhang der Wahrnehmungen formal beschreiben. Vielmehr kann man den wahren Sachverhalt viel besser so charakterisieren: Weil alle Experimente den Gesetzen der Quantenmechanik und damit der Unschärferelation unterworfen sind, so wird durch die Quantenmechanik die Ungültigkeit des Kausalgesetzes definitiv festgestellt.«[3]

Diese Ansichten wurden zu einem Teil der »Kopenhagener Deutung der Quantentheorie«, die gleichsam als heilige Schrift einige Jahrzehnte hindurch das Denken der Physiker dominierte. Doch gab es auch Ketzer: »Die Heisenberg-Bohrsche Beruhigungsphilosophie – oder Religion? – ist so fein ausgeheckt, daß sie dem Gläubigen einstweilen ein sanftes Ruhekissen liefert, von dem er sich nicht so leicht aufscheuchen läßt«, schrieb Albert Einstein an Erwin Schrödinger.[4] Heute ist die Diskussion wieder voll entbrannt. Bevor wir die Gründe dafür kennenlernen, müssen wir zunächst den Beitrag von Niels Bohr zur Deutung der Quantentheorie würdigen.

**Die Heisenberg-Bohrsche Beruhigungsphilosophie**

»Man sollte niemals einen Satz beginnen, bevor man sein Ende kennt!« ermahnte einmal der englische Nobelpreisträger Paul Adrien Dirac seinen Kollegen Niels Bohr. Diracs Bemerkung charakterisiert den zögernden, unklar und mysteriös erscheinenden Stil, den Bohr in die Diskussion um die Quantentheorie brachte.

Der dänische Physiker hatte sich bereits früh mit philosophischen Problemen beschäftigt, wobei ihn besonders die Lektüre Søren Kierkegaards und die Vorlesungen seines Lehrers Harald Høffding (1843–1931) beeinflußt hatten. Seine erkenntnistheoretischen Überlegungen, die sich besonders mit der Bedeutung der Sprache für die menschliche Kommunikation beschäftigen, sind auch in Bohrs Beitrag zur Kopenhagener Deutung der Quantentheorie eingegangen, wie das folgende Zitat zeigt:

»Wir stehen hier vor einem für die Naturwissenschaft ganz neuen erkenntnistheoretischen Problem. Bisher beruhte alle Beschreibung von Erfahrungen auf der bereits dem *gewöhnlichen Sprachgebrauch* innewohnenden Annahme, daß es möglich sei, zwischen dem Verhalten der Objekte und der zu ihrer Beobachtung notwendigen Geräte scharf zu unterscheiden ... Sobald wir uns jedoch mit Phänomenen wie den individuellen Atomprozessen beschäftigen, die ihrer Natur nach wesentlich durch die Wechselwirkung zwischen den Objekten und den für die Definition der Versuchsanordnung notwendigen Meßgeräten bestimmt werden, müssen wir näher untersuchen, welcher Art die Aufschlüsse sind, die über diese Objekte überhaupt gewonnen und wie diese Aufschlüsse zusammengefaßt werden können. In dieser Beziehung müssen wir es uns einerseits klarmachen, daß das Ziel jedes physikalischen Experimentes uns keine andere Wahl läßt, als die Begriffe des täglichen Lebens anzuwenden, die mit Hilfe der Terminologie der klassischen Physik verfeinert sind. Dies gilt nicht nur für die Beschreibung des Baues und der Bedienung der Meßgeräte, sondern auch für die Beschreibung der experimentellen Resultate.«[5]

Jede Beschreibung von Vorgängen im Labor muß also stets in der Sprache des Alltags, der Sprache der klassischen Physik erfolgen, um menschliche Kommunikation zu ermöglichen. In dieser Beziehung geht der Alltag den Erkenntnissen der Quantenphysik auch logisch voran. Daraus ergibt sich aber eine bedeutende weitere Schlußfolgerung:

»Andererseits ist es ebenso wichtig zu verstehen, daß gerade dieser Umstand es mit sich bringt, daß kein Ergebnis eines Experimentes über ein im Prinzip außerhalb des Bereiches der klassischen Physik liegendes Phänomen dahin gedeutet werden kann, daß es Aufschluß über unabhängige Eigenschaften der Objekte gibt; es ist vielmehr unlöslich mit einer bestimmten Situation verbunden, in deren Beschreibung auch die mit den Objekten in Wechselwirkung stehenden Meßgeräte als wesentliches Glied eingehen.«[5]

Der Mikrokosmos bildet also mit den Meßgeräten, die zu seiner Beobachtung eingesetzt werden, eine untrennbare Einheit. Das Experiment, also die Frage an die Natur, gibt keine Auskunft über Elektronen, Lichtquanten oder andere mikroskopisch kleine Teilchen, sondern nur über das Verhalten dieser Teilchen unter gewissen Versuchsbedingungen. Dies führt zu einer wesentlichen Konsequenz: Es sind andere Versuchsbedingungen erforderlich, wenn man beispielsweise den Ort eines Elektrons messen will, als wenn der Impuls dieses Teilchens bestimmt werden soll. Es ist nicht möglich, diese beiden Experimente gleichzeitig anzustellen, man muß vielmehr auswählen, welche der beiden Fragen man an die Natur richten möchte. »Man kann die Welt entweder mit einem Impulsauge oder mit einem Ortsauge betrachten, aber nicht beides«, hat dies Heisenberg einmal formuliert. In diesem »Komplementaritätsprinzip« sieht Bohr die Erklärung der Heisenbergschen Unschärferelation. Auch der Widerspruch zwischen Teilchen und Welle löst sich so auf. Das Elektron ist weder Teilchen noch Welle, nur in Vereinigung mit der einen oder anderen Versuchsapparatur verhält es sich einmal als Teilchen, ein andermal als Welle. Welche Antwort man erhält, hängt von der Fragestellung ab, die man an die Natur richtet.

Mit Heisenbergs Unschärferelation und Bohrs Komplementaritätsprinzip war die offizielle Philosophie der Quantenmechanik, eben die »Kopenhagener Deutung« vollendet. Wenn auch die große Mehrheit der Physiker damit zufriedengestellt war, so wandten sich doch einige bedeutende Geister gegen die »Beruhigungsphilosophie«.

## Schrödinger erfindet eine Katze

Die klassische Physik hatte versucht, das Weltgeschehen genau zu bestimmen und vorauszuberechnen. Die Zielsetzung der Quantentheorie ist dagegen viel bescheidener. Aus der Wellenfunktion kann man nur das mögliche Geschehen und seine Wahrscheinlichkeit vorherberechnen. Alle Details der Vorgänge in der Mikrophysik bleiben dagegen völlig unbestimmt.

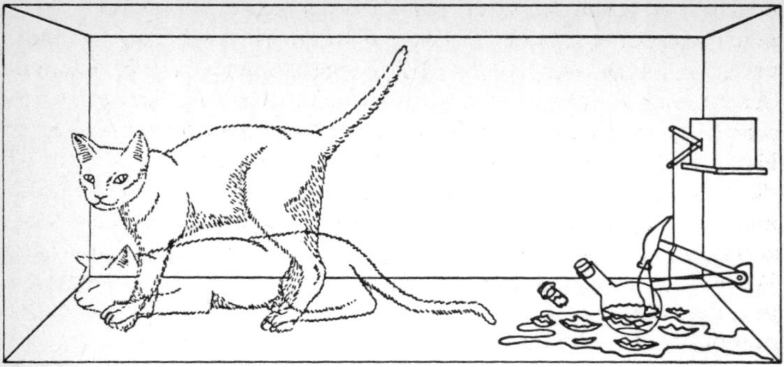

**Abb. 6.3:** Schrödingers Katze ist in eine Stahlkammer gesperrt, in der eine Höllenmaschine durch den Zerfall eines radioaktiven Atoms ausgelöst wird. Gemäß der Kopenhagener Deutung der Quantentheorie sollte erst die Beobachtung die zuvor zwischen Leben und Tod »verschmierte« Katze endgültig tot oder lebendig machen.

»Gott würfelt nicht«, so drückte einmal Albert Einstein unmißverständlich seine Abneigung gegen den Indeterminismus der Quantenphysik aus. Vielleicht war es der Einfluß Preußens – Einstein war zu dieser Zeit Professor in Berlin – der ihn dazu führte, auch den Elektronen strenge Gesetze vorzuschreiben und ihnen nicht zu gestatten, sich nach der Willkür und Laune der Wahrscheinlichkeit zu bewegen.

Auch Erwin Schrödinger hatte gehofft, mit seiner »Wellenmechanik« die Schwierigkeiten der Quantentheorie zu vermeiden und ein stetiges, deterministisches Bild der Welt zu entwerfen. Mit der Deutung, die Born, Heisenberg und Bohr der Quantentheorie gegeben hatten, war er deshalb höchst unzufrieden. War es nicht absurd, daß die Physik nur die Möglichkeiten des Geschehens festlegte? Wann sollte aus Möglichkeit Wirklichkeit werden? War es nicht grotesk, daß die Bahn des Elektrons erst in der Beobachtung entsteht, wie dies Heisenberg gefordert hatte?

In einer berühmten Artikelreihe über »Die gegenwärtige Situation der Quantenmechanik« gab Schrödinger seinem Mißbehagen Ausdruck. Dabei erfand er ein Bild, das in die Diskussion der folgenden Jahre als »Schrödingers Katze« eingegangen ist:

»Man kann auch ganz burleske Fälle konstruieren. Eine Katze wird in eine Stahlkammer gesperrt, zusammen mit folgender Höllenmaschine (die man gegen den direkten Zugriff der Katze sichern muß): In einem Geigerschen Zählrohr befindet sich eine winzige Menge radioaktiver Substanz, so wenig, daß im Laufe einer Stunde vielleicht eines von den Atomen zerfällt, ebenso wahrscheinlich aber auch gar keines; geschieht es, so spricht das Zählrohr an und betätigt über ein Relais ein Hämmerchen, das ein Kölbchen mit Blausäure zertrümmert. Hat man dieses ganze System eine Stunde lang sich selbst überlassen, so wird man sich sagen, daß die Katze noch lebt, wenn inzwischen kein Atom zerfallen ist. Der erste Atomzerfall würde sie ganz vergiftet haben. Die Wellenfunktion des ganzen Systems würde das so zum Ausdruck bringen, daß in ihr die lebende und die tote Katze zu gleichen Teilen gemischt oder verschmiert sind.«[6]

Die volle Indignation Schrödingers mit der Deutung der von ihm selbst mitgeschaffenen Quantenmechanik kommt hier zum Ausdruck: Sollte doch nach Heisenbergs Meinung die Katze in der Stahlkammer weder tot noch lebendig sein, da ja die Quantenphysik lediglich die *Möglichkeit* des Geschehens angibt. Solange niemand die Katze beobachtet, wird diese Möglichkeit nicht zur Wirklichkeit. Erst beim Öffnen der Schachtel, also durch den Akt der Beobachtung, wird die zuvor zwischen Leben und Tod »verschmierte« Katze dann endgültig tot oder lebendig.

Sollte man nicht vielmehr der Meinung sein, daß die Katze in dem Behälter bereits tot oder lebendig war, bevor man den Deckel öffnete und die Beobachtung vollzog? Die Kopenhagener Deutung antwortet hierauf, daß erst der Akt der Beobachtung die Phänomene hervorbringt und eine Frage über unbeobachtbare Größen prinzipiell keinen Sinn hat.

## Die unmarxistischen Elektronen

Die Folgerungen, die sich zumindest nach Meinung einiger Physiker aus der Kopenhagener Deutung der Quantentheorie ergeben, führten bald zu einer heftigen Reaktion und zur Suche nach Alternativen. Niemand zweifelte, daß die Quantentheorie ein bedeutender Schritt zum Verständnis der Natur war. Ermöglichte sie es doch, die Eigenschaften von Atomen, Molekülen und Festkörpern mit einer Genauigkeit zu berechnen, die auf allen anderen Gebieten der Physik unübertroffen ist und in manchen Anwendungen eine Übereinstimmung von Theorie und Experiment auf acht oder neun Dezimalstellen liefert. Während die

Ergebnisse der neuen Theorie begeisternd waren, rief die Deutung Kritik hervor.

Besonders heftig war die Reaktion im dialektischen Materialismus. In einem bekannten und einflußreichen Lehrbuch über die »Grundlagen der Quantenmechanik« von D. I. Blochinzew, Professor an der Lomonossov-Universität zu Moskau, heißt es beispielsweise:

»Mit der Entwicklung der Quantenmechanik ist das theoretische physikalische Denken in die Periode eines neuen Umbruchs physikalischer Vorstellungen eingetreten, die bisher als evident und unerschütterlich galten. Diese radikale Umgestaltung der physikalischen Grundvorstellungen betrifft vor allem die Begriffe des Teilchens und seiner Bewegungsprinzipien.

Die Ideologen der nicht sowjetischen Wissenschaft sind bestrebt, diesen Umbruch als eine Krise des Materialismus darzustellen.

Bekanntlich haben die philosophierenden Reaktionäre in den Zeiten des Erscheinens von Lenins Werk ›Materialismus und Empiriokritizismus‹ ebenfalls versucht, den Materialismus mit Hilfe der ›allerneuesten‹ Ergebnisse der damaligen Physik zu widerlegen. Lenin hat in seiner tiefschürfenden und scharfen Analyse die Haltlosigkeit dieser Versuche aufgezeigt ...

Die gegenwärtige Situation in der theoretischen Physik des Auslands unterscheidet sich ihrem Wesen nach nicht von jener, die Lenin im ›Materialismus und Empiriokritizismus‹ untersucht hat. Das bürgerliche philosophische Denken versucht auch heute, die Entwicklung der Naturwissenschaften zu reaktionären, obskuren Zwecken zu mißbrauchen ...

Die Krise des ausländischen philosophischen Denkens spiegelt sich auch in den Aussagen über das Wesen und über die Bedeutung der Quantenmechanik wider. Die Kopenhagener physikalische Schule hat sich bereits bei ihrem Entstehen mit dem Machismus verbunden und im weiteren Verlauf die Entwicklung subjektivistischer Anschauungen über das Wesen der Quantenmechanik wesentlich gefördert.«[7]

Wie konnte man nun die Kopenhagener Deutung revidieren und die zentrale Rolle des Beobachters vermeiden? War nicht Heisenbergs Credo: »Die Bahn des Elektrons entsteht erst dadurch, daß wir sie beobachten«, eine direkte Widerlegung des dialektischen Materialismus, der von der objektiven Existenz der Materie ausgeht? Die Sowjetphilosophie kam bald zur umgekehrten Schlußfolgerung: »Die moderne Physik ... bestätigt den dialektischen Materialismus und stellt den Wissenschaftler in ihrem ganzen Umfang vor die Aufgabe, den dialektischen Materialismus bewußt auf die Untersuchung der Natur anzuwenden.«[8]

Eine neue »statistische Deutung« der Quantentheorie entstand, die dem dialektischen Materialismus entsprechen, ja ihn sogar bestätigen sollte. Ihre Unterscheidung von der »idealistischen und agnoszistischen Spekulation« der Kopenhagener wird am Beispiel eines Elektronenstroms klar, der durch einen feinen Spalt geht. Die dabei auftretenden Beugungserscheinungen lassen die Elektronen bald an dieser, bald an jener Stelle eines Schirmes auftreffen, der hinter dem Spalt angebracht ist. Niemand kann vorhersagen, an welcher Stelle das nächste Elektron auftreffen wird. Nachdem es aber aufgetroffen ist, verändert sich unsere Kenntnis über den Ort des Elektrons sprunghaft und damit auch die Wellenfunktion, die nach der Meinung Heisenbergs *unsere Kenntnis* über dieses Teilchens darstellt. Damit wird aber Lenins Dogma verletzt, wonach »die einzige Eigenschaft der Materie, an deren Anerkennung der philosophische Materialismus gebunden ist, die Eigenschaft ist, objektive Realität zu sein und außerhalb unseres Bewußtseins zu existieren ...«.[9]

Die sprunghafte Veränderung der Wellenfunktion durch die Beobachtung war deshalb unbedingt zu vermeiden. Die *statistische Deutung* geht daher davon aus, daß die Wellenfunktion nicht das Verhalten eines einzelnen Elektrons, sondern einer *großen Anzahl dieser Teilchen* beschreibt, die durch den Spalt hindurchgehen. Das eine oder andere Teilchen wird bald hier, bald dort auf dem Bildschirm auftreffen und dadurch die von der Quantentheorie vorhergesagte Verteilung bestätigen. Das Auftreffen eines einzelnen Teilchens ändert dabei nichts an der Wellenfunktion, die lediglich das Verhalten der *Gesamtheit* der Teilchen beschreibt.

Mit der statistischen Deutung war das Gewissen der Philosophen in der Sowjetunion beruhigt, der Marxismus gerettet und ein Konflikt zwischen Physik und Philosophie vermieden. Schreibt doch auch Lenin hierzu:

»Mag vom Standpunkt des ›gesunden Menschenverstandes‹ die Verwandlung des unwägbaren Äthers in wägbare Materie noch so wunderlich, das Fehlen jeder anderen als elektromagnetischen Masse beim Elektron noch so ›seltsam‹, die Beschränkung der mechanischen Bewegungsgesetze auf nur ein Gebiet der Naturerscheinungen und ihre Unterordnung unter die tieferen Gesetze der elektromagnetischen Erscheinungen noch so ungewöhnlich sein usw., das alles ist nur eine weitere Bestätigung des dialektischen Materialismus.«[10]

Die Physik ist richtig und der dialektische Materialismus ist auch richtig – wie richtig müssen erst beide zusammen sein.

Heute ist die Anerkennung der statistischen Deutung nicht an ideologische Grenzen gebunden. Viele westliche Physiker finden sie zufriedenstellender als die Meinungen von Bohr und Heisenberg, während beispielsweise einer der bekanntesten russischen Physiker, das Akademiemitglied W. A. Fock, die statistische Deutung als »Zirkelschluß« betrachtete.

Mag man nun Heisenberg und Bohr oder Blochinzew und Lenin den Vorrang geben – in beiden dieser Deutungen bleibt das Problem ungelöst, wie aus der quantenmechanischen Möglichkeit die physikalische Wirklichkeit werden kann. Ein radikaler Ansatz zur Lösung dieser Frage kam 1957 aus Amerika.

### Everett und Wheeler spalten das Universum

Im Jahre 1957 erschien in der Zeitschrift »Reviews of Modern Physics« ein Artikel von Hugh Everett III mit dem Titel »Relative Zustandsformulierung der Quantenmechanik«. Dieser Artikel enthielt die Ergebnisse der Dissertation von Everett, die er unter der Anleitung von Professor John A. Wheeler an der Universität Princeton ausgeführt hatte. Die radikale neue Deutung der Quantentheorie, die hier vorgeschlagen wurde, versuchte gleichsam den gordischen Knoten mit dem Schwert zu durchschlagen. Everett meint nämlich:[11]

»Mit jeder neuen Beobachtung (oder Wechselwirkung) spaltet sich der Zustand des Beobachters in eine Reihe von verschiedenen Zuständen auf. Jeder Zweig stellt dabei ein verschiedenes Ergebnis der Messung dar ... alle Zweige existieren simultan nach jeder gegebenen Meßreihe.«

Wie wird hier also die von der Quantentheorie beschriebene Möglichkeit zur Wirklichkeit? Nach Everett beschreibt die Quantentheorie die Aufspaltung des Universums in verschiedene Zweige. Durchläuft beispielsweise ein Elektron einen Spalt und ist dahinter mit fünfzigprozentiger Wahrscheinlichkeit links, mit fünfzigprozentiger Wahrscheinlichkeit rechts zu finden, so fordert die Kopenhagener Deutung der Quantentheorie, daß sich bei der Beobachtung entscheidet, welche der beiden Möglichkeiten realisiert ist. Die neue »relative Zustandsdeutung« der Quantentheorie meint dagegen, daß sich bei einer derartigen Messung das Universum in zwei Teile aufspaltet. Zwei voneinander völlig unabhängige Universen beginnen zu existieren, wobei in dem einen Universum das Elektron nach links, im anderen Universum das Elektron nach rechts gegangen ist. Auch der Beobachter spaltet sich entsprechend auf und findet sich in einem Universum wieder, in dem entweder die eine oder die andere Möglichkeit eingetreten ist. Eröffnet eine Messung mehr als zwei Möglichkeiten oder werden viele Messungen hintereinander ausgeführt, so spaltet sich nach dieser Deutung der Quantentheorie das Universum in zahllose Universen auf, verzweigt sich in eine Fülle von Alternativen, die alle simultan existieren.

Allzu radikal scheint den meisten Physikern diese Verzweigung und Aufspaltung des Universums in Myriaden Kopien, und die Everett-Wheeler-Deutung, wie sie heute meist bezeichnet wird, hat nicht allzu viele Anhänger gefunden. Müßte man demnach doch bei jeder Messung in einem physikalischen Praktikum fast zum Gewissensverweigerer werden, da man aus bloßer Neugier über ein Meßergebnis das Universum in einige Teile aufspaltet ...

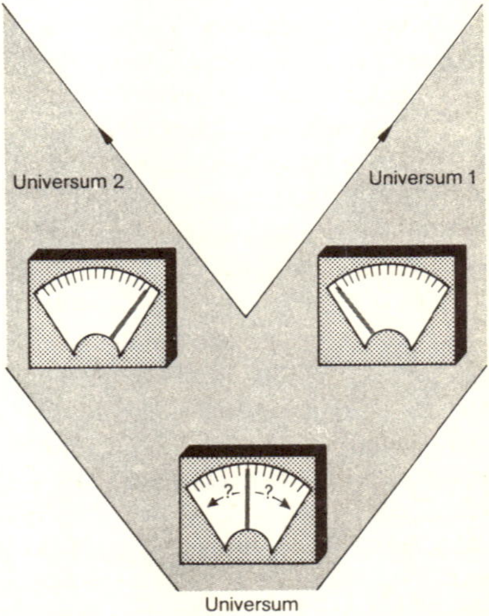


**Abb. 6.4:** Nach der Everett-Wheeler-Deutung der Quantenmechanik spaltet jede Messung das Universum in verschiedene Zweige auf. Jedem der verschiedenen Zweige soll ein unterschiedliches Meßergebnis entsprechen.

Logisch läßt sich gegen die neue Deutung der Quantentheorie allerdings nichts einwenden. Doch gibt es wohl allzu viele *logisch* mögliche Deutungen dieser Welt. Auch der Solipsismus, der behauptet, daß wir allein existieren und der Rest der Welt unsere Einbildung ist, kann durch *logische* Argumente nicht widerlegt werden. Gar manchen jedoch erscheint er ebenso absurd wie die Aufspaltung der Welt durch die Neugier der Wissenschaft.

## Ist der Zufall absolut?

Gegen Ende des 19. Jahrhunderts hatte sich der Zufall allmählich in die Physik eingeschlichen. In der Wärmelehre hatte man sich daran gewöhnt, daß man die Bewegung der Moleküle nicht im Detail verfolgen konnte, sondern mit groben Mittelwerten zufrieden sein mußte. Wäre doch in der Praxis niemand in der Lage, die detaillierten Bewegungen der Myriaden von Molekülen in einem Gas zu verfolgen. Allerdings blieb die Illusion bestehen, daß dies nur eine Bequemlichkeit, eine Arbeitsvereinfachung für den Physiker war, die man bei Bedarf jederzeit fallen lassen könnte. Im Prinzip sollte es dem Liebhaber des Details möglich sein, die Bewegungen der Atome in allen Einzelheiten zu verfolgen.

Mit der Quantenphysik änderte sich diese Situation. Der Zufall wurde absolut, nicht mehr auf menschlicher Bequemlichkeit beruhend, sondern ein Zug der Natur selbst. Niemand kann beispielsweise vorhersagen, wann ein radioaktives Atom zerfallen wird. In seinem berühmten Buch »Mathematische Grundlagen der Quantenmechanik« hatte Johann von Neumann (1903–1957) im Jahre 1932 auch formal gezeigt, daß es nie eine neue Version der Quantenmechanik geben könne, die den Zufall eliminiert und den Zeitpunkt des Zerfalls eines Atoms im Detail berechnen läßt.[12] Es kann demnach keine »verborgenen Parameter« geben, die die Vorgänge im Inneren der Atome bestimmen und die sich einer detaillierten, weiter in die Welt des Mikrokosmos eindringenden Analyse erschließen könnten.

Johann von Neumanns Buch ist schwierig und nur wenigen Physikern zugänglich. Es wurde freilich oft zitiert, und man war im allgemeinen damit zufrieden, daß Neumann den grundlegenden Beweis für das endgültige und unwiderrufliche Ende des Determinismus erbracht hatte. Neumann war schließlich ein berühmter Mathematiker und das aristotelische Autoritätsdenken in der Physik nicht völlig ausgestorben.

Indessen gab es stets auch Kritiker der Kopenhagener Deutung der Quantenmechanik, die mit dieser idealistischen Interpretation des Weltgeschehens unzufrieden waren. Hatte man nicht den Indeterminismus im Überschwang der Begeisterung über die Erfolge der Quantentheorie allzu schnell akzeptiert?

Der Ire John Bell, der am europäischen Kernforschungszentrum CERN in Genf arbeitet, entdeckte schließlich einen entscheidenden Mangel im »von Neumannschen Beweis«. Nicht die mathematische Beweisführung war mangelhaft, sondern das Axiomensystem, von dem der Beweis ausging, war zu eng gewählt. Auch andere Annahmen waren denkbar und mit den experimentellen Befunden verträglich. Unter derart verallgemeinerten Annahmen konnte Bell zeigen, daß eine tieferliegende Schicht der Welt, eine subatomare Welt »verborgener Parameter«, nicht auszuschließen ist, die das Mikrogeschehen kausal regiert. Die Fortschritte der Physik, ihr Eindringen in immer kleinere Dimensionen dieser Welt, könnte es ermöglichen, auch diesem derzeit unbeobachtbaren sub-atomaren Geschehen auf die Spur zu kommen.

Existiert die verborgene Welt des Sub-atomaren, diese Unterwelt des Quantengeschehens wirklich? Prinzipiell auszuschließen ist dies nicht, und so ist auch heute die Frage offen und unentschieden, ob die Natur kausalen Gesetzen gehorcht oder nicht. Doch schiene es äußerst überraschend, wenn unter dem indeterministischen Quantengeschehen eine Welt zutage träte, die – weit vom Alltag entfernt – wieder kausalen Gesetzen gehorchte.

Noch überraschender sind einige Eigenschaften, die Bell für die möglichen Gesetze des sub-atomaren Geschehens herleiten konnte. In der Quantenphysik gibt es nämlich einen höchst sonderbaren Zusammenhang zwischen Ereignissen, die in beliebiger Entfernung voneinander im Universum stattfinden. Zerfällt zum Beispiel ein Atomkern, so gibt die entsprechende Wellenfunktion die Wahrscheinlichkeit an, die Zerfallsprodukte irgendwo im Raum vorzufinden. Wird ein solches Bruchstück nun beispielsweise in Ägypten gefunden, so wird dadurch die Wahrscheinlichkeit schlagartig Null, dieses Stück irgendwo anders, etwa in Japan, anzutreffen. Der Fund in Ägypten ändert dadurch auch die Wellenfunktion in Japan!

Diese frappierende »Nichtlokalität« der Quantenphysik, diese Unteilbarkeit des gesamten Weltgeschehens, bleibt, wie Bell zeigen konnte, auch in Theorien mit »verborgenen Parametern« erhalten. Auch in diesen Theorien muß gelten, daß eine Messung in irgendeinem Teil der

Welt das gesamte Geschehen im Universum, bis in den Bereich der entferntesten Galaxien hin, beeinflußt. Ziemlich sonderbare Zusammenhänge treten hier auf, die in einer der spekulativsten Zeitschriften auf dem Gebiete der Naturwissenschaft, den »Lettres Epistomologiques«, bereits mit Parapsychologie und Präkognition in Verbindung gebracht wurden.

# 7
# Die Suche nach dem Urstoff

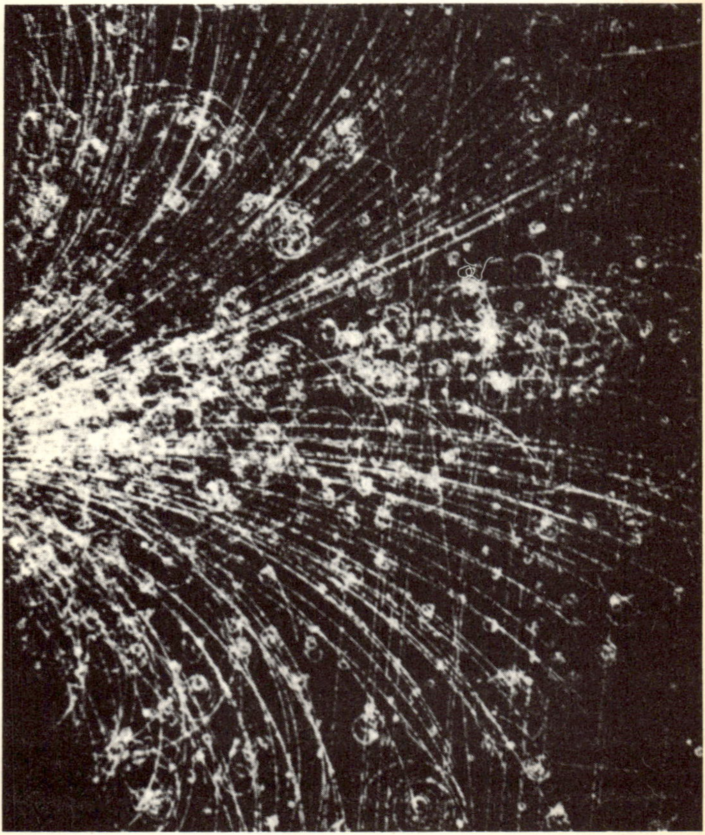

Seite 175:

**Abb. 7.1:** Beim Auftreffen eines Teilchens der »kosmischen Strahlung« auf der Erde materialisiert sich hier seine Energie. Hunderte neuer Teilchen entstehen bei diesem Vorgang, eine Art Neuschöpfung der Welt im allerkleinsten.

Im unentschiedenen Streit zwischen den griechischen Atomisten Demokrit und Leukipp auf der einen und den Anhängern des Aristoteles auf der anderen Seite, für die nur ein randvoll mit Materie gefüllter Raum denkbar war, hatte sich – nach einer kleinen Ewigkeit – die Waagschale zu Beginn des 20. Jahrhunderts den Atomisten zugeneigt. Mit der Entdeckung des Atoms hatten ihre Ansichten eine triumphale Bestätigung erfahren.

Mit der Entwicklung der Quantenmechanik freilich änderte sich zwanzig Jahre später die Situation wieder ein wenig. Denn der Dualismus Teilchen–Welle bedeutet nichts weniger, als daß Materie sowohl diskret-atomar als auch kontinuierlich aufgebaut ist. Eine große Synthese der beiden Naturansichten der Antike war damit erreicht.

Die Atome waren entdeckt – doch woraus bestehen Atome? Die Frage nach dem Urstoff, dem Baumaterial dieser Welt, stellt sich aufs neue. Aristoteles hatte den Bereich des Irdischen aus Erde, Wasser, Luft und Feuer aufgebaut, wozu noch der Himmlische Äther als fünftes Element kam. Durch Mischung dieser Elemente durfte man hoffen, das vielfältige Reich des Irdischen aufzubauen.

Weit spekulativer und strenger war der Weltentwurf, den Ionische Philosophen im 6. vorchristlichen Jahrhundert vorgelegt hatten. Thales von Milet (um 625–um 545 v. Chr.) Staatsmann, Handelsreisender und Begründer der Philosophenschule, hatte im Wasser die Grundsubstanz dieser Welt erblickt. Einem Chamäleon gleich konnte dieser »stoffliche Urgrund aller Dinge« einmal als Eis, dann als Schnee, Wasser oder Dampf erscheinen. So durfte man hoffen, daß sich auch hinter den anderen Körpern dieser Welt nur das Wasser in immer neuen Einkleidungen verberge. Unterschiedliche Formen nahm diese Idee in der Milesischen Philosophenschule an:

»Anaximandros, des Praxiades Sohn aus Milet, der Schüler und Nachfolger des Thales, hat als Urgrund und Element der Dinge das Unendliche angenommen, indem er als erster diesen Namen für den Urgrund gebrauchte. Er bezeichnet aber als Urgrund weder das Wasser noch ein anderes der sogenannten Elemente, sondern eine andere unendliche Substanz, aus der sämtliche Himmel entstanden seien und die Welten in ihnen.«[1]

Dies berichtete Aristoteles in seiner »Physikvorlesung«. Ein höchst abstrakter Urgrund der Dinge wird uns hier vorgestellt, ein Urstoff, der sich ebenso für eine moderne »vereinheitlichte Feldtheorie« eignen würde, der die utopische Liebe der heutigen Physik gilt.

Viel realistischer ist Anaximenes (2. Hälfte des 6. Jh. v. Chr.), des Anaximandros (611–546 v. Chr.) »Schüler und Nachfolger«. Erklärt er doch »für den Urgrund der Dinge die Luft. Denn aus dieser entstände alles und in diese löse sich alles dereinst wieder auf«. Und konkret: »Wenn sich die Luft verdünnt, wird sie zu Feuer; wenn sie sich dagegen verdichtet, zu Wind; infolge noch stärkerer Verdichtung zur Wolke, bei noch stärkerer zu Wasser, und, noch mehr verdichtet, zu Erde und, bei äußerster Verdichtung, zu Stein.«[2]

Kühn, allzu kühn, erschien diese Milesische Naturphilosophie dem realistischeren Aristoteles. Aus seinen fünf Elementen konnte man ohne Schwierigkeiten die Welt erbauen und so blieb es denn für lange Zeit dabei. Erst mit der Entwicklung der Chemie in der Neuzeit stellten sich wieder Änderungen ein. Die barocke Iatrochemie hielt einen Urstoff für zuwenig und fünf für zuviel. Aus drei »Prinzipien« Schwefel für die Brennbarkeit, Quecksilber für die Flüssigkeit und Kochsalz für die Feuerbeständigkeit wollte sie die Welt aufbauen. Für lange Zeit

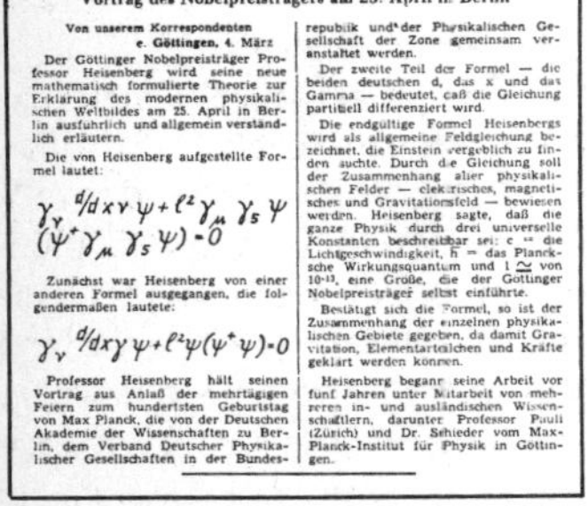

**Heisenberg erläutert seine Formel**

**Vortrag des Nobelpreisträgers am 25. April in Berlin**

**Von unserem Korrespondenten**
**e. Göttingen, 4. März**

Der Göttinger Nobelpreisträger Professor Heisenberg wird seine neue mathematisch formulierte Theorie zur Erklärung des modernen physikalischen Weltbildes am 25. April in Berlin ausführlich und allgemein verständlich erläutern.

Die von Heisenberg aufgestellte Formel lautet:

$$\gamma_\nu \, d/dx\nu \, \psi + l^2 \gamma_\mu \gamma_5 \psi (\psi^+ \gamma_\mu \gamma_5 \psi) = 0$$

Zunächst war Heisenberg von einer anderen Formel ausgegangen, die folgendermaßen lautete:

$$\gamma_\nu \, d/dx\gamma \, \psi + l^2 \psi (\psi^+ \psi) = 0$$

Professor Heisenberg hält seinen Vortrag aus Anlaß der mehrtägigen Feiern zum hundertsten Geburtstag von Max Planck, die von der Deutschen Akademie der Wissenschaften zu Berlin, dem Verband Deutscher Physikalischer Gesellschaften in der Bundesrepublik und der Physikalischen Gesellschaft der Zone gemeinsam veranstaltet werden.

Der zweite Teil der Formel — die beiden deutschen d, das x und das Gamma — bedeutet, daß die Gleichung partiell differenziert wird.

Die endgültige Formel Heisenbergs wird als allgemeine Feldgleichung bezeichnet, die Einstein vergeblich zu finden suchte. Durch die Gleichung soll der Zusammenhang aller physikalischen Felder — elektrisches, magnetisches und Gravitationsfeld — bewiesen werden. Heisenberg sagte, daß die ganze Physik durch drei universelle Konstanten beschreibbar sei: c = die Lichtgeschwindigkeit, $\hbar$ = das Plancksche Wirkungsquantum und $l \simeq$ von $10^{-13}$, eine Größe, die der Göttinger Nobelpreisträger selbst einführte.

Bestätigt sich die Formel, so ist der Zusammenhang der einzelnen physikalischen Gebiete gegeben, da damit Gravitation, Elementarteilchen und Kräfte geklärt werden können.

Heisenberg begann seine Arbeit vor fünf Jahren unter Mitarbeit von mehreren in- und ausländischen Wissenschaftlern, darunter Professor Pauli (Zürich) und Dr. Schieder vom Max-Planck-Institut für Physik in Göttingen.

**Abb. 7.2:** Die Suche nach einer »vereinheitlichten Feldtheorie«, in der alle Kräfte und Teilchen auf ein einziges Feld zurückgeführt werden, ist bisher vergeblich geblieben. Auch der »Heisenbergschen Weltformel« blieb der Erfolg versagt.

blieb dies der letzte Versuch, ein einfaches Bild der Welt zu entwerfen. Denn die Inflation der chemischen Elemente war nicht aufzuhalten. Bereits 1789 zählte Antoine Lavoisier in seinem »Traite Elementaire de Chemie« dreiundzwanzig verschiedene Grundstoffe und 1871 hatte Dimitrij Mendelejew (1834–1907) bereits vierundsechzig verschiedene chemische Elemente in das erste Periodensystem einzuordnen. Dem heutigen Chemiker stehen gar mehr als hundert verschiedene Atomsorten für sein molekulares Puzzlespiel zur Verfügung.

Wie kann man die Inflation der Atome bekämpfen und das antike Ideal eines einheitlichen Aufbaus der Welt wieder herstellen? Die Suche nach dem Urstoff wurde zu einer vordringlichen Aufgabe der Physik des 20. Jahrhunderts. Einstein, Heisenberg und viele andere haben Jahrzehnte ihres Lebens dem utopischen Traum einer »vereinheitlichten Feldtheorie« gewidmet, die die Fülle des Seienden auf eine einzige abstrakte Urmaterie, das Feld, zurückzuführen suchte. Erfolgen und Rückschlägen dieser Bemühungen ist das folgende Kapitel gewidmet.

## Trilogie der Materie

Höchst einfach erschien einem Physiker um 1920 der Aufbau der Materie. Die Verwirrung um das periodische System der Elemente hatte mit der Entdeckung des Atomkerns und der Aufstellung des Bohrschen Atommodelles ihr Ende gefunden. Die Vielzahl der chemischen Elemente konnte nunmehr auf zwei Bausteine zurückgeführt werden: Protonen und Elektronen. Die Atomhülle, für die Chemie ausschlaggebend, bestand aus einer Anzahl von Elektronen, die der »Ordnungszahl« des Atoms im Periodensystem der chemischen Elemente entsprach. Demnach wies Kohlenstoff beispielsweise sechs Elektronen, Sauerstoff dagegen acht Elektronen in der Atomhülle auf.

Der negativen Ladung der Hülle stand die positive elektrische Ladung des Atomkerns gegenüber, der aus Protonen aufgebaut sein sollte. Rund zweitausendmal schwerer als die Elektronen, trugen sie den größeren Teil der Atommasse. Allerdings mußte demnach der Kohlenstoffkern aus zwölf, der Sauerstoffkern gar aus sechzehn Protonen aufgebaut sein. In beiden Fällen hätte dies eine zu große positive Ladung des Kerns bewirkt. Darum nahm man an, daß Elektronen außer in der Hülle auch noch im Atomkern zu finden wären. Dies entsprach auch der Beobachtung, wonach die Kerne mancher radioaktiver Elemente

Elektronen aussenden. Sechs Elektronen im Kohlenstoff- und acht Elektronen im Sauerstoffkern brachten nun auch die elektrische Ladungsbilanz in Ordnung. In Proton und Elektron glaubte man die beiden Bausteine dieser Welt gefunden zu haben, aus denen sich alle chemischen Elemente zusammensetzen ließen.

Mit der Aufstellung der Quantenmechanik durch Heisenberg und Schrödinger zerbrach das zweifältige Weltbild der frühen zwanziger Jahre. Es durfte keine Elektronen im Kern geben, da dieser, hunderttausendmal kleiner als das Atom, den Elektronen einen sehr eng begrenzten Aufenthaltsraum zugewiesen hätte. Nach der Unschärferelation hat ein derartig winziger »Quantenkäfig« eine enorm hohe Energie des Elektrons zur Folge, die das Teilchen in unvorstellbar kurzen Bruchteilen einer Sekunde aus dem Kern katapultieren würde. Nur die zweitausendmal schwereren Protonen ließen sich auf Dauer in einen derart kleinen Käfig sperren.

Die Problematik der Kernstruktur wurde aber bereits 1932 durch eine Entdeckung von James Chadwick (1891–1974) gelöst. Der amerikanische Forscher bombardierte Berylliumkerne mit Helium und konnte damit neuartige Teilchen aus dem Kern herausschießen. Die Untersuchung der Eigenschaften dieser Teilchen ergab, daß sie nur rund ein Promille schwerer als das Proton waren, aber keine elektrische Ladung aufwiesen. Einmal aus dem Atomkern entfernt, zerfielen die neuentdeckten »Neutronen« nach rund fünfzehn Minuten in Protonen und Elektronen.

Die Vermutung lag nahe, daß nicht Protonen und Elektronen, sondern Protonen und Neutronen den Atomkern aufbauen, und die weiteren Forschungen bestätigten das Bild einer aus drei Teilchenarten aufgebauten Welt: Protonen, Neutronen im Kern und Elektronen in der Atomhülle waren das Baumaterial des Universums. Doch auch dieses dreifältige Bild war zu einfältig. Bereits im Jahre 1932 verwirrte sich die Situation weiter.

## Antimaterie: Löcher im Nichts

»Es gibt keinen Gott und Dirac ist sein Prophet.« Zahlreiche Aphorismen und Anekdoten wie diese ranken sich um die Person des englischen Physikers Paul Adrien Dirac, einem Nachfolger Isaac Newtons auf dem *Lucasian Chair* zu Cambridge. Legenden ranken sich um Diracs lakonischen Konversationsstil. Heisenberg berichtet, wie ihn Dirac an einem Tanzabend fragte: »Heisenberg, warum tanzen Sie?« Er antwortete: »Weil es eine Freude ist, mit netten Mädchen zu tanzen.« Nach einigen schweigsamen Minuten erkundigte sich Dirac dann: »Heisenberg, wieso wissen Sie vorher, welche Mädchen nett sind?«[3]

Seine größte physikalische Leistung vollbrachte Dirac im Jahre 1928. Weder Heisenbergs noch Schrödingers Formulierungen der Quantenphysik waren mit den Prinzipien der Einsteinschen Relativitätstheorie im Einklang. Sie konnten deshalb nur für Teilchen gelten, die sich wesentlich langsamer als mit Lichtgeschwindigkeit bewegen. Im Atom trifft dies – zumindest für leichte Elemente – näherungsweise zu. Für die Teilchen, die aus dem Zerfall von Atomkernen stammen, oder die gar in den Beschleunigern der »Hochenergiephysik« erzeugt werden, muß aber die Relativitätstheorie unbedingt berücksichtigt werden. Diese Aufgabe löste Dirac.

Die »Dirac-Gleichung« war eine geeignete Verallgemeinerung der »Schrödinger-Gleichung«, die das Verhalten der Elektronen im Atom beschreibt. Schrödinger hatte aber in seiner Theorie nur eine einzige »Wellenfunktion« benützt, deren Quadrat die Wahrscheinlichkeit angibt, Elektronen an einer bestimmten Raumstelle vorzufinden. Den Bedingungen der relativistischen Physik konnte Dirac dagegen nur durch die Einführung von vier verschiedenen Wellenfunktionen genügen, die durch die Dirac-Gleichung eng miteinander verknüpft wurden.

Wie waren diese vier Funktionen zu deuten? Sollten sie nicht die Verteilung von vier verschiedenen Teilchenarten im Raum angeben? Diese Vermutung enthielt ein Körnchen Wahrheit. Die nähere Analyse zeigte nämlich, daß die Gleichung Elektronen mit »Spin« beschrieb, Teilchen, die sich neben ihrer Fortbewegung im Raum auch um die eigene Achse drehen. Dabei schränkten die Regeln der Quantenphysik die Bewegung auf nur zwei mögliche Drehrichtungen ein. Damit waren zwei von Diracs vier Funktionen zu deuten: sie geben die Wahrscheinlichkeit an, Elektronen mit der einen oder anderen Drehrichtung an einem Raumpunkt vorzufinden.

Noch blieben aber zwei Funktionen zu deuten. Ein Schlüssel zur Lösung des Rätsels lieferte ein Paradoxon, das Oskar Klein im Dezember 1928 fand: Liefen die Diracschen Teilchen in ein Gebiet mit starken Kraftfeldern, so konnten einige Teilchen plötzlich verschwinden oder sich auf wundersame Weise vermehren. In diesen Fällen veränderten sich auch die beiden zunächst noch ungedeuteten Anteile der Welle. Diracs neue Gleichung schien unhaltbar – bis ihr Autor eine geniale Idee hatte, die ihm den Nobelpreis eintrug: Die beiden noch ungedeuteten

Anteile der Welle sollten ein neues Teilchen beschreiben, das »Positron«. Wie das Elektron mußte auch dieses Teilchen zwei mögliche Drehrichtungen aufweisen. Seine Masse sollte mit derjenigen des Elektrons übereinstimmen, seine Ladung aber zur Elektronenladung entgegengesetzt, also positiv sein. Auch in anderen Eigenschaften sollten sich Elektron und Positron wie Bild und Spiegelbild unterscheiden. Gehört das Elektron zur Materie, so ist das Positron als »Antimaterie« anzusehen.

Mit dieser Begriffsbildung war Kleins theoretische Überlegung zu deuten. Geraten Elektronen in ein starkes Kraftfeld, so können sie dort beim Zusammentreffen mit Positronen vernichtet werden, wobei Masse und Energie »zerstrahlen«. Andererseits können aber auch Paare von Elektronen und Positronen gleichsam aus dem Nichts entstehen, wenn das Kraftfeld die dazu erforderliche Energie liefert. Dieser Prozeß sollte vor allem durch Gammaquanten, das sind besonders hochfrequente Lichtquanten, ausgelöst werden. Bereits im September 1932 entdeckte der Amerikaner Carl David Anderson auf einer fotografischen Platte, die der Höhenstrahlung ausgesetzt worden war, diesen Vorgang: die erste Spur der Antimaterie war entdeckt.

Mit dem Positron allein war es nicht getan. Auch zum Proton mußte es ein entsprechendes »Antiteilchen«, das Antiproton geben und ebenso zum Neutron ein Antineutron. Mit einer der ersten Großforschungsanlagen der Hochenergiephysik, dem Synchrotron der University of California in Berkeley wurden diese neuen Teilchen im Jahre 1955 von Emilio Segré und Owen Chamberlain entdeckt. Einige Milliarden der

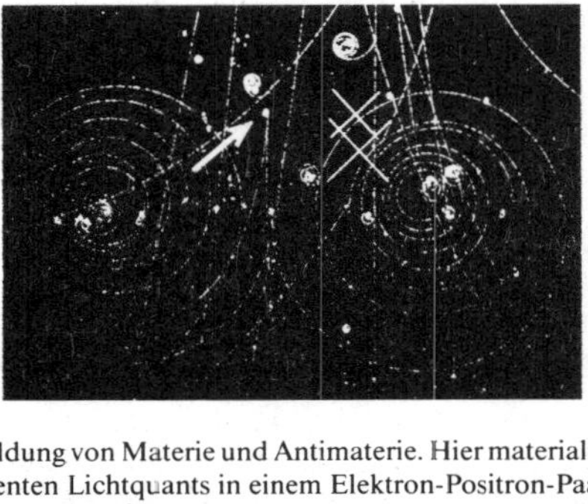

**Abb. 7.3:** Die Neubildung von Materie und Antimaterie. Hier materialisiert sich die Energie eines hochfrequenten Lichtquants in einem Elektron-Positron-Paar. Durch den Einfluß eines Magnetfeldes spiralen diese beiden entgegengesetzt geladenen Teilchen auseinander.

neuartigen Teilchen vermochten diese beiden Forscher damals zu erzeugen und bereits nach Bruchteilen einer Sekunde beendeten die Antiprotonen ihr Gastspiel in unserer Welt wieder, indem sie sich mit den Protonen der Materie zu reiner Energie vernichteten. Denn in der Welt der Materie hat die Antimaterie keinen Bestand. Isoliert im Weltall könnte es dagegen ganze Galaxien aus Antimaterie geben, die sich von außen gesehen durch nichts von Welteninseln aus Materie unterscheiden würden. Verirrte sich aber ein irdischer Raumfahrer in diese Gefilde, so würde ein Blitz von Strahlung sein letztes Lebenszeichen sein. Denn in der Welt der Antimaterie hätte die Materie keinen Bestand.

Es ist nicht bekannt, ob Antimaterie einen wesentlichen Bestandteil unseres Universums bildet oder ob sie nur ein exotischer Gast unserer Welt ist, der kurzzeitig in den Labors der modernen Physik zum Leben erweckt wird.

## Pauli hat ein Prinzip

Die Dirac-Gleichung war der erste Schritt, der den Weg von der Quantentheorie zur »Quantenfeldtheorie« einleitete. Die Suche nach dem Urstoff trat damit in eine neue Phase. Während Heisenberg und Schrödinger versucht hatten, einzelne Teilchen und ihr Verhalten unter der Wirkung verschiedener Kräfte zu beschreiben, war es mit der Entdekkung der Dirac-Gleichung unabdingbar geworden, das Verhalten vieler Teilchen zugleich in einem einzigen mathematischen Formalismus zu berücksichtigen. Dabei ergab sich zugleich die Lösung eines Problems, auf das Gottfried Wilhelm Leibniz zwei Jahrhunderte zuvor gestoßen war.

Ein großes Prinzip von Leibniz' Philosophie war, daß nichts in der Welt ohne hinreichenden Grund geschieht. Voltaires »Candide« ist eine Satire auf dieses Prinzip, wonach die Welt die »beste aller möglichen« ist und auch jedes zunächst scheinbar sinnlose Leid sich am Ende als dem Besten dienend und damit begründet erweist. In seinen Schriften zur Philosophie wandte Leibniz seine großartigen Prinzipien in vielfältigster Weise an, um die Erscheinungen dieser Welt zu erklären. Dabei folgert er auch, daß »Gott keine zwei gleichen Atome erschaffen haben könne«. Wäre dies nämlich der Fall, so hätte auch Gott keinen hinreichenden Grund, eines davon links und das andere rechts zu plazieren und nicht die umgekehrte Anordnung zu wählen. Deswegen könne die Welt nicht aus Atomen aufgebaut sein, schließt Leibniz und läßt seine Freunde in den Wald gehen, um dort Blätter zu suchen, die einander wahrhaft vollkommen gleichen. Wie zu erwarten, findet niemand zwei derartige Blätter.

Auch der modernen Elementarteilchenphysik stellt sich Leibniz' Problem. Alle Elektronen sind ununterscheidbar und können auch nicht etwa beschriftet und dadurch durchnumeriert werden. »Warum sollte eines davon links, das andere rechts zu liegen kommen?« hätte Leibniz gefragt. »Was ändert sich, wenn man zwei Elektronen vertauscht, die einander ja völlig gleichen?« ist die Problemstellung der heutigen Physik. Und ihre Antwort ist, daß es überhaupt keinen Unterschied in dieser Welt ausmacht, wenn man zwei der Teilchen austauscht. Von ununterscheidbaren, ja *identischen* Elementarteilchen handelt die Physik. Da die Vertauschung zweier dieser Partikeln keinen Unterschied in dieser Welt bewirkt, darf sich auch die Welle, die den Aufenthalt der Teilchen beschreibt, dabei gar nicht, oder doch höchstens um ein Vorzeichen, verändern. Denn bei einem Vorzeichenwechsel von plus auf minus, oder umgekehrt, bleibt die Intensität der Welle, also die Wahrscheinlichkeit Teilchen vorzufinden, unverändert.

Zwei bedeutende Konsequenzen ergeben sich aus dieser Überlegung, die Leibniz' Problem löst. Wegen ihrer Ununterscheidbarkeit müssen wir alle gleichartigen Elementarteilchen als Aspekt eines einzigen großen Feldes betrachten, das den gesamten Weltenraum erfüllt. So gehört beispielsweise jedes Elektron einem riesigen, allgegenwärtigen Elektronenfelde an, das sich an den Orten der einzelnen Teilchen »materialisiert«. Einem riesigen Ozean gleicht das Feld, dessen weitverzweigte Wellen ebenfalls nur Aspekte derselben, unergründlichen Wassermasse sind.

Wie alle Elektronen Anregungen eines einzigen Feldes sind, so müssen auch alle Protonen der Welt Aspekte eines riesigen Protonenfeldes, die Neutronen eines Neutronenfeldes usw. sein. Die »Urmaterie« der griechischen Philosophie beginnt konkrete Form anzunehmen.

Zweitens darf sich bei der Vertauschung zweier identischer Teilchen das allgegenwärtige Gesamtfeld entweder gar nicht, oder doch höchstens um ein Vorzeichen verändern. Beide Möglichkeiten sind in der Natur realisiert. Bei Elektronen, Protonen oder Neutronen tritt der Zeichenwechsel ein. Zu Ehren Enrico Fermis (1901–1954), der diese Möglichkeit zuerst erkannte, bezeichnet man derartige Teilchen als »Fermionen«. Bei den Lichtquanten, deren Einführung durch Einstein auf den Unwillen Plancks gestoßen war, verändert dagegen eine Vertauschung von zwei Teilchen überhaupt nichts am Felde. Zur Erinnerung an den indischen Physiker Akshayananda Bose, der erstmals auf diese merkwürdige Eigenschaft der Teilchen stieß, bezeichnet man sie als »Bosonen«.

Ein unscheinbares Vorzeichen ist es nur, das Bosonen und Fermionen unterscheidet. Doch führt dieses Vorzeichen zu bedeutenden Konsequenzen. Macht es doch Bosonen zu Herdentieren und Fermionen zu Individualisten. Um dieses sonderbare Sozialverhalten im Bereich des Allerkleinsten zu verstehen, betrachten wir zwei Teilchen, die durch die gleiche Welle beschrieben werden. In diesem Falle befinden sich die Teilchen im gleichen Zustand, ihre Aufenthaltswahrscheinlichkeit stimmt überein. Was geschieht nun, wenn wir die Teilchen vertauschen? Dieser Tausch kann am Gesamtzustand des riesigen Feldes, dem die Teilchen angehören, nichts verändern, da ja beide Teilchen durch die gleiche Welle beschrieben werden. Das Feld ändert weder seine räumliche Verteilung, noch sein Vorzeichen. Dieses Verhalten des Feldes steht in perfekter Übereinstimmung mit den Forderungen von Boses Statistik. Zwei und auch mehr Lichtquanten oder andere Bosonen können am gleichen Ort sein, den gleichen Zustand einnehmen. Darum läßt sich auch durch Addition der Beiträge von Myriaden individueller Lichtquanten, die jeweils nur einem mikroskopisch kleinen Feld entsprechen, ein starkes elektrisches Feld aufbauen, wie wir es beispielsweise aus dem Bereich der Rundfunkwellen kennen.

Ganz anders verhalten sich Elektronen, Protonen oder Neutronen, die zur Familie der Fermionen gehören. Könnten zwei derartige Teilchen den gleichen Zustand einnehmen, so würde ihre Vertauschung nichts am gesamten, raumerfüllenden Felde ändern, dem sie angehören. Da aber jeder Tausch der Teilchen in diesem Fall das Vorzeichen des Feldes verändern muß, ist es auch nur zweien dieser Teilchen unmöglich, den gleichen Zustand einzunehmen. Fermionen sind perfekte Individualisten!

Bei Elektronen hatte Wolfgang Pauli diesen Individualismus bereits sehr früh entdeckt. Die Elektronen, Baumaterial der Atomhülle, verleihen ja dem Atom erst seine Ausdehnung. Da aber Elektronen nicht nur Teilchen, sondern auch Wellen sind, könnte man zunächst vermuten, daß sich diese Wellen beliebig durchdringen und überlagern können, sowie sich die Wellen auf einem Teiche gegenseitig ohne Störung durchqueren und kreuzen. Warum sollte die Materie dann aber undurchdringlich sein, warum kann sich »kein Körper dort befinden, wo bereits ein anderer ist«, wie dies die Physik des 19. Jahrhunderts lehrte? Den Grund dafür gibt das »Pauli-Prinzip«, wonach keine zwei Elektronen denselben Zustand einnehmen können. Erst später wurde dieses sonderbar anmutende Prinzip als Konsequenz der Ununterscheidbarkeit der Teilchen, ihrer »Fermi-Statistik« erkannt. Die Undurchdringlichkeit der Materie, ihre Ausdehnung und Härte hat damit eine neue Erklärung gefunden.

## Feynmans Graphologie

Die Idee, alle gleichartigen Teilchen dieser Welt, als Aspekte eines riesigen Feldes aufzufassen, war der Ursprung der Quantenfeldtheorie, der modernen Suche nach dem Urstoff. An das »Unendliche« des Anaximandros erinnernd, beherrschten die Eigenschaften des Quantenfeldes in den letzten Jahrzehnten das Denken zahlloser Physiker. Komplex und unübersichtlich wurden selbst die einfachsten Rechnungen auf diesem Gebiete durch die Vielzahl der Effekte und Parameter, die dabei zu berücksichtigen sind. Relativitätstheorie, Quantentheorie, Spin, Statistik und Antimaterie wurden zu Ingredienzien eines Hexeneinmaleins, dessen Einzelergebnisse oft nur auf größten Packpapierbögen ausgerechnet werden konnten.

**Abb. 7.4:** Die Quantenfeldtheorie geht von der Idee aus, daß alle Teilchen Materialisierungen von Feldern sind. So gehört jedes Elektron einem riesigen, allgegenwärtigen Elektronenfeld an, das sich an den Orten der einzelnen Teilchen materialisiert.

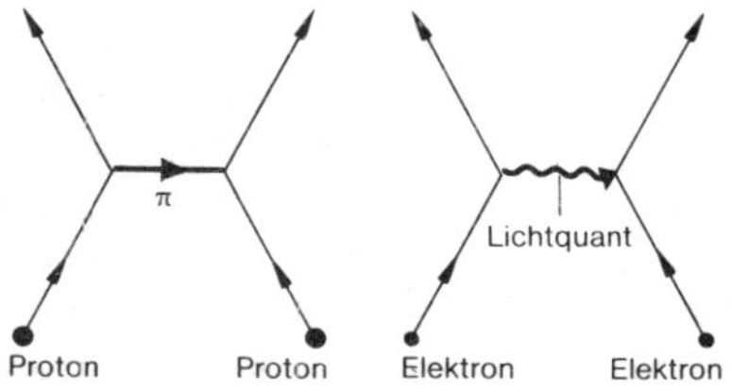


**Abb. 7.5:** Feynmans Graphologie zeigt symbolisch, wie die Kräfte zwischen zwei verschiedenen Teilchen durch die Übertragung eines dritten Teilchens bewirkt werden. Demnach sollen elektromagnetische Kräfte durch Austausch von virtuellen Lichtquanten und Kernkräfte durch Austausch von Pi-Mesonen entstehen.

Um so größer war die Erleichterung, als nach fast zwanzig Jahren erfolgreicher, aber mühseliger Forschungsarbeit auf dem Gebiete der Quantenfeldtheorie der Amerikaner Richard Feynman eine Stenographie erfand, die es erlaubte, die Vorgänge im Reiche der Elementarteilchen bequem, übersichtlich und leicht berechenbar darzustellen. Die »Feynman-Graphen« wurden zu einem universellen Schlüssel zur Welt der Teilchen. Sie stellen eine Art »graphischen Fahrplan« im Reich des Submikroskopischen dar und geben dabei zugleich eine großartige Idee wieder: die Vereinigung von Kraft und Teilchen.

Auf der »Suche nach dem Urstoff« war die klassische Physik zu einem weitgehend einheitlichen Bild der Welt gelangt: eine Welt aus Atomen, die es zu erforschen galt, wirkte aufeinander durch Kräfte, deren Vielfalt ebenfalls zu bestimmen war. Materie und Kräfte waren demnach die bestimmenden Elemente dieser Welt. Mit dem Dualismus Teilchen–Welle hatte das Verständnis der Materie 1905 eine neue Stufe der Vertiefung erfahren. Ein erster Schritt zur Vereinheitlichung zweier klassisch gegensätzlicher Begriffe, ein erster Schritt zur großen Synthese, war damit gelungen. Wie aber hatte die klassische Physik Wellen aufgefaßt? Im Falle des Elektromagnetismus waren Wellen Störungen des Feldes, die sich mit Lichtgeschwindigkeit ausbreiten. Dies hatten die Forschungen von Maxwell und Hertz gezeigt. Diese Wellen konnten Energie und auch Kraft von einem Punkt zum anderen übertragen. Nach dem Dualismus Teilchen–Welle mußte der elektromagnetischen Welle auch ein Strom von Photonen entsprechen, die sich vom Sender zum Empfänger ausbreiteten. In diesem Bilde ist es die Übertragung von Energie und Impuls durch die Photonen, die die Kraftwirkung zustande bringt. Kräfte *wirken* demnach auf Teilchen und werden auch durch Teilchen *bewirkt!*

Die Vermutung liegt nahe, daß die Kraftwirkung nicht nur bei Wellen, sondern in jedem Felde durch die Übertragung von Teilchen zustande kommt. Eine neuartige *Lösung des Fernwirkungsproblems,* das bereits Newton beschäftigt hatte, bahnt sich damit ebenso an wie eine großartige Vereinheitlichung des Begriffsapparats der Physik: da jede Kraft nunmehr durch die Übertragung von Teilchen erklärt werden soll, erübrigt sich der Kraftbegriff.

Genau dieser Idee entsprechen die »Feynman-Graphen«. Sie geben wieder, wie bei der Bewegung von zwei Teilchen durch den Raum die Quanten verschiedener Felder zwischen diesen Teilchen übertragen werden und dadurch die beobachteten Kräfte bewirken, die die Teilchen aus ihren Bahnen ablenken. »Virtuelle Teilchen« nennt man die

Teilchen, die die Kräfte zwischen den anderen Teilchen übermitteln. Eine Welt aus Teilchen, die gegeneinander stoßen, dabei Wirkungen ausüben und auf die Wirkungen ausgeübt werden, so ergibt sich hier das neue Weltbild der Physik. An den großartigen Entwurf Descartes erinnert es, und doch geht es weit darüber hinaus: Alle Teilchen, die wir erwähnt haben, sind ja nichts als Aspekte großräumiger Felder, wobei es für jede Teilchensorte nur ein einziges Feld gibt, das den ganzen Raum erfüllt.

Wie können wir uns den Austausch von Teilchen zur Kraftübertragung in etwas mehr Detail vorstellen? Die Quantenfeldtheorie geht dabei davon aus, daß alle Größen gemäß der »Heisenbergschen Unschärferelation« nicht ganz exakt definiert sind. Deshalb kann auch die Energie des Feldes, das beispielsweise eine elektrische Ladung erzeugt, für kurze Zeit schwanken. Diese Energieschwankung materialisiert sich in Form eines Teilchens, das man »virtuelles Photon« nennt. Dieses Teilchen breitet sich nun im Raume aus und kann eine Kraft auf ein anderes Elektron ausüben, das sich in einiger Entfernung befindet. Dadurch wird die elektrische Abstoßung der beiden Elektronen erklärt.

Wir kommen damit zu der Vorstellung, daß jede elektrische Ladung von einer Wolke »virtueller Photonen« umgeben ist. Diese Photonen werden immer wieder emittiert und absorbiert und bilden in ihrer Gesamtheit das Feld in der Umgebung der Ladung. Bringt man eine zweite elektrische Ladung in die Nähe, so werden manche virtuellen Teilchen von dieser Ladung absorbiert. Dadurch wird Energie übertragen.

Wir können nun die Grundideen der *Quantenfeldtheorie* zusammenfassen. Jedes Feld, also jede Kraftübertragung, entsteht demnach durch Austausch von Teilchen. Andererseits soll auch jedes Teilchen eine »Materialisierung« eines Feldes darstellen. Teilchen, Wellen, Kräfte und Felder erweisen sich damit nur als verschiedene Aspekte einer einzigen, einheitlichen Quantenstruktur, die den Erscheinungen unserer materiellen Erfahrungswelt zugrunde liegt.

Bisher haben wir die Erfahrung nur verschieden interpretiert. Es bleibt festzustellen, zu welchen meßbaren Konsequenzen diese Neuauffassung vom Wesen der Welt führt, die uns einen bedeutenden Schritt in Richtung auf den Urstoff der Antike geführt hat.

**Das Vakuum schwankt**

»Jede Kraft wird durch Teilchen übertragen. Alle Teilchen sind Materialisierungen von Feldern.« So könnten wir in stenographischer Kürze das Weltgeschehen in der Sicht der Quantenfeldtheorie darstellen. Jede Ladung ist von einer Wolke »virtueller Photonen« umgeben, die die elektrische Kraft übertragen. Ebenso müssen wir uns vorstellen, daß jedes Proton oder Neutron von einer anderen Teilchenwolke begleitet wird, die die Kernkräfte überträgt. Von dieser Grundidee ausgehend postulierte der japanische Physiker Hideki Yukawa im Jahre 1938 die Existenz einer neuen Teilchenart, der »Pi-Mesonen«, durch dessen Austausch die »Kernkräfte« zustande kommen sollten, die die Protonen und Neutronen im Atomkern festhalten. Yukawa konnte auch die Masse des neuen, hypothetischen Teilchens annäherungsweise bestimmen. Je leichter nämlich das Teilchen ist, das eine Kraftübertragung bewerkstelligt, desto länger kann die Natur die notwendige Energie zur Erzeugung dieses Teilchens aufbringen. Eine Wolke sehr leichter virtueller Teilchen kann daher bis in große Entfernungen reichen, während schwere Teilchen sich ganz auf die nächste Umgebung ihrer Quelle konzentrieren. Aus der bekannten Reichweite der Kernkräfte – man kann sie aus der Größe der Atomkerne abschätzen – war Yukawa in der Lage, die Masse der Pi-Mesonen zu berechnen. Bereits wenige Jahre später wurden die gesuchten Teilchen in der Höhenstrahlung experimentell entdeckt.

Mit der Existenz virtueller Wolken, die jedes Teilchen umgeben, und die davon ausgehenden Kräfte übertragen, ergibt sich ein neues Bild vom Aufbau der Materie. Nicht länger ist jedes Teilchen vom leeren Raum und darin träge ruhenden Feldern umgeben. Im Raum wimmelt es vielmehr wie in einem Ameisenhaufen und virtuelle Teilchen werden laufend emittiert oder absorbiert. Aber nicht nur in der Umgebung einer Ladung treten derartige Vorgänge ein. Auch im »Vakuum«, im scheinbar leeren Raum, kommt es ständig zu Schwankungserscheinungen. Denn nach der Heisenbergschen Unschärferelation kann die Energie überall im Raum für kurze Zeit schwanken. Dadurch können Paare von Teilchen, beispielsweise Elektronen und Positronen, entstehen, die nach kürzester Zeit wieder in nichts aufgehen. Ein ständiges Werden und Vergehen durchwebt hier den Raum. Protonen und Antiprotonen, Neutronen und Antineutronen, aber auch Photonen, Mesonen und alle anderen Teilchenarten führen ein kurzzeitiges Geisterdasein. Selbst gewöhnliche Lichtquanten können auf ihrem Wege durch den Raum für

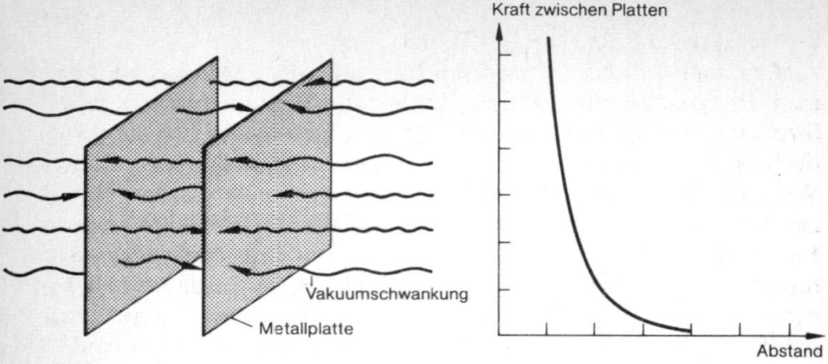


**Abb. 7.6:** Der »Casimir-Effekt« entsteht durch die Reflexion von Vakuumschwankungen an zwei Metallplatten, die einander gegenüberstehen. Die Vakuumschwankungen drükken die beiden Metallplatten mit einer geringen, aber meßbaren Kraft zusammen, die mit der vierten Potenz des Abstandes zwischen den Platten abnimmt.

kurze Zeit in Elektron-Positron-Paare und andere exotische Kombinationen zerfallen.

Das schwankende Vakuum, dieser Spiritismus der Elementarteilchenphysik, könnte zunächst als reines Hirngespinst erscheinen. Das Vakuum, dessen Entdeckung die heile Welt des Aristoteles zum Einsturz brachte, sollte nicht leer, sondern von regem Leben erfüllt sein. Welche experimentellen Belege lassen sich dafür vorbringen?

Ein besonders einfaches und schönes Experiment zum Beweis von »Vakuum-Schwankungen« wurde von dem niederländischen Physiker Hendrik Casimir im Jahre 1954 erdacht. Casimir, der Leiter des Phillips Laboratoriums in Eindhoven, berechnete nämlich den Einfluß der Vakuumschwankungen auf zwei Metallplatten, die einander gegenüberstehen. Metallplatten wirken wie Spiegel und reflektieren elektromagnetische Wellen und damit auch die Vakuumschwankungen des elektromagnetischen Feldes. Während im Raume zwischen den beiden Metallplatten nur kurzwellige Schwankungen möglich sind, ist im Außenraum jede beliebige Wellenlänge möglich. Deshalb gibt es im Außenraum mehr Vakuumschwankungen als im Raume zwischen den beiden Metallplatten. Die Vakuumschwankungen des Außenraumes drücken dadurch die beiden Metallplatten mit einer geringen, aber meßbaren Kraft zusammen, die mit der vierten Potenz des Abstandes zwischen den beiden Platten abnimmt. Messungen, die in den letzten Jahren vor allem in Großbritannien ausgeführt wurden, haben den von Casimir berechneten Effekt eindeutig bestätigt.

Aber auch aus der Sphärenmusik der Atome, den Spektren, kann man die Vakuumschwankungen herauslesen. Da im gesamten Raum fortwährend Paare von Elektronen und Positronen entstehen und wieder vergehen, geschieht es gelegentlich, daß ein Elektron auf seinem Wege um den Atomkern mit dem Positron einer Vakuumschwankung zusammenstößt. Die beiden Teilchen vernichten sich und ein anderes Elektron, das aus der Vakuumschwankung stammt, setzt seinen Weg fort. (Streng gesprochen ist es allerdings gar nicht gerechtfertigt, von einem anderen Elektron zu sprechen, da die Elektronen ja im Prinzip ununterscheidbar sind). Dadurch kommt es zu einer »Zitterbewegung« des Elektrons, das nicht seinem normalerweise vorgegebenen Weg folgt. Diese Zitterbewegung macht sich in einer kleinen Verschiebung der Spektrallinien bemerkbar, die etwa ein Prozent ausmacht.

## Die Inflation der Teilchen

Aus dem einen Urstoff der Milesischen Naturphilosophie waren es bei Aristoteles fünf, bei Lavoisier dreiundzwanzig und bei Mendelejew sogar vierundsechzig Elemente geworden, die unsere Welt aufbauten. Ähnlich inflationär verlief auch die Entwicklung in der Elementarteilchenphysik unserer Zeit. Die Welt der zwanziger Jahre schien aus Protonen und Elektronen aufgebaut. 1932 kam das Neutron als Bestandteil des Atomkerns hinzu. Noch im gleichen Jahr wurde mit dem Positron die erste Spur der Antimaterie entdeckt. Bald darauf fand man in der kosmischen Strahlung die Spur der von Yukawa postulierten Mesonen und anderer Teilchen, die es zu erkennen und zu enträtseln galt. Myonen und Kaonen bereicherten den Zoo der Elementarteilchen.

Mit der Entwicklung von Teilchenbeschleunigern, in denen Protonen oder Elektronen auf hohe Energien gebracht werden, wurde die Inflation im Reiche des Subatomaren noch rapider. Ließ man nämlich die hochbeschleunigten Teilchen gegen »Beschußobjekte« prallen, so materialisierte sich die ihnen mühsam mitgegebene Energie, und neue Arten von Materie, neue Sorten von Elementarteilchen entstanden. Lamda, Sigma, Delta und andere Teile des griechischen Alphabets bereicherten bald die Sprache des Elementarteilchenphysikers, der seinen Zoo nurmehr mühsam anhand von »Quantenzahlen« unterscheiden konnte. Diese Zahlen beschrieben die Eigenschaften der Teilchen, wie ihre Ladung, Masse, Drehimpuls und andere Merkmale. Aus zwei Teilchenarten wurden bald drei, zehn, zwanzig, fünfzig, hundert und heute ist man bei rund zweihundert verschiedenen Elementarteilchen angelangt. Betrachtet man jede dieser Elementarteilchensorten auch als Anregung eines einzigen zugrunde liegenden Feldes, so ergeben sich doch zweihundert Felder, die anstelle der einheitlichen Urmaterie der Milesier treten. Weit sind wir damit vom Ziel entfernt, den Aufbau dieser Welt zu verstehen oder gar vorhersagen zu können, welche Teilchenarten es geben sollte oder warum es gerade die beobachteten Teilchen gibt und nicht andere.

Wie kann man nun wieder versuchen, Ordnung in dieses Chaos zu bringen? Zweihundert Felder sind zuviel, wie viele Felder sind genug? Dazu ist es notwendig, jeweils mehrere Teilchenarten als Aspekte eines einzigen zugrunde liegenden Feldes betrachten zu können. Wie kann man diese Teilchenarten aber so verknüpfen, daß sie wirklich als Aspekte einer größeren Einheit erscheinen? Wieder bot sich der Rückgriff auf die Antike an. Plato war in seiner Theorie der Materie von der großartigen Idee einer Symmetrie ausgegangen, von einem Aufbau der Materie nach dem Muster der fünf einfachen Körper, der wohl schönsten und harmonischsten Körper, die es in unserer Welt gibt. Konnte man diese Idee der Symmetrie nicht übernehmen?

Platos Idee wurde von der modernen Elementarteilchenphysik nicht nur aufgegriffen, sie erfaßte sogar die Geister der beteiligten Physiker gleichsam seuchenartig. Die »Gruppenpest« wurde zum Schlagwort, zur Idee der Symmetriegruppe, die dieses, jenes und alles erklären sollte. Worin liegt die Faszination der Symmetrie? Ein wunderbares Beispiel für ein symmetrisches Objekt ist die Schneeflocke. Jedes ihrer sechs Ecken ist – zumindest annähernd – gleichartig gebaut. Kennt man nur eine dieser Ecken, so kann man bereits die Form der anderen vorhersagen. Wie in diesem Beispiel, ermöglichen es Symmetrien auch in anderen Fällen, weitgehende Vorhersagen über unbeobachtete Kräfte, Teilchen, Massen oder Ladungen zu gewinnen.

Bald war fast jedes Heft des »Physical Review«, der größten Physikzeitschrift der Welt, mit zahllosen Artikeln gefüllt, in denen die Autoren versuchten, eine Vielfalt von Symmetrien im Zoo der Elementarteilchen zu entdecken, Verwandtschaftsbeziehungen herzustellen und Entwicklungen vorherzusagen. Es zeigte sich, daß ein spezielles Symmetrieschema, SU(3) genannt, tatsächlich eine Vielzahl von Hoffnungen erfüllen konnte. Erlaubte es doch, die Teilchen in »Multipletts« zusammenzufassen, in Gruppen von Teilchen, die einen regelmäßigen Aufbau auf-

**Abb. 7.7:** Schneeflocken bilden die schönsten Beispiele symmetrisch gebauter Objekte. Kennt man eine ihrer sechs Ecken, so kann man daraus den Bau der anderen Ecken vorhersagen. Auch in anderen Fällen sind Symmetrien und Symmetriegruppen wichtige Hilfsmittel zur Vorhersage neuer Effekte.

weisen. So gibt es beispielsweise Teilchengruppen, in denen die Massenunterschiede verschiedener Teilchensorten jeweils etwa gleich groß sind. Damit konnte man beginnen, Massen vorherzusagen. Ein erster Erfolg war die Entdeckung des »Omega minus« im Jahre 1968, eines Elementarteilchens, dessen Ladung und Masse tatsächlich korrekt aus dem Symmetrieschema gefolgt waren.

Ein Hoffnungsstrahl leuchtete auf. Die Vielzahl der Teilchen ordnete sich zu wenigen Gruppen, denen jeweils vielleicht ein einziges Feld entsprechen konnte. Wie aber war zu begründen, warum gerade die Symmetriegruppe SU(3) zum Erfolg geführt hatte und keine andere? Wieder machten sich die Physiker auf die Suche nach einer tieferliegenden Schicht der Materie.

## Am Anfang war das Quark

Die wunderbare, sechszählige Symmetrie der Schneeflocke hat in der Atomphysik ihre Erklärung gefunden. Der hexagonale Winterzauber spiegelt in seiner Schönheit den dreieckigen Aufbau des Wassermoleküls wider. »sp-Hybride« nennt die Fachsprache der physikalischen Chemie die ernüchternde Erklärung des Geheimnisvollen.

Konnte auch die zauberhafte Symmetrie der Teilchen, ihre Anordnung in Oktetts und Dekupletts eine ähnliche Erklärung finden? Warum sollte es diese und gerade diese Anordnung der Teilchen zu »Multipletts« geben? Diese Fragen stellten sich im Jahre 1964 unabhängig voneinander Georg Zweig und Murray Gell-Mann und sie kamen auf die gleiche Antwort: wie die Symmetrie der Schneeflocke war auch die SU(3)-Symmetrie der Teilchen auf ein tieferes Bauprinzip zurückzuführen. Aus drei Teilchen, Gell-Mann bezeichnete sie als »Quarks«, sollten Proton, Neutron und die anderen »Hadronen« aufgebaut sein. Materie und Antimaterie, also Quark und Antiquark war dagegen das Bauprinzip der Mesonen.

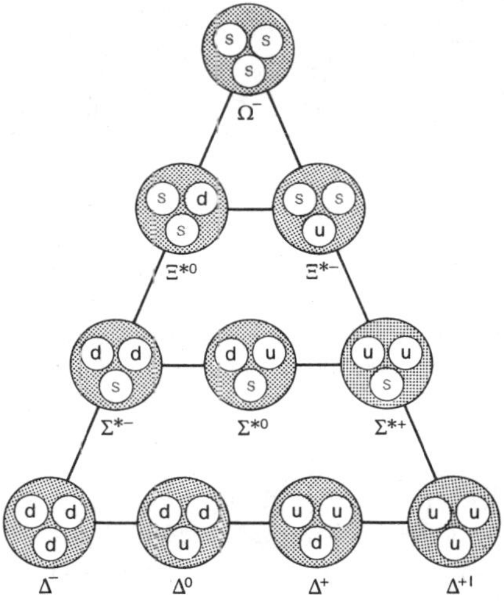


**Abb. 7.8:** Aus drei Quarks – man bezeichnet sie mit u, d und s (up, down und strange) – sollte nach Ansicht von Georg Zweig und Murray Gell-Mann die Materie aufgebaut sein. Diese Hypothese erklärt die Anordnung der bekannten Elementarteilchen in symmetrischen Multipletts.

Etwas unüblich waren die Eigenschaften schon, die Zweig und Gell-Mann den Quarks zuschreiben mußten. Nicht die gewohnte elektrische Ladung aller bis dahin bekannten Teilchen sollten die drei Quarkarten »up«, »down« und »strange« aufweisen. Nur ein Drittel oder zwei Drittel dieser üblichen Ladung durften die beiden amerikanischen Forscher den fundamentalen Bausteinen dieser Welt zuschreiben, um die Eigenschaften der Materie zu erklären. Dies war sonderbar, denn niemand konnte Teilchen experimentell nachweisen, deren Ladung nur einen Bruchteil des üblichen elektrischen Elementarquantums ausmacht. Und noch sonderbarer ist vielleicht, daß doch ein Forscher einmal behauptet hatte, derartige Teilchen gefunden zu haben. Um 1920 hatte Felix Ehrenhaft (1879–1963) die Welt der Physik durch die Mitteilung erschüttert, er habe in seinen Experimenten Teilchen mit nur einem Drittel der üblichen Ladung gefunden. Doch niemand vermochte damals und vermag heute seine Experimente zu reproduzieren und Teilchen mit bruchstückhafter elektrischer Ladung zu finden.

Der Bruch mit alten Gewohnheiten und die mysteriöse Vorgeschichte von Ladungsteilen ließen die internationale Fachwelt einige Jahre zögern, bevor sie die Quarks ernst nahm. Wie sollte man auch an die Existenz von fundamentalen Bausteinen der Materie, eines Urstoffs glauben, den noch niemand gesehen und nachgewiesen hatte? Erst im Jahre 1968 wandte sich das Bild allmählich. Damals wurden an einem großen Beschleuniger der University of California in Stanford Experimente ausgeführt, bei denen man Protonen mit hochenergetischen Elektronen beschoß.

Wieder gab es eine riesige Überraschung, die an Rutherfords sechzig Jahre zurückliegende Verblüffung gemahnte: ebenso wie Rutherford erwartet hatte, daß seine Alpha-Teilchen die Atome wie eine »Granate ein Blatt Seidenpapier« durchschlagen würde, so hatten die amerikanischen Physiker nunmehr vermutet, daß für die höchstenergetischen Elektronen das Proton »weich wie Butter« sein würde. Die Ergebnisse der »tiefinelastischen Streuung« zeigten aber, daß im Inneren des Protons drei kleine, harte Kerne sitzen mußten. Diese Kerne boten auch Elektronen Widerstand, die auf die höchsten bis dahin erzeugten Energien beschleunigt worden waren. Die nähere Analyse zeigte, daß diese harten Kerne im Proton so streuten, als hätten sie einen Bruchteil einer elektrischen Elementarladung: die gesuchten Quarks waren entdeckt.

Doch waren die Quarks wirklich entdeckt? Wenn das Proton aus drei Quarks bestand, so mußte es doch möglich sein, dieses Teilchen durch genügend intensiven Beschuß mit Elektronen oder anderen Teilchen gleichsam zur Explosion zu bringen und in seine Teile zu zerlegen. Diese Untersuchungsmethode hatte sich bis dahin in allen anderen Gebieten der Physik bewährt.

Fieberhaft begann die Konstruktion großer und immer größerer Beschleunigeranlagen, die die höchsten Energien aufbieten sollten, um die Welt der Elementarteilchen endlich in ihre fundamentalen Bestandteile, die Quarks, zu zerlegen. Doch die Materie erwies sich als unzerstörbar. Groß und größer wurden die Beschleuniger, doch auch die höchsten Energien vermochten nichts auszurichten. Weder Protonen, noch Neutronen, noch andere Teilchen ließen sich in die vermuteten Quarks zertrennen. Gleichsam höhnisch zerstörte die Natur die Träume der Physiker, indem sie den ungeheuren Energieaufwand unbeeindruckt an sich abprallen ließ und die mit viel Mühe erzeugte Energie des aufprallenden Teilchens einfach in zahllose andere Teilchen materiali-

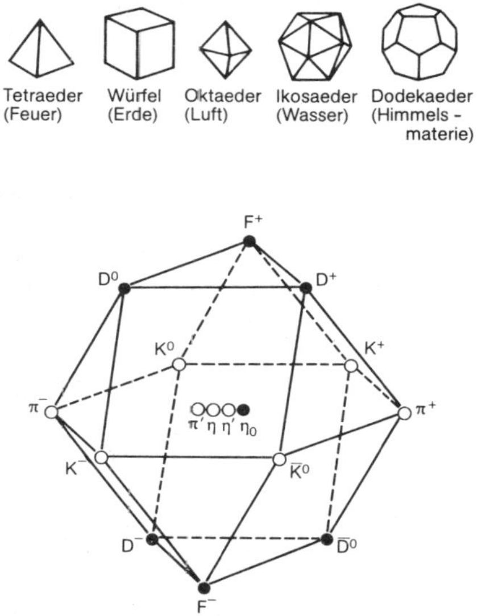


**Abb. 7.9:** Für Plato waren die fünf regelmäßigen Körper die Bauelemente dieser Welt. Jedem dieser Körper sollte eines der Elemente – Erde, Wasser, Luft, Feuer und der himmlische Äther – zugeordnet sein. In ganz ähnlicher Weise versucht auch die moderne Elementarteilchenphysik Ordnung in die Vielfalt der Teilchen dieser Welt zu bringen.

sierte – aber nicht in Quarks, sondern Teilchen der alten, längst bekannten Sorten.

Auch als man begann, zwei Teilchenströme mit höchstmöglicher Energie gegeneinander zu schießen, was ab 1975 in Stanford und seit 1979 am Deutschen Forschungsinstitut DESY bei Hamburg geschah, änderte sich das Bild nicht. Die aufeinandertreffenden Teilchen materialisierten ihre Energie einfach in einem Schwarm der bekannten Teilchensorten, die von der Zusammenstoßstelle in alle Richtungen auseinanderplatzten. Materie und Antimaterie entstand so im Labor – aber wieder nur die bekannten Arten. Wo blieben die Quarks?

Allmählich entstand in den rauchenden Köpfen zahlreicher theoretischer Physiker die erlösende Idee und ein neues Konzept der Unteilbarkeit ward geboren. Seine Grundidee ist folgende: Versucht man ein Stück Materie, etwa einen Brotlaib mit einem Messer in kleine und kleinere Teile zu trennen, so ist dazu Energie notwendig, um die verbindenden Kräfte zwischen den Teilen zu überwinden. Je stärker die bindenden Kräfte sind, um so mehr Energie muß man dem Ganzen zuführen, um es in seine Bruchstücke zu zerlegen. Energiezufuhr bedeutet aber Massezufuhr und bei starken Kräften kann die zur Trennung benötigte Energiezufuhr überwältigend werden. Das hatten die Philosophen des alten Griechenlands nicht bedacht, als sie die Probleme der Teilbarkeit der Materie diskutierten.

Könnte es doch sein, daß man gleichsam beim Schneiden eines besonders harten Brotlaibes soviel Energie benötigt, daß zur Linken und zur Rechten des Messers nicht etwa ein halber Laib, sondern jeweils ein ganzer Laib zur Seite fällt. Genau diese »wunderbare Brotvermehrung«

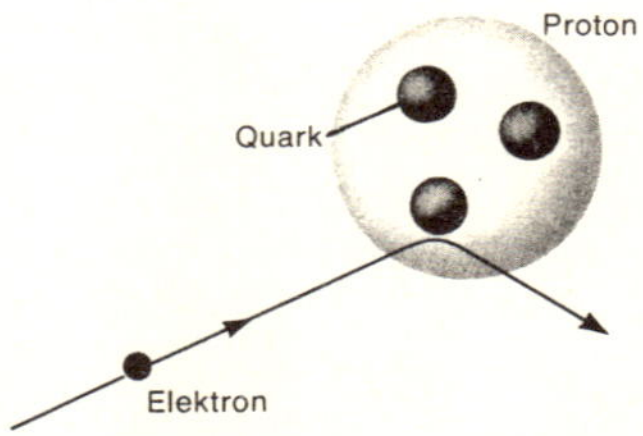


**Abb. 7.10:** Beschießt man Protonen mit hochenergetischen Elektronen, so zeigt sich, daß im Innern der Protonen drei harte Kerne verborgen sind, die »Quarks«. Dadurch treten viel stärkere Ablenkungen auf, als bei einem einheitlichen Aufbau der Protonen zu erwarten wäre.

ist es, die man heute in den Experimenten bei höchster Energie zu sehen vermutet. Trifft beispielsweise ein hochenergetisches Elektron auf ein Proton und stößt dabei gegen ein Quark, so vermag es die starken Kräfte, die zwischen den Quarks im Proton wirken, zwar ein Stückchen zu überwinden, doch erfordert die Trennung der Quarks bereits in subatomar kleinen Distanzen soviel Energie, daß sich ein Quark-Antiquarkpaar bildet, das ursprüngliche Proton wieder komplettiert und ein vollständiges neues Teilchen, ein Meson, nach außen geschleudert wird. Niemals gelingt es dabei, ein einzelnes Quark herauszuschießen, immer entstehen durch die Materialisierung der Energie die gewohnten Teilchen der alten Art.

Ein völlig neues Konzept der Teilbarkeit tut sich hier auf, die erste neue Idee, seitdem Punkt und Ausdehnung, Teilchen und Welle im Dualismus der zwanziger Jahre vereint worden waren. Die Elementarteilchen bestehen demnach zwar aus kleineren Einheiten, den Quarks, lassen sich aber nicht in diese Einheiten zerlegen, da dazu ein zu hoher Energieaufwand erforderlich wäre!

Dieses Bild bestätigte sich aufs neue bei Experimenten, die in den letzten Jahren in Stanford, Genf und Hamburg ausgeführt wurden. Schießt man beispielsweise einen hochenergetischen Strahl von Elektronen auf einen entgegenkommenden Strahl von Positronen, also der entsprechenden Antimaterie, so können sich bei diesem Stoß Materie und Antimaterie vernichten. Dabei entsteht vielfach ein Quark-Antiquarkpaar, das in entgegengesetzter Richtung auseinanderzufliegen sucht. Die starken Kräfte aber, die hier jede Trennung verhindern, führen nunmehr sofort zur Entstehung immer neuer Quarks und Antiquarks, die sich wieder zu vollständigen Teilchen der gewohnten Art vereinen. Diese beiden Teilchenströme fliegen aber nun in charakteristischer Weise in entgegengesetzter Richtung von der Stoßstelle auseinander. Diese »Jets« verraten zumindest den Versuch der Materie, sich in Quark und Antiquark zu zerlegen. Die »Jet-Struktur«, die man bei diesen Stößen beobachtet, ist unser bestes Indiz dafür, daß die Physik nunmehr auf ein völlig neues Niveau der Materie gestoßen ist.

Ist die »Suche nach dem Urstoff«, der alte Traum der Griechen, damit vollendet? Haben wir in den drei Quarks das Baumaterial der Welt gefunden und die Inflation der Teilchen, die völlig überflüssig erscheinende Vielfalt von zweihundert Urbausteinen der Materie, überwunden? Die Dreieinigkeit der Quarks, drei Felder in der Natur, könnten als eine befriedigende Lösung der Suche nach der Urmaterie erscheinen. Doch hat sich auch hier das Bild bald weiter kompliziert gestaltet.

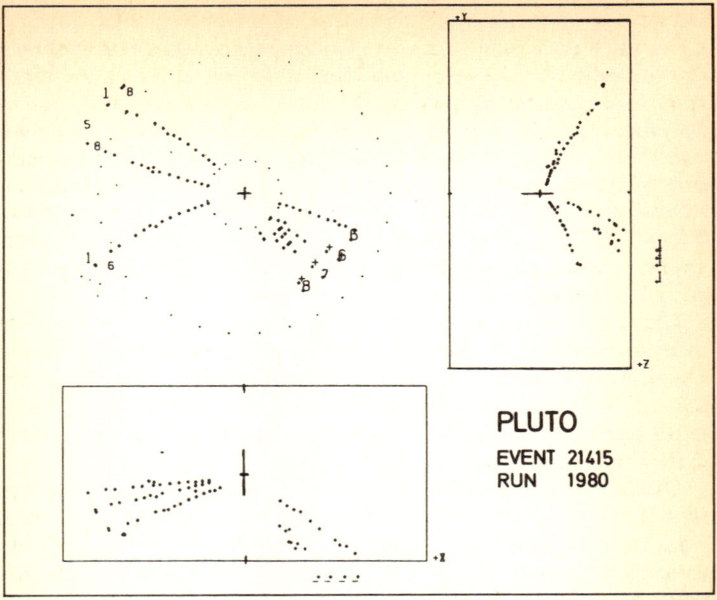


**Abb. 7.11:** Auf den Spuren der Quarks. Beim Zusammenstoß eines Elektrons und eines Positrons in den Speicherringen des deutschen Elektronensynchrotrons DESY in Hamburg werden viele Beispiele von »Jet-events« beobachtet. Bei diesen Stößen werden Elektron und Positron vernichtet, und es entstehen ein Quark sowie ein Antiquark, die in entgegengesetzten Richtungen auseinanderfliegen. Die starken Kräfte zwischen diesen beiden Teilchen erfordern hohe Energie zu ihrer Trennung. Diese Energie materialisiert sich in Form der beiden auseinanderfliegenden Teilchenstrahlen. Sie sind der Beweis für die Existenz der Quarks.

Aus drei Quarks, die zunächst alle Teilchen aufzubauen schienen, wurden in den vergangenen Jahren bereits fünf und man vermutet noch ein sechstes derartiges Teilchen. Auch widerstanden Elektronen und einige andere Teilchenarten allen Versuchen, in ihr Inneres zu blicken. Jedes noch so energische Experiment läßt diese Teilchen als Punkte erscheinen, denen weder Ausdehnung noch Teile beizulegen sind. So bilden heute zwölf Teilchen, sechs Quarks und dazu noch Elektronen, Myonen, Tau-Teilchen und drei Arten von Neutrinos das Reservoir an Urmaterie, aus denen der Physiker die Vielfalt der Welt zusammenzusetzen sucht. Wieder scheint das Spiel von neuem zu beginnen, die Frage nach der heiligen Zahl zwölf und ihre Bedeutung stellt sich. Vielleicht werden Jahrzehnte vergehen, bis die Suche nach einem noch grundlegenderen Urstoff Erfolg hat, vielleicht wird aber auch die Menschheit die Geduld mit dieser Suche nach dem kleinen, kleinsten und allerkleinsten verlieren und das wahre Baumaterial dieser Welt ein ewiges Rätsel bleiben.

# 8
# Materie in Raum und Zeit

Nr. 50

Berliner

25 Pfg.

Illustrirte Zeitung

Verlag Ullstein & Co, Berlin SW 68

Seite 201:

**Abb. 8.1:** »Eine neue Größe der Weltgeschichte: Albert Einstein, dessen Forschungen eine völlige Umwälzung unserer Naturbetrachtung bedeuten und den Erkenntnissen eines Kopernikus, Kepler und Newton gleichwertig sind.« Mit dieser Schlagzeile erschienen die Zeitungen im Dezember 1919. Die Messung der Raumkrümmung durch die Lichtablenkung bedeutete eine Weltsensation, die Einstein mit einem Schlage berühmt machte.

Mit der Veröffentlichung von Isaac Newtons »Philosophiae Naturalis Principia Mathematica« schien die Physik in stabile Bahnen gelenkt, die ihre Richtung für alle Ewigkeit vorzeichnen würden. Raum und Zeit bildeten die Bühne, auf der sich die Materie nach den ewigen Gesetzen bewegte, die Newton gefunden hatte. Durch mehr als zwei Jahrhunderte herrschte diese Auffassung, wie sie Albert Einstein in den Erinnerungen an seine Studienzeit beschreibt:

»Nun zur Physik, wie sie sich damals präsentierte. Bei aller Fruchtbarkeit im einzelnen herrschte in prinzipiellen Dingen dogmatische Starrheit: Am Anfang (wenn es einen solchen gab) schuf Gott Newtons Bewegungsgesetze samt den notwendigen Massen und Kräften. Dies ist alles; das weitere ergibt die Ausbildung geeigneter mathematischer Methoden durch Deduktion.«[1]

Doch das scheinbar gesicherte Fundament der Physik, die Mechanik, war auf Sand gebaut. Zwei ihrer Grundpfeiler, die Begriffe Raum und Zeit, bedurften einer tiefgreifenden neuen Fundierung, die Ausgangspunkt einer der größten Revolutionen in der Wissenschaftsgeschichte war.

## Verbotene Fragen über die Zeit

»Was ist die Zeit? Wenn mich niemand fragt, weiß ich es. Will ich es einem Fragenden erklären, weiß ich es nicht mehr.«[2] Diese berühmten Worte aus den »Bekenntnissen« des heiligen Augustinus charakterisieren ein Problem, das in der gesamten Naturwissenschaft immer wieder auftritt. Gerade die wichtigsten und grundlegenden Begriffe widersetzen sich stets einer einwandfreien Definition und müssen ohne präzise Erklärung aus dem Sprachschatz des Alltags entnommen werden.

Für Augustinus und die gesamte christliche Tradition gehörte die Zeit zu den wichtigsten Begriffen. Galt es doch, die Beziehung zwischen Zeit und Ewigkeit, zwischen Welt und Gott zu klären. »Was machte Gott, ehe er die Welt erschuf?« fragt Augustinus uns weiter. Seine Antwort: »Er erschuf Höllen für Leute, die so dumme Fragen stellen!«[3] war, wie er selbst schreibt, nicht ernst gemeint.

Können wir uns einen Gott denken, der vor der Erschaffung der Welt untätig war? Auch in der Philosophie von Gottfried Wilhelm Leibniz spielte diese Frage eine bedeutende Rolle. Welchen Grund hatte Gott, die Welt gerade in dem Zeitpunkt zu erschaffen, in dem er dies tat? Wir würden diesen Zeitpunkt – den Urknall – etwa 13 Milliarden Jahre vor unserer Zeitrechnung ansetzen. Warum aber erschuf Gott die Welt nicht eine Stunde früher? Oder auch eine Million Jahre später? War der Zeitpunkt für die Erschaffung der Welt von Gott willkürlich gewählt worden? Diese Alternative mußte Leibniz ausschließen. Sein Gott hatte die beste aller möglichen Welten erschaffen und für alles gab es einen hinreichenden Grund. Unmöglich konnte Gott den Zeitpunkt für ein so wesentliches Ereignis, wie die Erschaffung des Universums, willkürlich gewählt haben. Ein Ausweg mußte gefunden werden.

In dem bereits erwähnten Briefwechsel mit Clarke, dem Schüler und Vertrauten Isaac Newtons, schreibt Leibniz zu diesem Problem:

»Angenommen, es fragte jemand, weshalb Gott nicht alles ein Jahr früher geschaffen hat, angenommen ferner, er wolle daraus den Schluß ziehen, Gott habe da etwas getan, wofür sich unmöglich ein Grund finden läßt, weshalb er so und nicht anders gehandelt, so würde man ihm erwidern, daß seine Schlußfolgerung nur unter der Voraussetzung gilt, daß die Zeit etwas außer den zeitlichen Dingen sei.«[4]

Leibniz betrachtet die Zeit also nur als Relation zwischen Dingen, oder, exakter ausgedrückt, als Relation zwischen Ereignissen. Bevor es Dinge und Ereignisse gab, konnte es auch keine Zeit geben.

Zu einer ganz ähnlichen Antwort gelangt auch Augustinus in den »Bekenntnissen«, wenn er schreibt: »Nie also hat es eine Zeit gegeben, da Du [Gott] müßig nichts geschaffen hättest, denn die Zeiten selbst hast Du geschaffen, und keine Zeit kann ewig gleich sein Dir, der Du, der gleiche stets verharrst; denn sie wäre nicht Zeit, wenn sie verharrte.«[5]

Auch Immanuel Kant zog gegen Ende des 18. Jahrhunderts den gleichen Schluß. Er betrachtet Raum und Zeit als Anschauungsformen menschlicher Erkenntnis, als Begriffe, die die Art und Weise beschreiben, in der wir die Welt erleben.

**Abb. 8.2:** Albert Einsteins Relativitätstheorie führte zu einem Umsturz der klassischen Begriffe von Raum und Zeit. Die Vereinigung von Raum, Zeit und Materie führt zu einer neuen Antwort auf Fragen, die bereits die Philosophen der Antike beschäftigt haben.

Auch die heutige Physik, die Relativitätstheorie Albert Einsteins, kann an dem Problem der Zeit nicht vorbeigehen. Sie stellt die Frage nach der Natur der Zeit nicht in theologischer Einkleidung, wie dies Augustinus und Leibniz getan hatten, sondern in der Sprache der Wissenschaft. Aber auch hier entsteht die Frage nach dem Wesen von Raum und Zeit vor der Entstehung des Universums. Die Antwort der Einsteinschen Theorie ist einfach: Raum und Zeit entstehen gemeinsam mit dem Universum, sie entstehen gemeinsam mit der Materie, die unser Universum bildet und enthält.

Eine Frage – vier Antworten. Christliche Philosophie, die Philosophie der Aufklärung und die kritische Philosophie Kants kommen von völlig unterschiedlichen Standpunkten zu ähnlichen Antworten wie die Physik des 20. Jahrhunderts. Die Kontinuität der geistesgeschichtlichen Tradition wird hier besonders deutlich erkennbar, und erkennbar wird auch, wie die Naturwissenschaft unserer Zeit viele Fragen der antiken Philosophie von der Ideengeschichte her wieder aufgreift, im Formalismus neu faßt und in eben diesem Formalismus beantwortet. Eine ähnliche Tradition werden wir auch bei der Problematik des Raumes vorfinden.

## Raumprobleme

Den Weg von der endlichen Welt des Aristoteles, in der sich der Mensch zu Hause fühlen durfte, bis zur Sternenwelt des 19. Jahrhunderts haben wir bereits zurückgelegt. Ein gewaltiges All tat sich allmählich auf, vor dessen Größe der Mensch immer wieder staunend stand und sie als Wissenschaftler unterschätzte. Wie groß ist das Weltall wirklich? Das Denken führte hier auf höchst verwirrende Antworten, die wiederum verschiedene Einkleidungen fanden.

So fragte sich Leibniz, warum Gott die Welt wohl nicht einen Meter weiter rechts geschaffen habe? Wie schon beim Problem der Zeit lag auch hier der Verdacht vor, Gott habe etwas ohne hinreichenden Grund getan. Nicht überraschend kommt Leibniz' Antwort: »Auch den Raum kann man nur als Relation zwischen Dingen denken, und es macht keinen Sinn, die Dinge losgelöst vom Raum in beliebige Richtungen verschoben zu denken.« Grundlegend unterscheidet sich diese Antwort von der Ansicht Newtons, der im Raum das *Sensorium Dei* – das Sinnesorgan Gottes – gesehen hatte und für den der Raum unvergänglich und ewig, allen Körpern vorausgesetzt in majestätischer, gottgleicher Ruhe existierte.

Grundverschieden ist auch die Physik, die man auf diese beiden Raumbegriffe aufbauen kann. Durch zwei Jahrhunderte dominierte das System Newtons, dem sein großer Rivale Leibniz nichts Äquivalentes zur Seite stellen konnte. Erst mit Einsteins revolutionärer Neubegründung der Physik begann Leibniz' Konzeption des Raumes wieder aktuell zu werden.

Hat das Weltall eine Grenze? Auch auf diese Frage, mit der sich wohl jede Physik, Philosophie und Kosmologie auseinandersetzen muß, kann man verschiedene Ansätze einer Antwort geben. So kann man einerseits vermuten, daß unsere Umgebung eine »Welteninsel« in einem unendlich ausgedehnten All bildet. Nur unsere Nachbarschaft wäre mit Sternen bevölkert, der Rest dagegen unendlich, öde, leer und sinnlos. Sollte man – wie Aristoteles – nicht eher vermuten, daß in diesem Fall auch der Raum begrenzt ist? Was aber wäre die Grenze des Raumes und was wäre jenseits dieser Grenze? Dies ist schwer zu beantworten und noch schwerer vorzustellen.

Sollte man deshalb doch eher an ein unendliches All denken, das bis über alle Grenzen hinaus mit Sternen erfüllt ist? Die Beobachtungsdaten scheinen darauf hinzudeuten, daß sich die Sterne beliebig weit in den Raum hinaus erstrecken. Aber können wir uns ein unendliches All

**Abb. 8.3:** »Der Mensch durchstößt die Himmelskugel.« Die Frage nach einer Grenze oder der unendlichen Ausdehnung des Weltalls bildete einen Ausgangspunkt für Kants »Kritik der reinen Vernunft«.

besser vorstellen als ein begrenztes? Für Newton sprachen theologische Einwände gegen einen unendlichen Weltraum. Für ihn war Gott die einzig faktische Unendlichkeit. Leibniz dagegen erachtete weder ein begrenztes All, noch eine Sterneninsel im Raume als denkmöglich, da Gott die letztere an einen willkürlich ausgewählten Punkt gesetzt haben müßte.

Für Immanuel Kant waren diese Fragen, auf die sich anscheinend keine widerspruchsfreie und sinnvolle Antwort finden ließ, der Ausgangspunkt seiner »Kritik der reinen Vernunft«. Sollte der Schlüssel zur Lösung dieses Problems nicht in der Natur, sondern im Wesen unseres Denkens liegen? In der »Ersten Anatomie der reinen Vernunft« versuchte Immanuel Kant im Jahre 1781 eine neuartige Lösung. Das Universum war demnach weder endlich, noch unendlich und der Fehler in der Argumentation darin zu suchen, daß man den Raum nicht als

»Ding« betrachten darf, sondern als Anschauungsform, die all unseren Erkenntnissen zugrunde liegt.

Kants Philosophie sollte aber nicht nur die Probleme von Raum und Zeit bewältigen. Das zentrale Problem der »Kritik der reinen Vernunft« war darüber hinaus: »Wie ist reine Naturwissenschaft möglich?« Unter dieser »reinen Naturwissenschaft« verstand Kant einfach die Newtonsche Theorie. Erforderte doch der einzigartige Erfolg dieser Physik eine philosophische Begründung, wie zum Beispiel der Philosoph Sir Karl Popper ausführt:

»Newton hatte das langgesuchte Geheimnis entdeckt ... kein qualifizierter Beobachter der Lage konnte länger daran zweifeln, daß Newtons Theorie richtig war ... ein einzigartiges Ereignis war in der Geistesgeschichte eingetreten, das sich niemals wiederholen konnte: die erste und endgültige Entdeckung der absoluten Wahrheit über das Universum.«[6]

Zwei Jahrhunderte lang waren Newtons »Principia Mathematica Philosophiae Naturalis« das Dogma und die Bibel der Physik. Im Jahre 1905 wurde die »absolute Wahrheit über das Universum« aber von einem »Experten dritter Klasse« des Eidgenössischen Amtes für geistiges Eigentum in Bern außer Kraft gesetzt.

**Einstein stürzt die heilige Ordnung**

Die Frage nach der Natur des Lichtes, die Einstein durch die Einführung der Lichtquanten beantwortet hatte, führte ihn auch zu einem Problem zurück, mit dem er sich – wie er in seiner Autobiographie schreibt[7] – bereits in seiner Jugend beschäftigt hatte: »Was geschieht, wenn man einem Lichtstrahl nachläuft?« Die Antwort auf diese Frage führte zur speziellen Relativitätstheorie und damit zu einer völligen Veränderung der überkommenen Begriffe von Raum und Zeit. Ausgangspunkt dieser Revolution war die Physik des Äthers. Im Laufe der Geschichte war der Äther zu einem der wichtigsten Grundelemente der physikalischen Realität geworden. Durch mechanische, elektrische und magnetische Experimente sollten seine Eigenschaften bestimmt werden. Als vordringliches Problem galt die Messung der Erdbewegung durch den Äther. Zahlreiche Experimente wurden dazu angestellt.

Der berühmteste Versuch dieser Art stammte von Albert A. Michelson (1852–1931) und Edward W. Morley (1838–1923). Diese beiden amerikanischen Physiker versuchten im Jahre 1881 zu messen, ob sich Licht auf der Erde in verschiedenen Richtungen mit unterschiedlicher Geschwindigkeit ausbreitet: In Richtung der Erdbewegung sollte die Erde »dem Lichtstrahl nachlaufen«, seine Geschwindigkeit sollte demnach geringer sein. In der umgekehrten Richtung war dagegen eine höhere Lichtgeschwindigkeit zu erwarten.

Die Experimente erwiesen sich, wie Michelson dies später enttäuscht ausdrückte als »Fehlschlag«. Die Geschwindigkeit der Erde im Äther war unmeßbar. Auch auf der Erde hatte Licht in allen Richtungen die gleiche Geschwindigkeit.

Heute ist kein spezielles Experiment mehr erforderlich, um die »Konstanz der Lichtgeschwindigkeit« – also ihre Unabhängigkeit von der Richtung – aufzuzeigen. Denn die Arbeit der Navigationssysteme für Schiffe und Flugzeuge wäre ohne konstante Geschwindigkeit von Licht- und Radiosignalen undenkbar. Würde die Geschwindigkeit des Lichtes auf der Erde von der Richtung abhängen, so käme es bei der Navigation zu Mißweisungen, die weit größer wären, als die heute übliche Meßgenauigkeit, die bis zu wenigen Metern betragen kann.

Die Unmöglichkeit, die Geschwindigkeit der Erde im Äther zu messen, und die Konstanz der Lichtgeschwindigkeit bildeten auch den Aus-

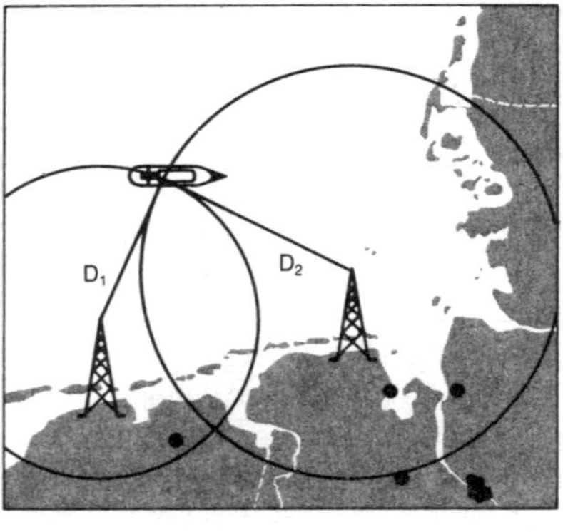


**Abb. 8.4:** Die Navigation von Schiffen auf den Weltmeeren erfolgt mit dem »LORAN-System«. Die Zeitsignale von Atomuhren, die mit Radiosendern verbunden sind, dienen Schiffen zur Entfernungsmessung. Aus der Laufzeit des Zeitsignals zwischen Sender und Schiff kann der jeweilige Abstand berechnet werden. Dabei wird stets angenommen, daß sich alle Radio- und Lichtsignale auf der Erde mit Lichtgeschwindigkeit ausbreiten. Diese Annahme, die durch den Erfolg der Navigationssysteme bestätigt wird, widerspricht den Voraussagen der klassischen Physik.

gangspunkt von Einsteins Überlegungen. Seiner Denkweise entsprach es nicht, den negativen Ausgang aller Experimente zur Bestimmung der Erdgeschwindigkeit im Äther als Zufall zu betrachten.

Für ihn konnten diese Experimente nur eines bedeuten: der lange vergeblich gesuchte Äther existierte gar nicht. Deshalb konnte die Suche nach der Geschwindigkeit der Erde im Äther auch nicht zum Erfolg führen. Nur die Relativgeschwindigkeit der Erde in bezug auf andere Körper war meßbar, nicht aber ihre absolute Geschwindigkeit in bezug auf den (nicht existierenden) Äther. Dies ist der Inhalt des Relativitätsprinzips, das Einstein an die Spitze des Neuaufbaus der Physik stellte.

Mit der Elimination des Äthers gab es auch kein ausgezeichnetes System mehr, in dem sich Licht in allen Richtungen gleich schnell ausbreitet. Wegen der im Relativitätsprinzip formulierten Gleichberechtigung aller Systeme mußte sich Licht nun in jedem beliebigen Inertialsystem in allen Richtungen mit der gleichen Lichtgeschwindigkeit ausbreiten. Das ist das Prinzip der Konstanz der Lichtgeschwindigkeit. Die Messungen der irdischen Navigationssysteme beweisen dieses Prinzip in einem Spezialfall. So unscheinbar diese beiden Prinzipien zunächst erscheinen mögen, so führten sie doch auf eine völlige Veränderung der Begriffe von Raum und Zeit, der heiligen Newtonschen Ordnung.

## Alles, was uns umgibt, ist Vergangenheit

Um die überraschenden Folgerungen aus Einsteins Grundprinzipien der Relativitätstheorie kennenzulernen, kehren wir zunächst zu Einsteins wahrhaft atemberaubenden Gedankenexperiment zurück: Was geschieht, wenn wir einem Lichtstrahl nachlaufen? Wenn wir noch so schnell laufen, wenn wir die halbe, dreiviertel, ja schließlich neunzig Prozent der Lichtgeschwindigkeit erreichen, so wird sich der Lichtstrahl doch weiterhin mit Lichtgeschwindigkeit von uns entfernen. Das ist eine Konsequenz aus dem Prinzip der Konstanz der Lichtgeschwindigkeit. Denn auch von einem System gesehen, das sich mit neunzig Prozent Lichtgeschwindigkeit bewegt, hat ein Lichtstrahl stets in allen Richtungen die Geschwindigkeit $c = 300\,000$ km pro Sekunde.

Dieses merkwürdige Ergebnis widerspricht all unserer Intuition. Im Alltag kann man jeden Körper einholen, man kann ihn sogar überholen, wenn man sich nur schnell genug bewegt. Lichtstrahlen kann man niemals einholen, sie bewegen sich stets mit Lichtgeschwindigkeit von uns fort. Ebenso unmöglich ist es, einen Lichtstrahl zu überholen. Wie sehr wir uns auch bemühen, wir werden nicht einmal genauso schnell wie er sein. Die Lichtgeschwindigkeit erweist sich als Grenzgeschwindigkeit aller Körper.

Widerspricht dieses Ergebnis nicht dem gesunden Menschenverstand? Dies wurde oft behauptet, speziell in einer Zeit, in der die Relativitätstheorie als »jüdische Physik« verfemt wurde.

Dürfen wir aber dem gesunden Menschenverstand trauen, wenn es sich um Geschwindigkeiten handelt, die der Lichtgeschwindigkeit nahekommen? Unser Gehirn und unsere Denkschemata haben sich im Verlaufe der Evolution an den Gegebenheiten des Alltags orientiert und entwickelt. Die Geschwindigkeiten, mit denen unser »gesunder Menschenverstand« rechnet, betragen nur einige Kilometer pro Stunde. Bei Phänomenen, bei denen größere Geschwindigkeiten auftreten, arbeitet unsere Intuition nicht mehr zuverlässig, und wir müssen uns auf die Ergebnisse mathematischer Überlegungen und physikalischer Theorien verlassen.

Besonders schlagend wird dies am Problem der Gleichzeitigkeit klar: Im Alltag gehen wir stets davon aus, daß Raum und Zeit voneinander völlig getrennte Größen sind. Ausgehend von ihren beiden Grundpostulaten zeigt die Relativitätstheorie aber, daß dies nicht der Fall ist: Raum und Zeit sind zu einer vierdimensionalen Raum-Zeit vereint, die nur von unserem beschränkten, irdischen Standpunkt her gesehen in einen Raum und eine Zeit zu zerfallen scheint.

Denn was bedeutet der Raum, der uns »jetzt« umgibt? Strenggenommen können wir ihn nicht erkennen: Alles, was wir sehen, ist Vergangenheit. Denn immer benötigt das Licht Zeit, bis es von einem entfernten Gegenstand unser Auge erreicht.

Im Alltag betragen diese Laufzeiten des Lichtes nur wenige Tausendstel einer Sekunde, die wir beruhigt vernachlässigen können. Wir sind uns nicht bewußt, daß all unsere Umgebung Vergangenheit ist und wir alle unsere Bekannten stets jünger erblicken, als sie sind. In unserem täglichen Leben dürfen wir den Raum, der uns umgibt, in hinreichender Näherung von der Zeit getrennt betrachten.

Wollen wir aber exakter überlegen und messen, so ist diese Trennung nicht mehr zulässig, und Raum und Zeit erscheinen zur Raum-Zeit vereint. Diese Raum-Zeit weist neuartige Eigenschaften auf, denen unsere am Alltag gebildete Intuition zunächst nicht gewachsen ist.

Deshalb wirkt die Antwort auf Einsteins Frage: »Was geschieht, wenn man einem Lichtstrahl nachläuft?« auch so neuartig, beunruhigend und ungewohnt.

## Von zurückgebliebenen Zwillingen und stehengebliebenen Uhren

Eine der wichtigsten Konsequenzen, die Einstein aus den Grundprinzipien seiner neuen Theorie zog, betrifft das Wesen der Zeit. Die Zeit vergeht nicht absolut, sondern verlangsamt sich um so mehr, je schneller eine Bewegung verläuft, könnte man die Ergebnisse der Theorie kurz zusammenfassen.

Um diese überraschenden Einsichten in das Wesen der Zeit herzuleiten, gehen wir von einem speziellen Uhrentyp aus, der zwar nicht praktisch realisierbar ist, aber den Vorteil hat, sich besonders einfach analysieren zu lassen. Wir betrachten eine Lichtuhr, deren Unruh durch ein Lichtsignal dargestellt wird, das in einem kurzen Zylinder auf- und abläuft. Beträgt die Länge dieses Zylinders 15 cm, so benötigt das Lichtsignal eine Milliardstel Sekunde, um von oben nach unten und wieder zurück zu gelangen.

Diese Bewegung des Signals entspricht dem »Tick-Tack« der Uhr. Jedesmal, wenn das Lichtsignal oben angelangt ist, soll der Zeiger unserer idealisierten Uhr um eine Milliardstel Sekunde vorgestellt werden.

Betrachten wir nun eine Reihe von Lichtuhren im Raum. Eine weitere Lichtuhr möge sich an diesen Uhren vorbeibewegen. Vom Standpunkt der ruhenden Uhren gesehen muß das Lichtsignal in der bewegten Uhr schräg von oben nach unten und wieder zurück laufen. Dabei

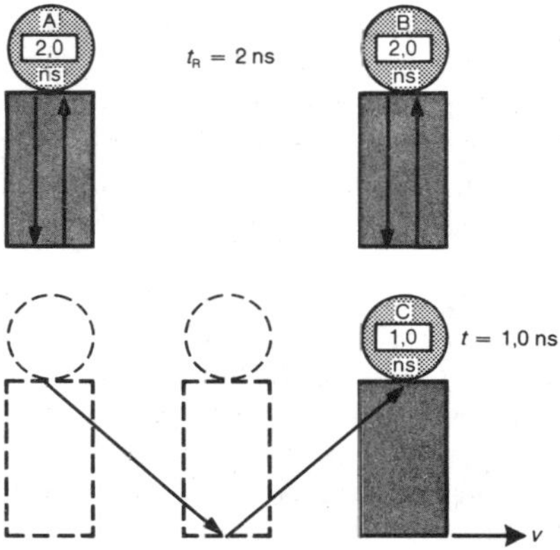


**Abb. 8.5:** Die beiden oberen synchronisierten Lichtuhren ruhen. Die untere Lichtuhr bewegt sich mit der Geschwindigkeit v nach rechts. Ihre Zeitangabe t wird beim Vorbeiflug mit der Zeitangabe $t_R$ der oberen Uhren verglichen.

legt es einen längeren Weg zurück und das »Tick-Tack« der ruhenden Lichtuhren wird zum »Tiiik-Taaak« der bewegten Uhr: bewegte Uhren gehen langsamer.

Für die Grundlegung der Physik bedeutet die Verlangsamung bewegter Uhren eine Sensation. War doch Newtons Begriff »der absoluten Zeit«, die überall im Universum unbeeinflußbar und gleichmäßig vergeht, eines der grundlegendsten Konzepte von Physik und Philosophie gewesen.

So richtete sich auch bald eine heftige Polemik gegen dieses Ergebnis der Einsteinschen Theorie, die sich in zahlreichen Veröffentlichungen zum »Uhrenparadoxon« oder »Zwillingsparadoxon« niederschlug. Folgte doch aus den Aussagen der Theorie nicht weniger, als daß ein Astronaut, der sich fast mit Lichtgeschwindigkeit bewegt und irgendwann zur Erde zurückkehrt, auf dieser Reise kaum altert. Ein Jungbrunnen ward gefunden, wie auch Professor Eugen Sänger (1905–1964) beim 7. Internationalen Astronautenkongreß im Jahre 1956 in Rom bemerkte:

»Die irdischen Jahre würden für die Raumfahrer wie Sekunden vergehen, und sie könnten jahrelang reisen, ohne einen Tag zu altern. Der Schock für die Raketenbesatzung würde erst kommen, wenn sie zur Erde zurückkehrten. Sie würden ihre Frauen und Freunde lange tot vorfinden und ihre Kinder wären alt geworden, während einer Reise, die scheinbar nur einige Tage gedauert hatte.«[8]

Zu dieser phantastischen Zukunftsvision bemerkt Herbert Dingle, einer der engagiertesten Gegner der Relativitätstheorie:

»Es ergibt sich hier die unglaubliche Tatsache, daß verdiente Physiker – Männer, die hohe Positionen in Universitäten und Forschungslaboratorien innehaben – die Relativitätstheorie so vollständig mißverstehen, daß sie tatsächlich glauben, derartig phantastische Konsequenzen wären aus ihr herleitbar.«[9]

Die Messungen zeigten in der Folge, daß »derart phantastische Konsequenzen« tatsächlich eintreten. Zwar gibt es auch heute keine Rakete, mit der ein Mensch annähernd Lichtgeschwindigkeit erreichen könnte – und es wird vermutlich nie eine derartige Rakete geben –, doch kann man in Experimenten mit Elementarteilchen ausreichend hohe Geschwindigkeiten erzielen, um die Vorhersagen der Relativitätstheorie zu überprüfen.

Elementarteilchen, wie zum Beispiel das Myon, können nämlich als Uhren dienen, da sie eine natürliche Lebensdauer aufweisen. Im Laboratorium ruhende Myonen zerfallen im Mittel bereits nach einer Zeitspanne von zwei Millionstel Sekunden. Bewegt sich ein derartiges Teilchen aber in einem der Speicherringe des Europäischen Kernforschungslaboratoriums CERN in Genf, so zerfällt dasselbe Teilchen erst nach rund sechzig Millionstel Sekunden. Die Übereinstimmung mit den Vorhersagen der Theorie beträgt 0,1 Prozent.[10]

Bei Elementarteilchen mag dieser Effekt unbedeutend erscheinen. Könnte man jedoch einen Menschen in einen derartigen Beschleuniger einschießen, so würde er – nach den Vorhersagen der Relativitätstheorie – ein Lebensalter von rund zweitausend Jahren erreichen und die Weltgeschichte im Blitztempo an sich vorüberziehen sehen. Leider ist eine derartige Lebensverlängerung keine praktische Möglichkeit!

Aber nicht nur mit Elementarteilchen läßt sich heute die Vorhersage von Einsteins Theorie testen. Die Genauigkeit von Atomuhren wurde in den vergangenen Jahren soweit gesteigert, daß ihr täglicher Gangfehler nurmehr eine Milliardstel Sekunde beträgt. Unter diesen Bedingungen reicht bereits die Geschwindigkeit eines Flugzeugs aus, um den relativistischen Einfluß der Bewegung auf den Gang einer Uhr festzustellen. Solche Experimente wurden seit 1975 wiederholt unternommen und führten zu einer vollen Bestätigung der Vorhersage der Relativitätstheorie, wobei die Meßgenauigkeit besser als ein Promille war. Damit ist wissenschaftlich bewiesen: fliegen hält jung!

Wie ist es zu verstehen, daß die Relativitätstheorie einen derart sonderbaren Einfluß der Bewegung auf den Ablauf der Zeit vorhersagt? Die Vereinigung von Raum und Zeit zur Raum-Zeit ist der Schlüssel zum Verständnis dieses Effekts. Denn in der Newtonschen Physik war die Zeit eindimensional, jeder Weg von einem Zeitpunkt zu einem anderen hatte die gleiche zeitliche Länge. In der Relativitätstheorie wird die Zeit zum Teil der vierdimensionalen Raum-Zeit. Und in einem mehrdimensionalen Raum sind zwischen einem gegebenen Anfangs- und Endpunkt verschiedene Wege möglich, deren Länge eben von der gewählten Bewegung abhängt!

## Materie und Energie verschmelzen

Die Veränderung der klassischen Begriffe von Raum und Zeit waren nicht die einzige sensationelle Konsequenz der Relativitätstheorie. Ein anderes Ergebnis erwies sich von ungeheurer Bedeutung für die gesamte politische Entwicklung unseres Jahrhunderts: die Möglichkeit der Umwandlung von Masse in Energie.

**Abb. 8.6:** Meterhohe Magneten sind erforderlich, um die Protonen im neuen Super-Protonen-Synchrotron des CERN auf ihrer Bahn zu halten. Ohne Massenzunahme würden kleine Hufeisenmagnete ausreichen. In diesem Beschleuniger wird den Teilchen nämlich so viel Energie zugeführt, daß ihre Masse auf das Vierhundertfache ansteigt!

Um diese Möglichkeit zu begründen, gehen wir nochmals von dem Gedankenexperiment aus, einem Lichtstrahl nachzulaufen. Was geschieht, wenn man einem Wagen auf einer langen geraden Bahn fortlaufend Energie zuführt und ihn somit immer weiter beschleunigt? Sollte er dadurch nicht schließlich die Lichtgeschwindigkeit erreichen und sogar überschreiten?

Nach unseren allgemeinen Überlegungen kann dies nicht der Fall sein. Je näher wir der Lichtgeschwindigkeit kommen, desto schwerer muß der Wagen zu beschleunigen sein. Sein Widerstand gegen Beschleunigung, also seine Masse, muß bei der Annäherung an die Lichtgeschwindigkeit ständig zunehmen. Je mehr Energie wir dem Wagen zuführen, desto mehr muß auch seine Masse ansteigen.

Die rechnerische Überprüfung dieser qualitativen Überlegungen führt auf einen Umrechnungsfaktor zwischen Energie E und der Zunahme der Masse m: $E = mc^2$. Die Zufuhr von einer Kilowattstunde an Energie erhöht die Masse des Wagens um 40 Milliardstel Gramm.

Während dieser Effekt bei einem Wagen und den üblichen Geschwindigkeiten unmeßbar klein ist, ist er in der Welt der Elementarteilchen von größter Bedeutung. Im neuen Super-Protonen-Synchrotron des CERN steigern die Teilchen während des Beschleunigungsvorganges durch die Energiezufuhr ihre Masse auf das rund Vierhundertfache. Deshalb sind größte Ablenkmagnete mit dem Energieverbrauch einer Kleinstadt erforderlich, um die Teilchen auf einer Kreisbahn zu halten. Ohne die von der Relativitätstheorie vorhergesagte Massenzunahme würden bereits kleine Hufeisenmagnete dazu ausreichen.

Die Formel $E = mc^2$ wurde auch zur physikalischen Wunderwaffe. Wenn Energie und Masse ineinander umwandelbar sind, sollte man auch einen Teil der Materie in reine Energie umwandeln, zerstrahlen können. Die prinzipielle Möglichkeit einer derartigen Energiegewinnung war Albert Einstein bereits bald nach der Entdeckung der Relati-

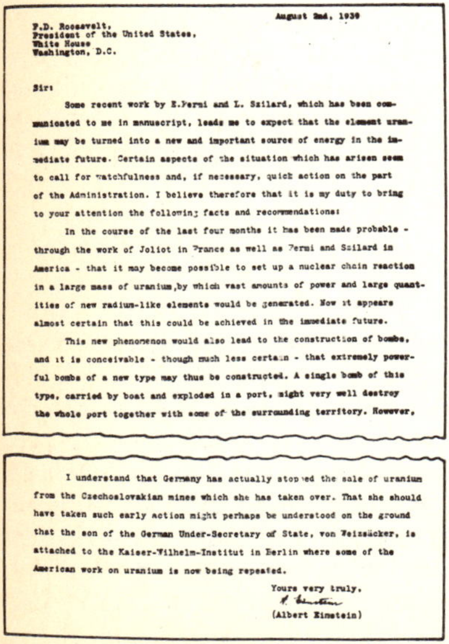

August 2nd, 1939

F.D. Roosevelt,
President of the United States,
White House
Washington, D.C.

Sir:

Some recent work by E.Fermi and L. Szilard, which has been communicated to me in manuscript, leads me to expect that the element uranium may be turned into a new and important source of energy in the immediate future. Certain aspects of the situation which has arisen seem to call for watchfulness and, if necessary, quick action on the part of the Administration. I believe therefore that it is my duty to bring to your attention the following facts and recommendations:

In the course of the last four months it has been made probable - through the work of Joliot in France as well as Fermi and Szilard in America - that it may become possible to set up a nuclear chain reaction in a large mass of uranium,by which vast amounts of power and large quantities of new radium-like elements would be generated. Now it appears almost certain that this could be achieved in the immediate future.

This new phenomenon would also lead to the construction of bombs, and it is conceivable - though much less certain - that extremely powerful bombs of a new type may thus be constructed. A single bomb of this type, carried by boat and exploded in a port, might very well destroy the whole port together with some of the surrounding territory. However,

I understand that Germany has actually stopped the sale of uranium from the Czechoslovakian mines which she has taken over. That she should have taken such early action might perhaps be understood on the ground that the son of the German Under-Secretary of State, von Weizsäcker, is attached to the Kaiser-Wilhelm-Institut in Berlin where some of the American work on uranium is now being repeated.

Yours very truly,
A. Einstein
(Albert Einstein)

**Abb. 8.7:** Am 2. August 1939 machte Albert Einstein Präsident Roosevelt auf die Möglichkeit einer Atombombe aufmerksam. Der Brief blieb zunächst monatelang unbeachtet.

vitätstheorie klar. An ihre praktische Durchführbarkeit glaubte er noch lange nicht, wie er 1920 gesprächsweise bemerkte: »Es existiert vorläufig nicht der leiseste Anhaltspunkt dafür, ob und wann jemals diese Energiegewinnung erzielt werden könnte.«[11]

Diese Unklarheit wurde beseitigt. Am 17. Dezember 1938 entdeckten Otto Hahn (1879–1968) und Fritz Strassmann (1902–1980) die Kernspaltung. Das Zeitalter der Kernenergie brach an. Bald war es sowohl in Europa, als auch in Amerika klar, daß damit eine neue Energiequelle erschlossen war, die von ausschlaggebender Bedeutung für den unmittelbar bevorstehenden Krieg sein konnte.

Die Besorgnis um das Schicksal des jüdischen Volkes und die Furcht vor einem Sieg des nationalsozialistischen Deutschland ließ Einstein am 2. August 1939 einen Brief an den amerikanischen Präsidenten Roosevelt schreiben, der das Signal zum Beginn des Atombombenprogrammes setzte.

Das Programm wurde ein Bombenerfolg. Am 2. Dezember 1942 leitete Enrico Fermi die erste kontrollierte Kettenreaktion in der Geschichte der Menschheit ein. Im Juni 1942 wurde Robert Oppenheimer (1904–1967) Direktor des Projektes Y, in dem die Bombe hergestellt wurde. Am 6. August 1945 wurde Hiroschima mit einer Uranbombe zerstört, am 9. August fiel eine Plutoniumbombe über Nagasaki.

Eine Ironie der Geschichte wollte es, daß Albert Einstein, dessen Brief das Bombenprogramm ausgelöst hatte, die weitere Entwicklung der »Wunderwaffe« nicht mitverfolgen durfte. Als Pazifist, Sozialist und gar Kommunist bekannt, hätte er nicht die nötige »Security Clearance« erhalten.

## Euklid: Ein Gott fällt

Raum und Zeit waren vereint, Energie und Materie verschmolzen. Durch die spezielle Relativitätstheorie waren die Grundbegriffe der Physik umgestürzt, das Vertrauen in die Sicherheit naturwissenschaftlicher Erkenntnis erschüttert. Newtons Reich war zusammengebrochen. Noch ungebrochen war dagegen die Macht Euklids, dessen »Elemente« durch mehr als zwei Jahrtausende das Denken über Geometrie beherrschten. Mit der »allgemeinen Relativitätstheorie« zerstörte Einstein im Jahre 1915 auch diese Bastion wissenschaftlicher Sicherheit, die im Laufe der Geschichte allen anderen Wissenschaften zum Vorbild geworden waren.

Rund dreihundert Jahre vor dem Beginn unserer Zeitrechnung hatte Euklid in den »Elementen« das geometrische Wissen seiner Zeit zusammengefaßt, erweitert und zur systematischen Grundlage geometrischer Untersuchungen gemacht. Seine Methode, aus »unmittelbar einsichtigen« Axiomen, Postulaten und Definitionen durch strenge Beweise zahlreiche Sätze herzuleiten, schien dem menschlichen Denken jene unfehlbare Sicherheit zu geben, die auf allen Gebieten anzustreben war. Denn unbezweifelbar richtig waren Euklids Postulate, die beispielsweise forderten, daß man durch zwei Punkte stets eine Gerade legen kann oder daß man jede begrenzte gerade Linie zusammenhängend verlängern kann.

Bereits im Altertum erschien jedoch eine der Forderungen Euklids, das fünfte Postulat, nicht so einsichtig wie die anderen. Dieses Postulat, das »Parallelenaxiom« fordert, daß es zu einer Geraden durch jeden nicht auf ihr liegenden Punkt genau eine Parallele geben soll. Warum sollte dies der Fall sein? Könnte nicht bei Geraden ein ähnlicher Fall wie bei den Asymptoten einer Hyperbel eintreten, die der Kurve zwar immer näherkommen, ohne sie aber jemals zu schneiden? Diese Vermutung wird in einem Euklid-Kommentar des 4. Jahrhunderts geäußert:

»Daß die zusammenstrebenden Geraden weiterhin bei ihrer Verlängerung sich einmal schneiden werden, ist nur wahrscheinlich, nicht notwendig, wenn nicht eine Begründung den Nachweis erbringt, daß dies bei den Geraden zutrifft. Denn, daß es gewisse Linien gibt, die ins Unendliche sich einander nähern, aber nie zusammenfallen, mag unwahrscheinlich, ja widersinnig klingen; gleichwohl ist es eine Tatsache, die bei anderen Arten der Linien festgestellt worden ist. Wäre nun nicht auch bei den Geraden möglich, was bei jenen Linien vorkommt?«[12]

In der Folge versuchten zahlreiche Forscher, das uneinsichtige Parallelenaxiom auf die anderen Postulate zurückzuführen. Alle ihre

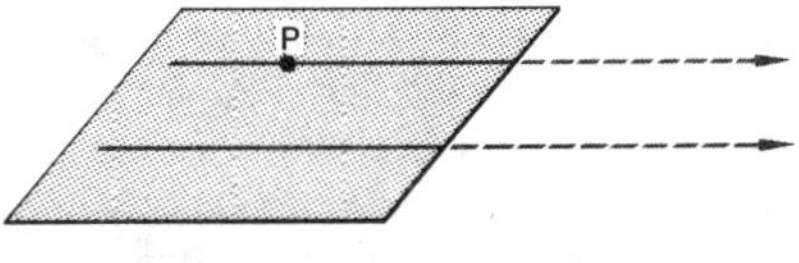


**Abb. 8.8:** Das Parallelenaxiom fordert, daß es zu einer Geraden durch jeden nicht auf ihr liegenden Punkt genau eine Parallele geben soll. Da der Begriff der Parallelen Gerade impliziert, die beliebig weit, bis ins Unendliche, fortgesetzt werden können, schien dieses Axiom nicht so sicher wie die anderen Axiome Euklids.

Bemühungen scheiterten jedoch und ein Brief des ungarischen Mathematikers Wolfgang Bolyai (1775–1856) an seinen Sohn Johann läßt uns die verzweifelte Suche nach einem Beweis des Parallelenaxioms ahnen:

»Du darfst die Parallelen auf jenem Wege nicht versuchen; ich kenne diesen Weg bis an sein Ende – auch ich habe diese bodenlose Nacht durchmessen, jedes Licht, jede Freude meines Lebens sind in ihr ausgelöscht worden – ich beschwöre Dich bei Gott, laß die Lehre von den Parallelen in Frieden.«[13]

Ähnlich äußerte sich der große deutsche Mathematiker Carl Friedrich Gauss (1777–1855) im Jahre 1817 in einem Brief an den Astronomen Josef Olbers:

»Ich komme immer mehr zu der Überzeugung, daß die Notwendigkeit unserer Geometrie nicht bewiesen werden kann, wenigstens nicht vom menschlichen Verstande noch für den menschlichen Verstand. Vielleicht kommen wir in einem anderen Leben zu anderen Einsichten in das Wesen des Raumes, die uns jetzt unerreichbar sind.«[14]

War es tatsächlich unmöglich, das Parallelenaxiom aus den anderen Axiomen herzuleiten oder durch ein einsichtigeres Axiom zu ersetzen? Kann man vielleicht gar eine Geometrie ersinnen, in der dieses umstrittene Axiom gar keine Gültigkeit hat? Ist die euklidische Geometrie vielleicht doch nicht die einzig denkbare Geometrie? Die Zweifel an der absoluten, göttlichen Sicherheit von Euklids Beweisen setzten ein.

Bereits 1825 veröffentlichten unabhängig voneinander Johann Bolyai (1802–1860) in Ungarn und Nikolaj Iwanowitsch Lobatschewski (1793–1856) in Rußland Abhandlungen über Geometrien, in denen das Parallelenaxiom keine Gültigkeit hat. Die nicht-euklidische Geometrie war geboren.

Die vorerst verstreuten Ansätze faßte der deutsche Mathematiker Bernhard Riemann (1826–1866) wenig später in einem grundlegenden Artikel »Über die Hypothesen, die der Geometrie zugrunde liegen« zusammen. Über die Ergebnisse seiner Vorgänger hinausgehend, betrachtete er darin »Riemannsche Geometrien«, die sich nicht nur bezüglich des Parallelenaxioms von den »Elementen« Euklids unterschieden.

Wie hatte sich mit diesen Entdeckungen die Situation der Geometrie gewandelt! Nicht mehr »unmittelbar einsichtige und selbstverständliche« Axiome bildeten ihre Grundlage, sondern Hypothesen. Damit war die Hoffnung auf absolut gesicherte Erkenntnisse auch auf dem Gebiet der Geometrie geschwunden.

Die nicht-euklidischen Geometrien waren geboren, doch im Reiche der Natur herrschte weiterhin Euklid. Jede Messung, jedes Experiment stand in bester Übereinstimmung mit seinen Vorhersagen. Erst mit der allgemeinen Relativitätstheorie fiel das Vorbild und Idol aller Wissenschaften endgültig.

## Geometrie und Erfahrung

Mit der Entdeckung einer Vielfalt von Möglichkeiten war es um die einzigartige Sicherheit der euklidischen Geometrie geschehen. Nur die Erfahrung konnte zeigen, welche Möglichkeit in unserer Welt zutrifft. Damit wurde die Geometrie zu einer Wissenschaft zwischen Mathematik und Physik.

Der Mathematiker Bernhard Riemann (1826–1866) hatte untersucht, welche »Hypothesen der Geometrie zugrunde liegen«. Zehn Jahre später erforschte der Physiker Hermann Helmholtz (1821–1894), welche »Tatsachen der Geometrie zugrunde liegen«. Könnte es sein, daß wir nicht in einem euklidischen Raum, sondern in einem allgemeineren, einem gekrümmten Raume leben? Wie können wir dies feststellen? Die Antwort darauf wird uns lehren, den gekrümmten Raum mit neuen Augen zu sehen.

Um gekrümmte Räume zu studieren, betrachtet man am einfachsten zunächst zweidimensionale »Modelle«. Nicht in jeder Beziehung können derartige Modelle, die wir in der Folge betrachten werden, befriedigen. Sie haben etwa die gleiche Funktion wie ein gezeichneter Apfel für jemanden, der noch nie einen Apfel gesehen hat. Anhand der Zeichnung kann er gewisse Eigenschaften des Apfels kennenlernen und ihn vielleicht sogar in der Natur erkennen. Gewisse Eigenschaften des

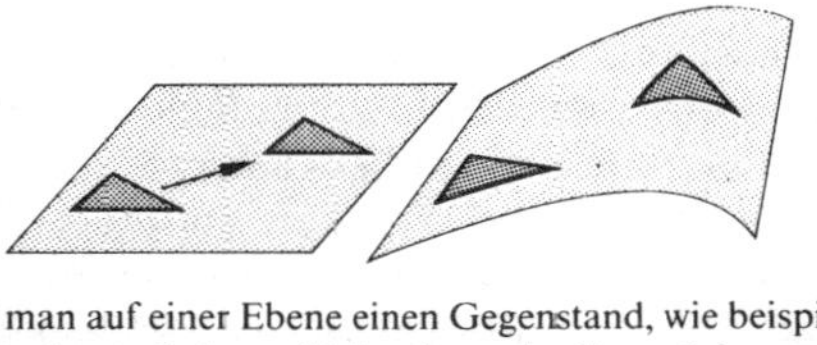

**Abb. 8.9:** Während man auf einer Ebene einen Gegenstand, wie beispielsweise ein Dreieck, ohne Formveränderung frei verschieben kann, ist dies auf einer gekrümmten Fläche nicht möglich. Wenn man daher – wie dies im Geometrieunterricht allgemein der Fall ist – die freie Verschiebbarkeit von Objekten annimmt, so hat man damit implizit bereits einen ebenen »euklidischen« Raum angenommen.

Apfels, wie etwa seinen Geschmack oder seine Dreidimensionalität kann jedoch die Zeichnung nicht vermitteln. Die sprachliche Kunstfertigkeit des Beschreibenden muß hier das Fehlende ergänzen. Ebenso wird es uns nun ergehen, wenn wir euklidische und nicht-euklidische Geometrien anhand zweidimensionaler »Modelle« darstellen. Eine ebene und eine gekrümmte Fläche werden für die beiden Möglichkeiten stehen.

Wie kann nun jemand, der auf diesen Flächen lebt – wie wir im Raume leben – den Unterschied zwischen den beiden Möglichkeiten eines »ebenen« und eines »gekrümmten« Raumes unterscheiden? In der Ebene ist es möglich, geometrische Figuren, wie etwa Dreiecke, ohne Formänderung von einem Ort an einen anderen zu verschieben. Dagegen wird sich die Form eines zweidimensionalen Gegenstandes bei einer Verschiebung auf der gekrümmten Fläche der Krümmung im jeweiligen Raumpunkte anpassen und dabei deformieren müssen. Analog werden wir vermuten, daß sich in einem gekrümmten, dreidimensionalen Raum alle Körper bei jeder Bewegung deformieren, während sie im euklidischen Raume ihre Form beibehalten.

Nun erkennen wir eine der verborgenen Annahmen, die der euklidischen Geometrie zugrunde liegen und sie absolut sicher erscheinen ließen. Als selbstverständlich erscheint uns nämlich die freie Verschiebbarkeit von geometrischen Figuren und Körpern im Raum, und zweitausend Jahre blieb verborgen, daß es sich dabei um eine *Annahme* handelt, die in der Natur nicht notwendig gelten muß. Hat doch die Evolution unseren Wahrnehmungsapparat so konstruiert, daß wir trotz ständig veränderlicher Entfernung, räumlicher Orientierung und Beleuchtung stets in der Lage sind, Körper verläßlich wiederzuerkennen. Dazu sind zahlreiche »Konstanzmechanismen« in unsere Wahrnehmung einprogrammiert.

Zum Beispiel verändert sich im Laufe eines Tages die Beleuchtung unserer Umgebung stark, ohne daß wir deswegen entsprechende Farbveränderungen an den Gegenständen unserer Umgebung wahrnehmen. Diese Veränderungen werden vom Auge und Hirn automatisch korrigiert. Auch das allmählich größer werdende Bild, das bei der Annäherung eines Körpers auf der Netzhaut entsteht, verleitet uns nicht zur Annahme, daß dieser Körper immer größer wird. Ganz automatisch schließen wir korrekt, daß sich der Körper nähert. Erst diese lebenswichtigen Konstanzmechanismen gestatten es, uns in eine Welt vertrauter, erkennbarer Körper einzuordnen.

Gerade die Bedeutung der Konstanzmechanismen für unser Überleben macht es aber so schwierig, ihre Funktion rational zu analysieren und zu erkennen, daß Körper bei der Bewegung im Raume nicht selbstverständlich gleichbleiben. Erst dadurch wird aber die nicht-euklidische Geometrie zur Denkmöglichkeit!

Doch wird die euklidische Geometrie wirklich eindeutig durch die Forderung charakterisiert, daß sich jeder Körper beliebig verschieben lasse? Tatsächlich gibt es eine offensichtliche Ausnahme: Nicht nur auf der Ebene, sondern auch auf einer Kugel kann man Flächenstücke ohne Formveränderung verschieben. Unser Raum könnte also auch das dreidimensionale Analogon einer Kugel sein, ohne daß wir dies mit der bisher vorgestellten Methode erkennen könnten. Wie würden Flächenwesen im Zweidimensionalen zwischen Euklids Geometrie der Ebene und derjenigen auf der Kugel unterscheiden? Am einfachsten ist es, dazu stets in eine Richtung weiterzuwandern. In der Ebene werden sich die Flächenwesen dabei immer weiter von ihrem Ausgangsort entfernen, ohne dabei jemals an eine Grenze zu stoßen. Der zweidimensionale euklidische Raum ist unbegrenzt und unendlich. Wandern die Flächenwesen dagegen auf der Kugeloberfläche immer in eine Richtung, so werden sie auch niemals an eine Grenze des Raumes stoßen, sie werden aber wieder zum Ausgangsort zurückkehren. Die Kugelfläche ist unbegrenzt, aber endlich.

Diese beiden Denkmöglichkeiten können wir nun auch auf den dreidimensionalen Raum übertragen. Er ist stets unbegrenzt, kann aber sowohl unendlich, als auch endlich sein. Es verbleibt empirisch zu unterscheiden, in welcher Art von Raum wir leben. Um eine derartige Entscheidung zu treffen, können wir einen Lichtstrahl in eine Richtung aussenden. Kehrt er nach einiger Zeit wieder zu uns zurück, so ist der Raum endlich. Im »Einstein-Universum« des Jahres 1917 werden wir diese Möglichkeit im nächsten Kapitel wieder entdecken.

## Der Raum krümmt sich

Gauss, Bolyai, Lobatschewski, Riemann und andere Mathematiker hatten die Idee des gekrümmten Raumes geboren. Albert Einsteins Leistung war es, die Krümmung des Raumes mit der Physik der Schwerkraft in Verbindung zu bringen. Newton war von einem großen, unbegrenzten Raum ausgegangen, dem »Inertialsystem«, in dem sich jeder Körper gleichmäßig entlang einer geraden Linie bewegt, solange er nicht durch andere Körper aus seiner Bahn abgelenkt wird. Der Raum als riesiges Inertialsystem, als *Sensorium Dei,* war einer der Grundbegriffe der Newtonschen Physik.

Aber gibt es diesen riesigen, euklidischen Raum tatsächlich? Im Sonnensystem bewegt sich kaum jemals ein Körper geradlinig gleichförmig, da stets die Kräfte, die von der Sonne und den zahlreichen Planeten und Monden ausgehen, ihn von seiner Bahn ablenken. Eine Ausnahme gibt es jedoch, die Newtons ideales Raumkonzept zumindest im Kleinen verwirklicht: Im Inneren von Raumschiffen, Satelliten und anderen Körpern, die im Raume zwischen den Planeten antriebslos dahingleiten, bewegt sich jeder Körper tatsächlich so, wie es Newton im Idealfalle vorhergesehen hatte. Fernsehübertragungen aus Raumschiffen haben uns allen vor Augen geführt, wie jeder Körper dort frei im Raume schwebt oder sich auf geradliniger Bahn solange weiterbewegt, bis er gegen die Wände des Flugkörpers stößt. Das Innere des Raumschiffes als winziges *Sensorium Dei,* als kleinste Realisierung der Ideen, die Newtons Raumbegriff zugrunde gelegen hatten, so können wir dieses Ergebnis interpretieren.

Eine völlig neue Sicht der Welt entsteht mit dieser Betrachtungsweise. Nicht mehr der freie Fall erscheint erklärungsbedürftig – der Körper folgt hier nur der Bewegung des mit ihm fallenden Raumes. Zur Ausnahme wird nun das, was Newton natürlich erschien: der auf Erden ruhende Apfel wird für Einstein zum Körper, der durch die Kraft der Unterlage am freien Fall gehindert ist.

Völlig neu ist das Begriffssystem, das dieser Physik der »allgemeinen Relativitätstheorie« zugrunde liegt. Neuartig für die Physik war auch die Mathematik, die Einstein zur Beschreibung seiner Ideen benützen mußte. Es war die Mathematik Bernhard Riemanns, die Sprache der gekrümmten Räume. Wie auf einer gekrümmten Fläche sich viele kleine, ebene Flächenstücke nicht zu einer großen Ebene zusammenfassen lassen, so lassen sich nunmehr auch im gekrümmten Raume rund um die Sonne die vielen kleinen Inertialsysteme nicht mehr zu einem großen System vereinen. Das Schwerefeld, das das Wechselspiel der Raumschiffe und damit der Inertialsysteme beherrscht, krümmt nunmehr den Raum in der Umgebung der Sonne und anderer schwerer Massen und legt damit die Beziehung der kleinen, frei fallenden Systeme fest. Aus dem großen Inertialsystem Newtons, in dem sich die Körper unter der Einwirkung der Schwerkraft bewegen, wird nunmehr ein gekrümmter Raum, in dem die Körper schwerelos frei fallen.

Einsteins »allgemeine Relativitätstheorie« von 1915 erlaubt es, die Raumkrümmung mit dem Schwerefeld der Sonne und anderer Körper in Verbindung zu bringen. Eine Schnittfläche durch die Sonne, wie etwa die Ekliptik, auf der sich die Erde bewegt, wird nicht mehr durch die Geometrie Euklids beschrieben. Sie weist vielmehr die Geometrie einer gekrümmten Fläche auf.

Auf dieser gekrümmten Fläche vermag auch ein Lichtstrahl nicht einer Geraden zu folgen. Durch die Raumkrümmung wird seine Bahn gekrümmt, es ergibt sich eine »Lichtablenkung«, die für Lichtstrahlen, die am Rande der Sonne entlangstreichen, 1,75 Bogensekunden beträgt. Ein winziger Effekt, dessen Messung durch Sir Arthur Eddington (1882–1944) im Jahre 1919 eine Weltsensation auslöste. »Eine neue Größe der Weltgeschichte: Albert Einstein« lauteten damals die Schlagzeilen der Zeitungen.

Die Lichtablenkung war aber nicht der einzige Test der neuen Theorie des Schwerefeldes. Einstein sagte auch voraus, daß die Planetenbahnen nicht exakt die von Newton vorherberechneten Ellipsen sein sollten. Eine winzige Abweichung, die im Fall des Merkur nur dreiundvierzig Bogensekunden pro Jahrhundert beträgt, war bereits den Astronomen des 19. Jahrhunderts bekannt gewesen. Sie fand nunmehr ihre natürliche Erklärung. Auch einen dritten »klassischen Test« der Relativitätstheorie konnte Einstein angeben. Ein Lichtstrahl, der in einem Schwerefeld aufsteigt, sollte nach der neuen Theorie eine ganz geringe Veränderung seiner Frequenz erleiden. Dieser Effekt konnte im Laufe der Jahrzehnte ebenfalls mit immer höherer Meßgenauigkeit bestätigt werden.

### Kosmische Müllschlucker

So wesentlich die Veränderung der Grundlagen der Physik durch die allgemeine Relativitätstheorie waren, so unmerklich waren ihre praktischen Auswirkungen. Nur um wenige Bogensekunden wichen die Vorhersagen der neuen Theorie innerhalb des Sonnensystems von den alten Ergebnissen der Newtonschen Physik ab. Zu schwach ist das Schwerefeld der Sonne, um zu spektakuläreren Krümmungen von Raum und Zeit zu führen.

Diese »Schwäche« der Sonne ist nicht etwa auf eine allzu kleine Masse unseres Zentralgestirnes zurückzuführen. Mit ihren zweitausend Quadrillionen Tonnen wäre die Sonne durchaus imstande, den Raum stark zu krümmen. Doch macht ihre hohe Temperatur die Sonne zu einem glühenden Gasball verhältnismäßig kleiner Dichte und großer

Ausdehnung. Und diese Ausdehnung ist es, die starke Gravitationsfelder verhindert. Erst in einigen Billiarden Jahren, wenn die Sonne ihre Vorräte an Kernenergie verbraucht und nach einem letzten Aufbäumen, einem kurzen Gastspiel als »Roter Riese«, zum »Weißen Zwerg«, einem Stern von Erdgröße, zusammenfällt, wird ihre gewaltige Masse hinreichend konzentriert sein, so daß in ihrer Umgebung große Krümmungen auftreten.

Noch spektakulärer sind aber die Effekt die entstehen, wenn Gestirne mit mehr als zehnfacher Sonnenmasse das Ende ihrer Kernenergie und damit ihres Sternenlebens erreichen. Ein letztes Aufbäumen leitet hier zu einem Zustand über, in dem der Stern immer weiter und weiter in sich zusammenstürzt, seinem eigenen Schwerefeld nicht mehr Widerstand leisten kann und schließlich zum »Schwarzen Loch« wird. So gewaltig steigt sein Schwerefeld dabei an, daß nicht einmal Lichtstrahlen die Oberfläche des zusammenstürzenden Sternes verlassen können. Als riesiger, kosmischer Müllschlucker, der nur Materie aufsammeln, aber weder Materie noch Strahlung nach außen abgeben kann, vollendet ein derartiger Stern sein Leben als Schwarzes Loch. Extrem werden hier die Abweichungen der Geometrie von den Vorhersagen Euklids, extrem die Einflüsse des Schwerefeldes auf Raum und Zeit. Ein Bereich des Universums schnürt sich völlig vom Rest dieser Welt ab und wird zum Gebiet, in das man zwar eindringen, das man aber nie wieder verlassen kann.

Lange weigerten sich die Astronomen, an die Existenz dieser spektakulärsten Vorhersagen der Relativitätstheorie zu glauben. Erst die Röntgenastronomie, die uns völlig neue Signale aus dem All zugänglich

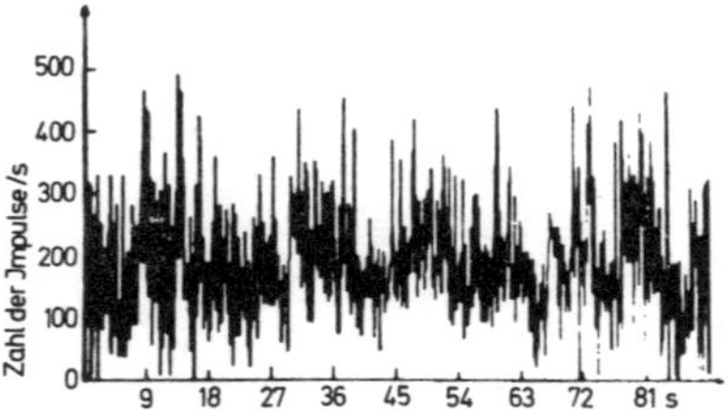


**Abb. 8.10:** Die Strahlung der Röntgenquelle Cygnus X-1 schwankt innerhalb von Sekundenbruchteilen stark. Sie muß daher von einem besonders kleinen Objekt ausgehen. Man vermutet, daß die Röntgenstrahlung von einem Gas ausgeht, das in ein Schwarzes Loch fällt.

machte, brachte hier die Wende. Nur wenige tausend Lichtjahre von der Erde entfernt, findet sich im Sternbild des Schwanes eine Quelle intensiver Röntgenstrahlung, Cygnus X–1, deren Signale nur so zu interpretieren sind, daß hier ein Schwarzes Loch von zehn Sonnenmassen, möglicherweise der Rest eines kollabierten Sternes, um ein anderes Gestirn kreist.

# 9
# Vom Ursprung und Ende des Universums

Seite 227:

**Abb. 9.1:** Gott als Weltenschöpfer. Die Relativitätstheorie setzt den Urknall als Ursprung des Universums an. Doch: Wer hat urgeknallt?

»Am Anfang schuf Gott den Himmel und die Erde. Die Erde aber war wüste und leer, Finsternis lag über dem Urmeer und der Geist Gottes schwebte über der Wasserfläche. Da sprach Gott: Es werde Licht, und es ward Licht. Gott aber sah das Licht, daß es gut war. Dann schied Gott zwischen dem Licht und der Finsternis. Das Licht nannte Gott Tag, die Finsternis Nacht. So ward Abend und so ward Morgen: ein Tag. Dann sprach Gott: Es entstehe ein Firmament in den Wassern, das bilde eine Scheidewand zwischen den Wassern, und es geschah so. So machte Gott das Firmament und schied zwischen den Wassern unter dem Firmament und dem Wasser über dem Firmament. Und Gott nannte das Firmament Himmel. So ward Abend und so ward Morgen: zweiter Tag.«[1]

Mit den Fragen nach der Entstehung der Ausdehnung des Universums, seinem Werden und Vergehen schließt sich der Kreis und wir kehren zu den Problemen zurück, die am Anfang dieses Buches standen. Die Schöpfungsgeschichte der Bibel und die entsprechenden Mythen und Legenden anderer Völker und Kulturen zeugen von der ständigen Beunruhigung des Menschen durch die Frage nach dem Woher und Wohin, der Größe und dem Sinn dieses Universums.

Mit dem Wandel, den das antike Weltbild in der Renaissance erfuhr, verlor der Mensch seine zentrale Stellung im All. Hatte Gott das gesamte Universum nur seinetwegen geschaffen? Oder hatte Giordano Bruno (1548–1600) recht, wenn er meinte:

»Nun seht, ihr Herren Astrologen mit euren physikalischen Anhängern, ob ihr mit euren Kreisen, die eure eingebildeten neun beweglichen Sphären beschreiben sollen, euch den Verstand nicht dermaßen eingekerkert habt, daß ihr mir nicht anders vorkommt, als wie ebensoviel Papageien in einem Käfig, wo sie von einer Stange zur andern hüpfen und sich in ihren Ringen schaukeln! Wir verstehen, daß ein so großer Herrscher [Gott] sich nicht mit einem so engen Sitze, einem so elenden Throne, einem so kleinen Tribunale, einem so spärlichen Hofstaate, einem so unzureichenden Abbilde seiner Majestät begnügen kann, das ein Phantasma gebären, ein Traum zerstören, eine Tollheit wiederherstellen, eine Chimäre vernichten, ein Mißgriff uns nehmen und ein Gedanke wiedererzeugen kann, das mit einem Hauche steigt und fällt. Ihm gebührt das größte Abbild, ein wundervolles Bildnis, die erhabenste Spur, die unendliche Darstellung des unendlichen Dargestellten, ein Schauspiel, angemessen der Herrlichkeit und Erhabenheit, die nimmer ergriffen, erfaßt und verstanden werden kann. So nur rühmen die Himmel die Herrlichkeit Gottes, so nur offenbart sich die Größe seines Reichs. Nicht auf einem, auf unzähligen Thronen strahlt seine Majestät, nicht auf einer Erde, auf einer Welt, auf zehnmal hunderttausenden, auf unzähligen.«[2]

Unzählige »Throne«, unzählige Sterne schienen demnach einzig und allein geeignet, um der Majestät Gottes gerecht zu werden. Aus dem Mittelpunkt des Alls auf einen unbedeutenden Planeten geworfen, der die Sonne umkreiste, fand sich nun der Mensch auch als Trabant eines unbedeutenden Sternes wieder, den es milliardenmal in ähnlicher Form in der Milchstraße gab. Und die weitere Entwicklung zeigte gar, daß auch die Milchstraße nur eine unbedeutende Galaxis unter zahllosen anderen Galaxien ist, die sich ohne erkennbare Grenzen in den Raum erstrecken. Milliarden Lichtjahre weit vermögen heute unsere Teleskope in das All hinauszuspähen und weiter und weiter wird unser Einblick in das Reich der Milchstraßen, ohne daß ein Ende ersichtlich wird.

Wie ist das Universum entstanden? Wie alt ist es? Wie viele Sterne und Galaxien gibt es? Dies sind die Fragen, die die Kosmologie aus dem Bereich der Mythen in den Bereich der Wissenschaft zu rücken versucht.

## Einsteins größter Schnitzer

»Kosmologische Betrachtungen zur allgemeinen Relativitätstheorie« ist der Titel der Abhandlung Albert Einsteins, mit der die Geschichte der modernen Kosmologie im Jahre 1917 beginnt.[3] Zugleich wurde damit eine Entwicklung, die den Menschen immer mehr aus dem Zentrum des Universums herausgerissen und zu einer unbedeutenden Randfigur dieser Welt gemacht hatte, zum logischen Abschluß gebracht.

Zwei große Möglichkeiten hatte die Physik Newtons für den Bau dieser Welt vorgesehen. Unsere Galaxis könnte eine Welteninsel sein, einsam und allein in den unendlich großen Raum geworfen. Sie könnte aber auch Teil einer unendlichen Ansammlung von Galaxien sein, die sich beliebig weit in den Raum erstrecken. Welteninsel oder unendliche Welt – beide schienen auf Schwierigkeiten zu führen. Denn bei einer Welteninsel blieb unverstanden, warum sich die Sterne durch ihre zufällige Bewegung nicht schon längst selbständig gemacht und in den Weiten des Weltalls verlaufen hatten, genauso wie die Moleküle eines Gases, aus einem Behälter befreit, sich im Raume verlaufen. Zu noch paradoxeren Folgerungen würde das unendliche Universum führen, da die unendlich vielen Galaxien, die uns umgeben, zu einem hellstrahlenden Nachthimmel führen würden, wie bereits Edmond Halley (1656–1742) im Jahre 1720 bemerkte. Zwar nimmt die Stärke des Lichtes, die uns von anderen Galaxien erreicht, mit dem Quadrat der Entfernung ab, doch nimmt die Zahl der Galaxien im Raume mit dem Quadrat der Entfernung zu, so daß uns auch aus beliebigen Tiefen dieses Alls ein gleichmäßiger Lichtstrom erreichen müßte, der die Nacht zum Tage machen würde.

So führten alle Ideen, die man aus der Newtonschen Theorie für den Bau dieser Welt gewinnen konnte, zu inneren Widersprüchen und zu Schwierigkeiten. Aber auch der allgemeinen Relativitätstheorie ging es zunächst nicht besser. Um einen stabilen Bau der Welt zu erreichen, in dem die Sterne sich mit den beobachteten, relativ kleinen Geschwindigkeiten fortbewegen – wie man zumindest 1917 meinte –, ein Universum also, das sich seit Ewigkeit her in majestätischer, gottgleicher Ruhe befand, mußte Einstein seine 1915 aufgestellten Gleichungen erweitern. Ein »kosmologischer Term« trat nun hinzu, der die Stabilität dieser Welt garantieren sollte. Als eine Art unsichtbarer Materie mit negativer Masse, die den ganzen Raum erfüllen sollte, dürfen wir diesen Term interpretieren. Zunächst erscheint eine solche Annahme sonderbar und überraschend, doch was sind die Vakuumschwankungen – dieser Spiritismus der Elementarteilchenphysik – anderes als unsichtbare Materie, die überall und ewig vorhanden ist? Mit der Annahme derartiger Materie ließ sich nun die Stabilität dieser Welt erklären, wenn nur ihre Abstoßung zufällig die Anziehung kompensierte, die den sichtbaren Teil dieser Welt zueinanderzog.

Ein statisches, ewig gleichbleibendes »Einstein Universum« war das Ergebnis der Rechnungen. Es brachte eine völlig neue Lösung des Problems der Endlichkeit oder Unendlichkeit in dieser Welt, die sich aus der Verbindung von Materie und Raumkrümmung ergab. Die Materie sollte den Raum nämlich so krümmen, daß sich ein geschlossenes, endliches und doch unbegrenztes Universum ergab. Die endliche, aber unbegrenzte Oberfläche einer Kugel gibt der Anschauung einen ersten Anhaltspunkt, wie dieses neue Modell des Alls gedacht werden kann. Auf der endlichen Oberfläche dieser Kugel, oder vielmehr auf dem dreidimensionalen Analogon dieser Oberfläche, sollten die Galaxien verteilt sein. Keine von ihnen bildet das Zentrum dieser endlichen und doch unbegrenzten Welt. Perfekt ist die im »kosmologischen Prinzip« festgehaltene Demokratie der Galaxien. Denn nach diesem metaphysischen Grundprinzip aller modernen Kosmologien darf kein Punkt im All die Auszeichnung genießen, als Zentrum dieser Welt betrachtet werden zu können. Als Reaktion auf eine jahrhundertelange Entwicklung können wir dieses Prinzip betrachten.

Eine neue Denkmöglichkeit hatte sich mit Einsteins »Kosmologischen Betrachtungen zur allgemeinen Relativitätstheorie« aufgetan. Und doch betrachtete Einstein wenig später die Einführung der kosmologischen Konstante, die das neue Bild der Welt erst möglich gemacht hatte, als den »größten Schnitzer, den er in seinem Leben je gemacht habe«.[4] Die weitere Forschung zeigte nämlich, daß die majestätische Ruhe des neuen Universums nur scheinbar war. Jede kleinste Störung, jede Bewegung einer Galaxis, jede Schwankung der Dichte brachte Einsteins Universum entweder zum Einsturz oder zur Explosion. Eine neue Lösung mußte gefunden werden. Sie kam aus Rußland.

## Der Urknall: Hat die Bibel doch recht?

Einstein war in seinen Überlegungen von einem ewig gleichbleibenden, unendlich alten und stets unveränderlichen Universum ausgegangen – und hatte Schiffbruch erlitten. Wie schon in der Newtonschen Theorie, hatte sich auch in der allgemeinen Relativitätstheorie die Idee »ewiger Himmel« nicht verwirklichen lassen. Das Universum erlitt damit das gleiche Schicksal wie Sonne, Erde und Menschheit im 19. Jahrhundert, zu einer Zeit, als Physiker, Geologen und Biologen die Geschichtlichkeit dieser Welt entdeckten. Die Entdeckung der Geschichtlichkeit des Universums stand bevor.

Fünf Jahre nach Albert Einsteins ersten Überlegungen zur relativistischen Kosmologie veröffentlichte Alexander Alexandrowitsch Fridmann einen Artikel »Über die Krümmung des Raumes« in der »Zeitschrift für Physik«.[5] Darin stellte er eine neue Klasse von möglichen Modellen dieser Welt auf, die sich von Einsteins Ansätzen dadurch unterschieden, daß die Welt nunmehr eine Evolution, ein Werden und Vergehen aufwies, dessen Dynamik aus den Grundgleichungen der allgemeinen Relativitätstheorie folgte. Manche dieser Modelle waren geschlossen und endlich wie das Einstein-Universum, andere wiederum offene, unbegrenzte und unendliche »Weltmodelle«. Nicht länger war nunmehr die Annahme einer »kosmologischen Konstante« notwendig und »Einsteins größter Schnitzer« war überflüssig geworden.

Fridmanns Rechnungen zeigten, daß der Abstand zwischen den Galaxien im Raume über Jahrmilliarden nicht gleichgeblieben sein konnte. Vielmehr mußte die Materie dereinst in einem sehr kleinen Raumgebiete vereint gewesen sein, von wo sie nach einem »Urknall« nach allen Seiten explosionsartig auseinanderflog. Über den Urknall selbst vermochte die Theorie nichts weiter auszusagen, als daß damals die Materie vielleicht sogar in einem Punkt vereinigt war. Wo war dieser Punkt? Wo hat der Urknall stattgefunden? Nirgends und überall, ist die Antwort, denn im Urknall war der Raum gemeinsam mit der Materie entstanden, das gesamte Universum war anfänglich winzig klein und nicht etwa von einem Raum außerhalb des Universums umgeben. Der Raum selbst expandiert und nicht die Materie im Raum. Denn nach der allgemeinen Relativitätstheorie sind Raum und Materie aufs engste miteinander verbunden.

Fridmanns Rechnungen zeigten auch, daß die ursprüngliche Wucht des Urknalls in der Folge durch die wechselseitige Anziehung der auseinanderstrebenden Materie allmählich verringert wird. Langsam nimmt die Expansion des Universums ab, bis sie ihren heutigen Wert erreicht. Wie aber geht es weiter? Auf diese Frage liefert die Theorie eine zweideutige Antwort. Falls die Wucht des Urknalls ausreicht, um die Galaxien in alle Ewigkeit in größere und größte Entfernungen voneinander zu treiben, und diese Expansion nicht durch die Gravitationsanziehung gestoppt werden kann, so liegt ein offenes, unbegrenztes und unendliches Universum vor. War der Urknall aber schwächer und weniger energiereich, reicht seine Wucht nicht aus, um das Universum in alle Ewigkeit expandieren zu lassen, so liegt ein geschlossenes, endliches aber unbegrenztes Universum vor, wie es Einstein in seinen anfänglichen Überlegungen vorgesehen hatte. Die Expansion dieses Universums wird aber nunmehr nach endlicher Zeit zum Stillstand gelangen, danach fällt das Weltall wieder in sich zusammen und verschwindet schließlich in einer Art Umkehrung des Urknalls.

Fridmann erlebte die Bestätigungen seiner Theorien nicht mehr. Als er 1925 starb, schien das Universum noch ruhig und statisch. Erst mit der Konstruktion des großen Teleskops auf Mount Palomar und den Beobachtungen, die Edwin Hubble (1889–1953) um 1930 dort anstellte, änderte sich das Bild. Die Verschiebung der Spektrallinien entfernter Galaxien verriet, daß sich diese Galaxien tatsächlich von uns wegbewegen, wobei dieser Effekt mit der Entfernung der Galaxien wächst. Die kosmische Expansion war entdeckt! Aus der Geschwindigkeit der Expansion konnte Hubble auch die Zeit berechnen, die seit dem Urknall vergangen war. Seine anfängliche Schätzung, rund zwei Milliarden Jahre, wurde in der Folge mehrfach revidiert. Heute nimmt man an, daß seit dem Urknall rund zehn Milliarden Jahre verstrichen sind.[6]

Wie ist das zukünftige Schicksal des Universums? Leben wir in einer Welt, die unbegrenzt und unendlich ist und für alle Zeiten expandiert? Oder in einem Universum, das zwar unbegrenzt, aber endlich ist und in einiger Zeit wieder in sich zusammenfallen wird? Auch die größten Teleskope vermögen diese Frage heute noch nicht zu entscheiden. Das zukünftige Schicksal des Universums hängt vor allem davon ab, wieviel Materie es gibt. In einem dicht mit Materie erfüllten Weltall wird die Anziehungskraft ausreichen, um die Expansion nach einiger Zeit zum Stillstand kommen zu lassen. Enthält das Universum aber nur etwas weniger Materie, so kann es in alle Ewigkeit weiter expandieren. Beide Möglichkeiten sind heute gegeben – wenn auch die Beobachtungen ein offenes Universum favorisieren – da direkte Messungen keine sicheren Werte über unsichtbare Massen im Universum liefern.

Mit der Entdeckung der kosmischen Expansion und ihre Erklärung durch die Urknalltheorie hat sich das Bild dieser Welt drastisch verändert. Nicht mehr ein unendlich altes, seit jeher existierendes, statisches Weltall haben wir vor uns. Vielmehr erweist sich das All als junges, dynamisches Gebilde, das seine eigene Lebensgeschichte hat, Werden und Vergehen kennt. Wie ist das Universum entstanden? Wer hat urgeknallt? Die Theorien der Physik lassen diese Fragen unbeantwortet. Die Gleichungen der Relativitätstheorie führen auf unendliche Ergebnisse, wenn man sie bis zum Urknall hin extrapoliert. Dürfen wir darin nun eine Bestätigung der Schöpfungsgeschichte sehen? Hat die Bibel doch recht?

Die Geschichte der Naturwissenschaft sollte uns lehren, hier nicht voreilig einen neuen Gottesbeweis zu sehen. Nur allzuoft hat sich eine Lücke in einer physikalischen Theorie in der Folge schließen lassen und ein übereilt zu Hilfe gerufener Gott büßte dadurch wieder einen Beweis seiner Existenz ein. Die Geschichte der Theorien des Planetensystems legt davon beredtes Zeugnis ab. Und ebenso könnte es sein, daß die Physik auch zu einer konsistenten physikalischen Theorie des Urknalls gelangt, wenn sich Theorien bestätigen, wonach Materie und Raum sich zu Beginn des Universums gegenseitig erzeugt haben.[7]

## Ein strahlender Beginn

Mit der Entdeckung der Expansion des Universums durch Edwin Hubble hatte die Theorie des Urknalls eine erste Bestätigung erfahren. Doch dürfen wir wirklich die Expansion des Universums, die wir seit wenigen Jahrzehnten beobachten, durch Jahrmilliarden hinweg extrapolieren und schließen, daß vor derart langer Zeit all die Materie in einem einzigen Punkt vereinigt gewesen sein sollte? Kühn, ja allzu kühn erscheint ein derartiger Schluß.

So blieb denn auch die relativistische Kosmologie und ihre explosive Theorie der Entstehung des Universums für lange Zeit eines der umstrittensten Teilgebiete der Physik, angesiedelt zwischen Mythos und Wissenschaft. Erst im Jahre 1965 änderte sich das Bild, als den beiden amerikanischen Wissenschaftlern Penzias und Wilson zufällig eine Entdeckung gelang, die die weitere Geschichte der Kosmologie und Kosmogonie veränderte. Bei dem Versuch, Satellitensignale zu beobachten, fanden sie eine elektromagnetische Strahlung, die auf keine bekannten Quellen im Universum zurückgeführt werden konnte und aus

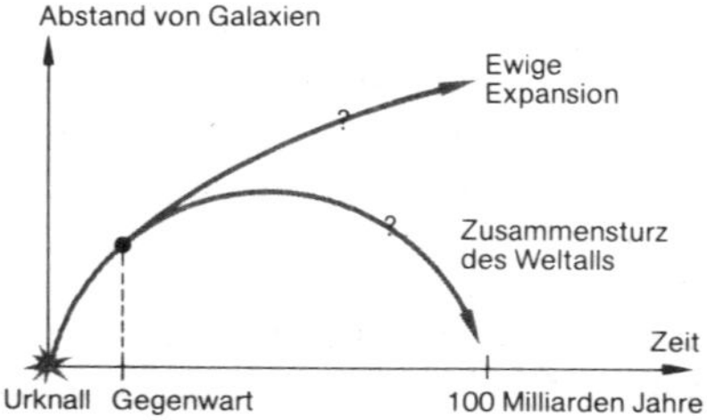


**Abb. 9.2:** Die Expansion des Universums. Nach der Entstehung des Universums im Urknall verlangsamt sich die Expansion allmählich durch die anziehende Wirkung der Schwerkraft. Ob die Ausdehnung des Universums jemals zum Stillstand kommen und sich umkehren wird, oder ob das Universum für alle Zeiten expandiert, ist heute noch unbekannt.

**Abb. 9.3:** Penzias und Wilson vor der Hornantenne, mit der sie die kosmische Hintergrundstrahlung entdeckten. Diese Wärmestrahlung mit einer Temperatur von 2,7 Kelvin fällt aus allen Richtungen gleichmäßig auf die Erde ein. Sie wird als Überrest der heißen Phase unmittelbar nach der Entstehung des Universums angesehen.

allen Richtungen gleichmäßig auf die Erde einfiel. Die nähere Untersuchung der Strahlung in den nächsten Jahren ergab, daß es sich dabei um eine Wärmestrahlung mit einer Temperatur von 2,7 Kelvin handelt.

Die Existenz einer derartigen Strahlung, der kosmischen Hintergrundstrahlung, war bereits rund zwanzig Jahre früher von dem russisch-amerikanischen Astrophysiker George Gamov und seinen Mitarbeitern vorgeschlagen worden. Gamov hatte vermutet, daß das Universum zum Zeitpunkt seiner Entstehung sehr heiß gewesen war und erst während seiner Expansion allmählich abkühlte – genau wie auch Gase im Inneren eines Kühlschrankes bei der Expansion abkühlen und damit die gewünschten tiefen Temperaturen herbeiführen.

Gamov hatte auch vermutet, daß die hohen Temperaturen, die in den ersten Minuten der Lebensdauer des Universums herrschten, die Ursache intensiver Kernreaktionen waren. Diese Kernreaktionen sollten zur Entstehung eines Teils der chemischen Elemente führen. Aus der Theorie der Elemententstehung konnte Gamov abschätzen, wie hoch die Temperatur in der Anfangsphase des Universums gewesen sein mußte – nämlich mehrere Milliarden Grad Kelvin – und daß heute ein Rest dieser Strahlung mit einer Temperatur von rund fünf Kelvin übriggeblieben sein sollte. Diesen Strahlungsrest hatten Penzias und Wilson durch

Zufall entdeckt und damit der Theorie eines heißen, höllenartigen Urknalls neuen Auftrieb gegeben.

Die Messungen von Penzias und Wilson erlaubten es nun, die Vorgänge in den ersten Sekunden, Stunden und Jahren des Universums näher zu bestimmen. Verschiedene »Epochen der Kosmologie« ergaben sich dabei, an die Schöpfungstage der Bibel oder die Zeitalter des Ovid erinnernd. Nicht »wüste und leer« war das Universum anfänglich, sondern in den ersten zehntausendstel Sekunden seiner Existenz, dem »Zeitalter der Hadronen« mit einem einzigen, den gesamten Raum einnehmenden Atomkern erfüllt, dessen Teilchen brodelten und siedeten und mit Lichtgeschwindigkeit bei einer Temperatur von mehreren Billionen Grad Kelvin durcheinander schossen.

Nach der ersten zehntausendstel Sekunde hatte das Universum dann eine hinreichende Größe erreicht, daß der riesige, alles erfüllende Atomkern sich in Einzelteile auflösen konnte und das »Zeitalter der Kernreaktionen« setzte ein. Bei Temperaturen von mehreren Milliar-

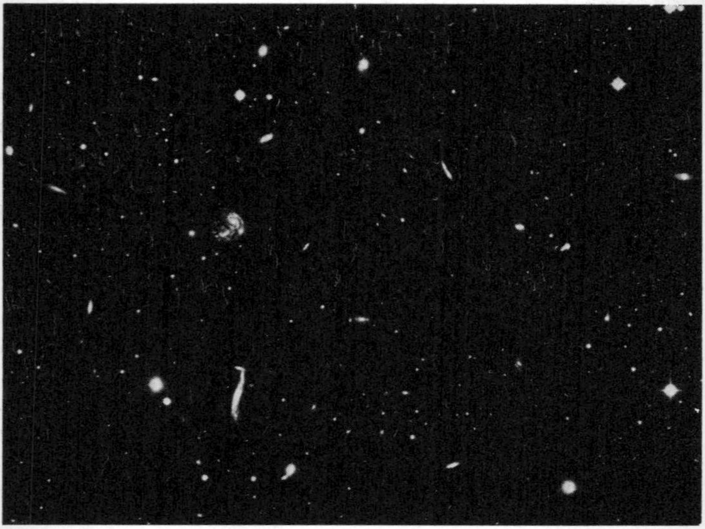

**Abb. 9.4:** Ausschnitt aus dem Herkules-Galaxienhaufen. Diese Milchstraßen sind 300 Millionen Lichtjahre entfernt und bewegen sich mit einer Geschwindigkeit von mehr als 10000 km/sec von der Erde weg. Jede Galaxis auf diesem Bild enthält rund 100 Milliarden Sterne, die jeweils einige Milliarden Jahre lang leuchten.

den Grad Kelvin hielten diese Reaktionen einige Minuten lang an. Gerade Zeit genug, um den Wasserstoff der Anfangszeit etwa zu einem Viertel in Helium zu verwandeln. Zur Schaffung noch schwererer Elemente reichte jedoch die Zeit nicht aus, da die Ausdehnung und damit die Abkühlung des Universums rasant fortschritt und bereits einige Minuten nach dem Urknall die Temperatur dadurch so weit absank, daß die Kernreaktionen ihr Ende fanden.

Das »Zeitalter der Strahlung« setzte nun ein, in dem eine alles durchdringende, überall vorhandene Wärmestrahlung dominierte, die als letzter Rest von den heißen, glanzvollen Minuten des Urknalls übriggeblieben war. Die Hitze der Strahlung reichte aus, um jede Ansammlung von Materie, jede Bildung von Atomen aus Einzelteilchen, zu verhindern.

Eine Million Jahre nach dem Urknall ging auch das Zeitalter der Strahlung zu Ende, nachdem die Temperatur auf einige tausend Grad fiel. Die Strahlung verlor ihre Herrschaft über die Materie, Atome bildeten sich, Gase entstanden und vereinigten sich zu Sternen, Sternhaufen und Galaxien. Die Gebilde, die wir heute kennen, begannen das Universum zu erfüllen, das nun laufend weiter an Größe gewann und nach rund zehn Milliarden Jahren den jetzigen Zustand erreichte. Die Strahlung ist nunmehr unbedeutend geworden, auf eine Temperatur nur knapp über dem absoluten Nullpunkt abgesunken. Sterngenerationen sind entstanden und wieder vergangen, aus ihren Überresten hat sich das Sonnensystem gebildet und die Existenz der Physiker ermöglicht, die es staunend betrachten und seinen Ursprüngen auf die Spur zu kommen versuchen.

# 10
# Naturwissenschaft, Erkenntnis und Sicherheit

Von den Anfängen der Wissenschaft in Griechenland bis zur Problematik der Quarks, der Schwarzen Löcher und des Urknalls, die die Physik unserer Zeit beschäftigen, hat unser Weg durch die Geschichte geführt. Es bleibt die Bedeutung naturwissenschaftlicher Erkenntnis, die Wahrheit und Sicherheit ihres Weltbildes zu bestimmen.

## Die neureiche Menschheit

Die Sehnsucht, den »wahren Bau der Welt« zu bestimmen, war einer der Ursprünge der Naturwissenschaft. Ihr anderer waren die praktischen Bedürfnisse der Menschheit, die den sozialen und gesellschaftlichen Auftrag der Wissenschaft bilden. Unbezweifelbar sind die Fortschritte auf diesem Gebiet, zweifelhaft ihr Erfolg. Hat es die »neureiche Menschheit« wirklich verstanden, die Möglichkeiten zu nutzen, die Forschung und Technik eröffneten? Hat sie uns nicht vielmehr zu einem »Zeitalter der Verschwendung« geführt, in dem wir innerhalb weniger Jahrhunderte die Schätze der Erde sinnlos vergeuden, die sich in Jahrmillionen der Evolution allmählich ansammelten?

Krebsartig erscheint das Wachstum der Menschheit, ihres Energieverbrauchs, ihres Materialkonsums, aber auch der Wissenszuwachs und andere Indikatoren, die unsere Entwicklung charakterisieren. Denn ein Wachstum von drei Prozent pro Jahr, das lange als unabdingbare Voraussetzung wirtschaftlichen Wohlstandes betrachtet wurde, bedeutet eine Veränderung von mehr als einhundert Prozent innerhalb der natürlichen Zeitspanne der Menschheit, einer Generation. Denn nur innerhalb einer Generation – rund dreißig Jahre – kann man aus der Erfahrung lernen, welche Neuerungen sich bewährt haben und welche

Innovationen zurückgenommen werden müssen. Die Folgeschäden von Medikamenten, der Einführung neuer Technologien oder städtebaulicher Maßnahmen sind erst nach einem derartigen Zeitraum voll absehbar. Bis zum Beginn des industriellen Zeitalters, bis zur Konstruktion der ersten Dampfmaschinen, veränderte jede Generation ihre Umwelt und das Bild der Erde nur um wenige Prozent. Neuerungen, die sich nicht bewährten, konnten deshalb leicht zurückgenommen und korrigiert werden. Mit dem Einsetzen der Industrialisierung hat sich die Lage schlagartig geändert. Denn ein System, das in seiner natürlichen Zeitspanne um hundert Prozent wächst, kann seine Fehler nur sehr schwer korrigieren, da zuviel verändert wurde, bevor die schädlichen Auswirkungen einer anfangs faszinierenden Technik sichtbar werden.

Ist Wachstum unabdingbar und notwendig für das Wohlergehen der Menschheit? Wie lange kann das heutige Wachstum noch andauern? Betrachten wir beispielsweise den Anstieg des Verbrauches an elektrischer Energie, der bis vor kurzem rund sieben Prozent jährlich betrug. Wie lange läßt sich ein derartiger Zuwachs aufrechterhalten? Eine einfache Zinseszinsrechnung lehrt, daß ein Wachstum von sieben Prozent eine Verdoppelung des Energieverbrauches innerhalb von zehn Jahren bewirkt. Nach zwanzig Jahren hat sich der Verbrauch vervierfacht, dreißig Jahre bringen eine Verachtfachung, vierzig Jahre bedeuten sechzehnfachen Verbrauch und nach hundert Jahren wäre der Verbrauch auf rund das Tausendfache gestiegen. Werden wir in hundert Jahren tausendmal mehr Kraftwerke als heute haben, in zweihundert Jahren millionenmal mehr? Allzu offenkundig wird hier, daß ein derartiges Wachstum nur ein kurzzeitiges Phänomen sein kann und bald die Grenzen dieser Erde erreichen wird. Denn in rund einhundertfünfzig Jahren würde ein siebenprozentiger Anstieg der Energienutzung durch die dabei entstehende Abwärme die Temperatur an der Erdoberfläche bereits auf hundert Grad Celsius ansteigen lassen. Nach vierhundertundfünfzig Jahren würden die Segnungen eines derartigen Wachstums die Erde sonnengleich aufglühen lassen. Allzu offensichtlich wird nun, daß innerhalb historisch sehr kurzer Zeiträume ein neues Gleichgewicht, eine neue Stabilität gefunden werden muß.

Aber nicht nur auf das Wachstum des Energieverbrauches beziehen sich derartige »Grenzen des Wachstums«. Eine einfache Rechnung lehrt auch, daß bei gleichbleibenden Zuwachsraten in rund fünfhundert Jahren die Menschheit nur noch über Stehplätze auf Erden verfügen könnte – was die weitere Vermehrung allerdings erschweren dürfte. In fünfzehnhundert Jahren wäre die Erde eine einzige Kugel aus Menschenfleisch und in rund fünftausend Jahren das gesamte sichtbare Universum in Menschenfleisch umgewandelt. Auch hier werden Grenzen des Wachstums nur allzu unübersehbar.

Damit können wir unsere Zeit in die Weltgeschichte einordnen. Durch Zehntausende von Jahren, seit Beginn der Steinzeit, waren die Geschicke der Menschheit durch ein Wachstum charakterisiert, das nur Bruchteile eines Promilles jährlich betrug. Dieses Wachstum änderte sich bis zum Beginn der industriellen Revolution nur geringfügig. Erst nach der Erfindung der Dampfmaschine änderten sich die sozialen Indikatoren jährlich um einige Prozente, was uns heute als natürlicher, anzustrebender, und für alle Zeiten beizubehaltender, Wert erscheint. Doch nur sehr kurz kann das Zeitalter des Wachstums sein, wenn wir in historischen Epochen denken. Rund zehn Generationen hat es bereits gedauert und in ein oder zwei Generationen muß es naturgesetzlich sein Ende erreichen. Wie kleinmütig und kurzsichtig erscheint hier eine Zukunftsforschung, die sich lediglich auf wenige Jahrzehnte beschränkt!

### Die Suche nach der Wirklichkeit

Die Praxis war die eine, die Theorie die andere Triebfeder naturwissenschaftlicher Erkenntnis. Was ist es, was die »Welt im Innersten zusammenhält«? Die Fragen nach der Entstehung der Welt, ihrem Aufbau, ihrem Werden und Vergehen gehören zu den ewigen Problemen der Menschheit, die völlig unabhängig von sozialer Relevanz und praktischer Anwendung sind.

Mit Euklid schien die absolute Sicherheit auf dem Gebiet der Geometrie, mit Newton auf dem der Physik erreicht. Mit den wissenschaftlichen Revolutionen unserer Zeit aber war auf beiden Gebieten der Traum von der absolut gesicherten menschlichen Erkenntnis ausgeträumt. Hypothesen sind es, die der Mensch über den Aufbau dieser Welt erdenkt, Hypothesen, die wie jedes menschliche Wissen, ungesichert und revisionsbedürftig sind. Denn aus den Beobachtungen und Experimenten der Physik läßt sich kein gesicherter Schluß auf die zugrunde liegenden Strukturen dieser Welt ziehen. Aus dem Auftreten von Interferenzstreifen kann man ebensowenig mit Sicherheit auf die Wellennatur des Lichtes schließen, wie aus dem Auftreten der Brownschen Bewegung der atomare Aufbau dieser Welt folgt. Nur wenn wir die Wellennatur des Lichtes und den atomaren Aufbau der Materie hypothetisch annehmen, dann können wir die Beobachtungen erklären.

Aus dem Eintreffen der Folgerungen können wir jedoch niemals auf die »Wahrheit« der Annahmen schließen, die wir über unsere Welt gemacht haben.

Naturwissenschaftliche Theorien sind weder wahr noch endgültig, noch gewiß. Sie sind vorläufige Hypothesen, die der Mensch bei seiner Suche nach der Wirklichkeit, bei seiner Suche nach dem Verständnis dieser Welt entworfen hat. Gewiß, die Hypothesen der Physik gehören zu den am besten überprüften Teilen des menschlichen Weltbildes und haben sich auf vielen Gebieten mit einer Genauigkeit von eins zu einer Milliarde bewährt. Acht oder neun Dezimalstellen sind aber das beste, was der Physiker seinen Kritikern als Beleg für seine Behauptungen anbieten kann. Und bereits die kleinste Abweichung, ein feiner Effekt in der vierten oder fünften Dezimale, kann eine völlige Erschütterung des bisherigen Weltbildes auslösen. Die Geschichte der Planetenbewegungen von Ptolemäus über Kepler bis zu Einstein legt davon beredtes Zeugnis ab.

Wahrheit und Gewißheit – eine Sehnsucht der Menschheit, die unerfüllt bleiben muß.

# Anmerkungen

In den folgenden Anmerkungen wird zumeist die am leichtesten erhältliche Ausgabe der einzelnen Werke zitiert. Die Abkürzungen bedeuten:

*Sambursky* Shmuel Sambursky: Der Weg der Physik, 2500 Jahre physikalischen Denkens. München 1978, Deutscher Taschenbuch Verlag.

*Lexikon* Lexikon Geschichte der Physik; herausgegeben von Armin Hermann. Köln 1972, Aulis-Verlag.

**1 Die Weltmaschine**

1. Zitiert nach Sambursky, S. 102.
2. Siehe dazu Thomas Kuhn: Die Kopernikanische Revolution. Wiesbaden 1980, Vieweg.
3. B. de Fontenelle: Entretiens sur la Pluralité des Mondes, 2. Aufl. Hage 1745, S. 24 (geringfügig gekürzt).
4. Ebenda, S. 22.
5. Dr. Martin Luthers Deutsche Schriften, Band 62 (Tischreden). Frankfurt 1854, S. 317.
6. Zitiert nach E. Rosen: Galileos Misstatements about Copernicus. Isis *49* (1958), S. 324.
7. Sambursky, S. 182.
8. Bezüglich Details siehe Thomas Kuhn (Ref. 2).
9. Mit geringfügigen Kürzungen nach Sambursky, S. 250.
10. Mit geringfügigen Kürzungen nach Sambursky, S. 239.
11. Sambursky, S. 237.
12. Galileo Galilei: Sidereus Nuntius, Dialog über die Weltsysteme, Vermessung der Hölle Dantes, Marginalien zu Tasso; herausgegeben und eingeleitet von H. Blumenberg. Frankfurt 1965, Insel-Verlag.
13. S. Drake: Galileo at Work – His Scientific Biography. Chicago 1978, University of Chicago Press, S. 163.
14. Galileo Galilei: Brief an die Erzherzogin Christine; zitiert bei Arthur Koestler: Die Nachtwandler. Wiesbaden, Vollmer Verlag, S. 441.
15. Ebenda, S. 454.
16. Ebenda, S. 262.
17. Die wichtigsten Auszüge daraus finden sich in Ref. 12.
18. Koestler (Ref. 14), S. 470.
19. Drake (Ref. 13), S. 348.
20. Koestler (Ref. 14), S. 497.
21. Eine Einführung in die Wissenschaftstheorie bietet z. B. Gustav Hempel: Philosophie der Naturwissenschaften. München 1974, Deutscher Taschenbuch Verlag.
22. Eine Diskussion der verschiedenen Standpunkte findet sich z. B. in Bernulf Kanitscheider: Philosophie und moderne Physik. Darmstadt 1979, Wissenschaftliche Buchgesellschaft.
23. Siehe dazu Ref. 22, S. 33.
24. Siehe z. B. Otto Ullrich: Technik und Herrschaft. Frankfurt 1977, Suhrkamp; sowie die Schriften von Marcuse und Habermas.

25. Siehe dazu auch Gerhard Vollmer: Evolutionäre Erkenntnistheorie. Stuttgart 1975, Hirzel.
26. Deshalb sind auch »Wissenschaftliche Revolutionen« möglich. Siehe dazu Thomas Kuhn: Die Struktur wissenschaftlicher Revolutionen. Frankfurt 1967, Suhrkamp.
27. Zitiert nach Johannes Kepler: Zusammenklänge. F. Strunz (Hrsg.). Jena 1918, S. 135.
28. Ebenda, S. 136.
29. Jahresberichte der Deutschen Mathematikervereinigung, Bd. 2, S. 19.
30. Kepler (Ref. 27), S. 66.
31. Zur folgenden Darstellung siehe John Losee: Wissenschaftstheorie, Eine historische Einführung. München 1977, S. 72.
32. Sambursky, S. 320.
33. Ebenda, S. 321.
34. Ebenda, S. 323.
35. Ebenda, S. 324.
36. Ebenda, S. 324.
37. Ebenda, S. 325.
38. Ebenda, S. 326.
39. Ebenda, S. 392.
40. Ebenda, S. 396.
41. Ebenda, S. 398.
42. Ebenda, S. 390.
43. Zitiert nach Alexandre Koyré: Von der geschlossenen Welt zum unendlichen Universum. Frankfurt 1979, Suhrkamp, S. 142.
44. Ebenda, S. 169.
45. Sambursky, S. 608.
46. Voltaire: Letters Concerning the English Nation. London 1733, S. 109.
47. Zitiert nach Erich Schneider: Mathematik, ernst und heiter. Berlin o. J., Humboldt, S. 198.
48. Gottfried W. Leibniz: Philosophische Schriften I. Hamburg 1969, Philosophische Bibliothek, S. 37.
49. Ebenda, S. 38.
50. Ebenda, S. 51.
51. Isaac Newton: Vierter Brief an Richard Bentley. In: Isaac Newtons Papers and Letters on Natural Philosophy, I. Cohen (Hrsg.), Harvard 1978, S. 311.
52. Sambursky, S. 462, siehe Friedrich A. Lange: Geschichte des Materialismus und Kritik seiner Bedeutung in der Gegenwart, Bd. 1, Frankfurt 1974, Suhrkamp.

**2 Felder werden Wirklichkeit**

1. Zitiert nach Fritz Fraunberger: Elektrizität im Barock. Köln o. J., Aulis Verlag, S. 13.
2. Ebenda, S. 58.
3. Ebenda, S. 104.
4. F. W. J. Schelling: Gesammelte Werke, Bd. II, S. 234.
5. Sambursky, S. 531.
6. R. A. Tricker: Die Beiträge von Faraday und Maxwell zur Elektrodynamik, Braunschweig 1974, Vieweg.
7. Sambursky, S. 567.
8. Heinrich Hertz: Untersuchungen über die Ausbreitung der elektrischen Kraft. Gesammelte Werke, Bd. II, S. 20.

### 3 Der Weg zum Atom

1. Siehe dazu z. B. Wolfgang Büchel: Gesellschaftliche Bedingungen der Naturwissenschaft. München 1975, Beck.
2. Wilhelm Capelle: Die Vorsokratiker. Stuttgart 1968, Kröner, S. 399.
3. Sambursky, S. 82.
4. Sambursky, S. 128.
5. Sambursky, S. 125.
6. Capelle (Ref. 2), S. 267.
7. Zitiert nach Stephen G. Brush: Die Temperatur der Geschichte. Wiesbaden 1982, Vieweg, S. 11.
8. Zitiert nach H. Kearney: Und es entstand ein neues Weltbild. München 1971, Kindler, S. 167.
9. Sambursky, S. 332.
10. Alfred Stückelberger (Hrsg.): Antike Atomphysik. München 1979, Heimeran, S. 283.
11. Zitiert nach Armin Teske: Marian Smoluchowski – Leben und Werk. Warschau 1973, S. 140.

### 4 Alles schon einmal dagewesen?

1. Sadi Carnot: Betrachtungen über die bewegende Kraft des Feuers, Ostwalds Klassiker der exakten Wissenschaften. Leipzig 1909, S. 3.
2. Ebenda, S. 4.
3. Lexikon, S. 91.
4. Ebenda.
5. Ebenda, S. 230.
6. James P. Joule: Über Materie, lebendige Kraft und Wärme. In Stephen G. Brush: Kinetische Theorie I. Braunschweig 1970, Vieweg, S. 125.
7. Siehe Brush (Ref. 6); dieser und andere bedeutende Artikel zum Energieproblem sind dort abgedruckt.
8. Sambursky, S. 529.
9. R. Clausius. Annalen der Physik *125* (1865), S. 353.
10. Hermann von Helmholtz, Vorträge und Reden. Braunschweig 1903, Vieweg, S. 83.
11. Brush, Band II (Ref. 6), S. 228.
12. Ebenda, S. 259.
13. Ebenda, S. 261.
14. Friedrich Nietzsche: Der Wille zur Macht. Gesammelte Werke, Bd. 19. München 1926, S. 373.
15. A. Sommerfeld, Wiener Chemiker Ztg. *47* (1944), S. 25.
16. Zitiert nach Leszek Kolakowski: Die Hauptströmungen des Marxismus, Bd. 2. München 1977, Piper, S. 501.
17. W. I. Lenin: Materialismus und Empiriokritizismus. Berlin 1970, S. 188.
18. Ebenda, S. 86.
19. Ebenda, S. 107.
20. Veränderte Übersetzung nach Lukrez: De rerum natura. Stuttgart 1973, Reclam, S. 83.

## 5 Das Unteilbare teilen


1. Nach Armin Hermann: Max Planck. Reinbek bei Hamburg 1970, Rowohlt.
2. Lexikon, S. 309.
3. Albert Einstein. Annalen der Physik *17* (1905) In: H. A. Lorentz/A. Einstein/H. Minkowski: Das Relativitätsprinzip, eine Sammlung von Abhandlungen. Darmstadt 1958, Wissenschaftliche Buchgesellschaft.
4. Lexikon, S. 79.
5. Siehe z. B. Douglas R. Hofstadter, Gödel, Escher Bach. An Eternal Golden Braid. England 1979, Basic Books.
6. Lexikon, S. 340.
7. Albert Einstein und Max Born: Briefwechsel 1916–1955. Reinbek bei Hamburg 1969, Rowohlt, S. 67.
8. Lexikon, S. 343. Zur Lösung seiner Gleichung mußte Erwin Schrödinger dann den Mathematiker Hermann Weyl zur Hilfe holen.
9. Diese Abhandlungen sind abgedruckt in: Günther Ludwig: Wellenmechanik, Einführung und Originaltexte. Berlin 1969, Akademie Verlag.
10. Arnold Sommerfeld: Atombau und Spektrallinien. Braunschweig 1931, Vieweg.
11. Zitiert nach Carl Friedrich von Weizsäcker: Die Einheit der Natur. München 1973, Deutscher Taschenbuch Verlag.
12. Siehe dazu Kurt Baumann und Roman Sexl: Die Deutungen der Quantentheorie. Wiesbaden 1982, Vieweg.


## 6 Der störende Beobachter


1. Siehe dazu Max Jammer: The Philosophy of Quantum Mechanics, New York 1974, John Wiley; sowie Kurt Baumann und Roman Sexl: Die Deutungen der Quantenmechanik. Wiesbaden 1982, Vieweg.
2. Heisenbergs Arbeit ist abgedruckt in Günther Ludwig: Wellenmechanik, Einführung und Originaltexte. Berlin 1969, Akademie Verlag.
3. Dieser Artikel findet sich in Baumann und Sexl (Ref. 1).
4. E. Schrödinger/M. Planck/A. Einstein/K. Lorenz: Briefe zur Wellenmechanik, K. Przibram (Hrsg.). Wien 1967, Springer, S. 29.
5. Niels Bohr: Atomphysik und menschliche Erkenntnis. Braunschweig 1958, Vieweg, S. 25.
6. Erwin Schrödinger ist abgedruckt in Baumann und Sexl (Ref. 1).
7. Dimitri I. Blochinzew: Grundlagen der Quantenmechanik, 2. Aufl. Berlin 1958, S. 497.
8. Michail E. Omel'yanovsky: Philosophische Probleme der Quantenmechanik (Russisch). Moskau 1956, S. 33.
9. W. I. Lenin: Empiriokritizismus und dialektischer Materialismus, Berlin 1949, S. 187.
10. Ebenda, S. 251.
11. Hugh Everett III: Relative State Formulation of Quantum Mechanics. Rev. Mod. Phys. *29* (1957), 454; deutsch in Baumann und Sexl (Ref. 1).
12. John von Neumann: Mathematische Grundlagen der Quantenmechanik. Berlin 1932 (Neudruck 1968), Springer.

## 7 Die Suche nach dem Urstoff

1. Wilhelm Capelle: Die Vorsokratiker. Stuttgart 1968, Kröner, S. 81.
2. Ebenda, S. 94.
3. Zitiert in J. Mehra (Hrsg.): The Physicists Conception of Nature. Dortrecht 1973, Reidel, S. 816.

## 8 Materie in Raum und Zeit

1. Albert Einstein: Autobiographisches. In: Paul Arthur Schilpp (Hrsg.), Albert Einstein als Philosoph und Naturforscher (Reprint). Wiesbaden 1979, Vieweg, S. 7.
2. Augustinus: Bekenntnisse, übertragen und eingeleitet von H. Hefele, Wiesbaden 1966, VMA-Verlag, S. 287 (XI, 14).
3. Ebenda, S. 285 (XI, 12).
4. Gottfried W. Leibniz: Philosophische Schriften I. Hamburg 1969, Philosophische Bibliothek, S. 68.
5. Augustinus (Ref. 2), S. 287 (XI, 14).
6. K. Popper: Conjectures and Refutation. London 1972, S. 93.
7. Einstein (Ref. 1), S. 20.
8. Zitiert nach Leslie Marder: Reisen durch die Raum-Zeit. Wiesbaden 1979, Vieweg, S. 2.
9. Marder (Ref. 8), S. 3.
10. Zu diesem und den folgenden Experimenten siehe Roman Sexl und Herbert K. Schmidt: Raum-Zeit-Relativität. Wiesbaden 1979, Vieweg.
11. Zitiert nach Alexander Moszkowski: Einstein – Einblicke in seine Gedankenwelt. Berlin 1922, S. 17.
12. Zitiert nach Oskar Becker: Grundlagen der Mathematik in geschichtlicher Entwicklung. Frankfurt 1975, Suhrkamp, S. 169.
13. Ebenda, S. 174.
14. Ebenda, S. 175.

## 9 Vom Ursprung und Ende des Universums

1. Zitiert nach Gerhard von Rad: Altes Testament Deutsch, Bd. 2. Göttingen 1949.
2. Sambursky, S. 251.
3. Abgedruckt in H. A. Lorentz/A. Einstein/H. Minkowski: Das Relativitätsprinzip. Darmstadt 1958, Wissenschaftliche Buchgesellschaft.
4. Zitiert nach George Gamov: My World Line. New York 1970, Viking Press, S. 44.
5. A. Fridmann: Über die Krümmung des Raumes. Zeitschrift für Physik, *10* (1922), S. 307.
6. Siehe dazu z. B. Roman und Hannelore Sexl: Weiße Zwerge – Schwarze Löcher. Wiesbaden 1977, Vieweg.
7. Siehe dazu z. B. S. W. Hawking und W. Israel (Hrsg.): General Relativity an Einstein Centenary Survey. Cambridge 1979, University Press, S. 665.

# Auswahlbibliographie

*Zu Kapitel 1:*

THOMAS S. KUHN: Die Kopernikanische Revolution. Wiesbaden 1979, Vieweg.

ALEXANDRE KOYRÉ: Von der geschlossenen Welt zum unendlichen Universum. Frankfurt 1981, Suhrkamp.

GALILEO GALILEI: Sidereus Nuntius, Nachricht von den neuen Sternen; herausgegeben und eingeleitet von Hans Blumenberg. Frankfurt 1980, Suhrkamp.

GALILEO GALILEI: Dialog über die beiden hauptsächlichen Weltsysteme; herausgegeben von Roman Sexl und Karl von Meyenn. Stuttgart 1982, Teubner.

ISAAC NEWTON: Mathematische Prinzipien der Naturlehre. Darmstadt 1963, Wissenschaftliche Buchgemeinschaft.

*Zu Kapitel 2:*

FRITZ FRAUNBERGER: Elektrizität im Barock. Köln o. J., Aulis.

FRITZ FRAUNBERGER: Vom Frosch zum Dynamo. Köln o. J., Aulis.

FRITZ FRAUNBERGER: Vom Kompaß bis zum Elektron. Köln o. J., Aulis.

*Zu Kapitel 3:*

ALFRED STÜCKELBERGER (Hrsg.): Antike Atomphysik. München 1979, Heimeran.

STEPHEN G. BRUSH: Die Temperatur der Geschichte. Wiesbaden 1982, Vieweg.

KURT DOBERA: Auf der Suche nach dem Unteilbaren. München 1981, Friemer.

FRIEDRICH LANGE: Geschichte des Materialismus. Frankfurt 1980, Suhrkamp.

*Zu Kapitel 4:*

STEPHEN G. BRUSH: Kinetische Theorie, Einführung und Originaltexte. Wiesbaden 1978, Vieweg.

ARMIN HERMANN: Weltreich der Physik. Esslingen 1980, Bechtle.

*Zu Kapitel 5:*

ARMIN HERMANN: Die Jahrhundertwissenschaft. Stuttgart 1977, Deutsche Verlags-Anstalt.

GÜNTHER LUDWIG: Wellenmechanik Einführung und Originaltexte. Wiesbaden 1969, Vieweg.

FRIEDRICH HUNDT: Geschichte der Quantentheorie. Mannheim 1980, Bibliographisches Institut.

WERNER HEISENBERG: Physik und Philosophie. Frankfurt 1959, Ullstein.

WERNER HEISENBERG: Schritte über Grenzen. München 1971, Piper.

*Zu Kapitel 6:*

WERNER HEISENBERG: Der Teil und das Ganze. München 1971, Piper.

DIETER TER HAAR: Quantentheorie Einführung und Originaltexte. Wiesbaden 1969, Vieweg.

KURT BAUMANN UND ROMAN SEXL: Die Deutungen der Quantentheorie. Wiesbaden 1982, Vieweg.

FRANCO SELLERI: Die Debatte um die Quantentheorie. Wiesbaden 1982, Vieweg.

KARL VON MEYENN (Hrsg.): Quantenmechanik und Weimarer Republik. Wiesbaden 1982, Vieweg.

*Zu Kapitel 7:*

HARALD FRITZSCH: Quarks. München 1981, Piper.

EDGAR LÜSCHER: Pipers Buch der modernen Physik. München 1980, Piper.

*Zu Kapitel 8:*

GEORGE GAMOV: Mr.Tompkins seltsame Reisen durch Kosmos und Mikrokosmos. Wiesbaden 1981, Vieweg.

LESLIE MARDER: Reisen durch die Raum-Zeit. Wiesbaden 1980, Vieweg.

G.J. WITHROW: Von nun an bis in Ewigkeit. Düsseldorf 1973, Econ.

ROMAN SEXL UND HERBERT K.SCHMIDT: Raum – Zeit – Relativität. Wiesbaden 1981, Vieweg.

RUDOLF KIPPENHAHN: Hundert Milliarden Sonnen. München 1980, Piper.

PAUL ARTHUR SCHILPP (Hrsg.): Albert Einstein als Philosoph und Naturwissenschaftler (Reprint). Wiesbaden 1979, Vieweg.

RONALD W.CLARK: Albert Einstein, Leben und Werk. München 1976, Bechtle.

*Zu Kapitel 9:*

ROMAN UND HANNELORE SEXL: Weiße Zwerge – Schwarze Löcher. Wiesbaden 1977, Vieweg.

STEPHEN WEINBERG: Die ersten drei Minuten. München 1977, Piper.

*Zu Kapitel 10:*

BERNULF KANITSCHEIDER: Wissenschaftstheorie der Naturwissenschaften. Berlin 1981, de Gruyter.

KURT HÜBNER: Kritik der wissenschaftlichen Vernunft. Freiburg 1978, Alber.

HERBERT PIETSCHMANN: Das Ende des naturwissenschaftlichen Zeitalters. Wien 1979, Zolnay.

# Register

5,—

## Bildnachweis

Bell Laboratories, New Jersey: S. 236.
Deutsches Museum, München: S. 59, 87, 102, 227.
Institut für Geschichte der Naturwissenschaften der Universität Stuttgart: S. 124.
Album of Science, herausgegeben von L. Williams, New York 1978. Charles Scribner Sons: S. 92, 95.
Isaac Asimov, Sternstunden der Forschung, Stuttgart 1971. Deutsche Verlags-Anstalt: S. 129.
Kenneth R. Atkins: Physik, Berlin 1974. Verlag Walter de Gruyter: S. 141.
W. Bentley/W. J. Humphreys, Snow Crystals, Dover-New York 1962: S. 193.
CERN Courier: S. 175, 182, 199, 215.
Armin Hermann, Die Jahrhundertwissenschaft, Stuttgart 1977. Deutsche Verlags-Anstalt: S. 153.
Michael Klaus, Naturalis Philosophia, Wien 1756: S. 11, 22.
E. Rödel/J. Teichmann/A. Wissner, Der gebändigte Blitz, Oldenburg 1972. Stalling Verlag: S. 58, 65.
Johannis de Sacrobosco: Sphära, Elzevir 1626: S. 18.
Schätze im Deutschen Museum, herausgegeben von H. Auer und F. Klemm, Düsseldorf 1968. VDI-Verlag: S. 77.
R. Sexl/I. Raab/E. Streeruwitz, Physik, Teil 1–3, Wien 1981. Verlag Carl Ueberreuter: S. 17, 30, 40, 43, 45, 51, 53, 57, 67, 68, 74, 79, 104, 107, 111, 127, 138, 144, 147, 148, 150, 159, 178, 186 oben, 197, 201, 205, 207, 209, 212, 216, 225, 237.
Jürgen Teichmann, Wandel des Weltbildes, München 1980. Deutsches Museum: S. 22, 26, 35.
B. de Witt, Physics Today, Februar 1965: S. 166.
Die Abbildungen auf den Seiten 137, 171, 186, 190, 194, 196, 218, 220 und 235 zeichnete Günther Marks nach Angaben des Autors.